机械工程材料与成形工艺

（第二版）

U0398156

主　编　练　勇　姜自莲
副主编　雷　芳　丁义超

重庆大学出版社

内容提要

本书以机械工程材料和成形技术为核心，以培养高等院校机械类专业学生具有合理选用机械工程材料、正确选择热处理方法并妥善安排工艺路线、正确选择成形方法的初步能力为主要目标。本书共 11 章，内容主要包括金属学基础、热处理原理与工艺、常用金属材料与选材、材料成形技术基础等。

本书可作为高等院校机械类专业本科教材，也可作为高职高专院校机械、机电类专业教材，还可供相关技术人员参考。

图书在版编目（CIP）数据

机械工程材料与成形工艺/练勇,姜自莲主编. --2 版.--重庆:重庆大学出版社,2019.9（2023.7 重印）
机械设计制造及其自动化专业应用型本科系列教材
ISBN 978-7-5624-9413-3

Ⅰ.①机… Ⅱ.①练…②姜… Ⅲ.①机械制造材料—高等学校—教材 Ⅳ.①TH14

中国版本图书馆 CIP 数据核字（2019）第 006905 号

机械工程材料与成形工艺

（第二版）

主　编　练　勇　姜自莲
副主编　雷　芳　丁义超
策划编辑:曾显跃

责任编辑:李定群　高鸿宽　　版式设计:曾显跃
责任校对:秦巴达　　　　　　责任印制:张　策

*

重庆大学出版社出版发行
出版人:饶帮华
社址:重庆市沙坪坝区大学城西路 21 号
邮编:401331
电话:（023）88617190　88617185（中小学）
传真:（023）88617186　88617166
网址:http://www.cqup.com.cn
邮箱:fxk@ cqup.com.cn（营销中心）
全国新华书店经销
重庆市国丰印务有限责任公司印刷

*

开本:787mm×1092mm　1/16　印张:16　字数:399 千
2019 年 9 月第 2 版　　2023 年 7 月第 5 次印刷
印数:9 001—10 000
ISBN 978-7-5624-9413-3　定价:42.00 元

前　言

　　本书是高等院校机械类专业的技术基础课教材。本书可作为高等院校机械类各本科专业的通用教材,也可作为高等院校近机械类、民办高校机械类本科教材及高等专科院校机械类专业教材,还可供机械工程技术人员参考。

　　本书共 11 章,内容主要包括金属学基础、热处理原理与工艺、常用金属材料与选材、材料成形技术基础等。结合高等院校机械类专业少学时、宽口径、重技能的教学要求,教材编写侧重应用技术,由浅入深、重点突出;以基础理论为主,适当增加新材料、新技术的内容;以"必须、够用"为度,对教材内容体系作适当的精简与合并。

　　本书由成都工业学院练勇、姜自莲任主编,湖北文理学院理工学院雷芳、成都工业学院丁义超任副主编,张世凭、郭海华、帅波、刘杰慧等参编。

　　由于编者水平有限,书中难免有错误和不妥之处,敬请读者批评指正。

编　者

2019 年 7 月

目录

绪　论

材料、能源和信息技术是现代文明的三大支柱。材料是指人类能用来制作有用物件的物质,它是人类生活和社会发展的物质基础。按照材料的使用性能,材料可分为结构材料和功能材料两大类。结构材料的使用性能主要是力学性能,功能材料的使用性能主要是光、电、磁、热、声等功能性能。本书主要介绍机械工程中常用的结构材料。

机械工程材料可分为金属材料和非金属材料两大类。金属材料一般由冶金厂生产,并主要以各种冶金加工产品(板材、带材、型材、管材、线材等)的形式供用户使用。在机械工程中,通常将冶金加工产品直接进行切削、冲压等加工制成所需的机械零件,或先通过锻造、铸造和焊接等成形方法,把冶金产品制成零件的毛坯,再进行切削加工以得到所需的机械零件。为改善金属的性能,在制造工程中常需对其进行热处理。最后,将各种合格的零件装配成机械产品。

"机械工程材料与成形工艺"是机械类专业的一门技术基础课,其任务是使学生获得机械工程材料、热处理、成形工艺的基本知识和基本应用方法,为学习专业课和从事相关技术工作奠定基础。本书主要内容如下:

①工程材料及热处理的基本知识——介绍材料的力学性能,金属材料的基本理论,常用金属材料及其热处理,以及常用非金属材料。

②材料及热处理的应用——介绍零件失效的基本知识,机械零件和工具选材的知识与方法,以及热处理工序位置安排的方法。

③成形工艺——介绍金属材料及非金属材料的常用成形方法及其应用。

学习本课程后,使学生达到以下基本要求:

①掌握常用金属材料的种类、牌号、热处理方法、性能特点及应用范围,了解常用非金属材料的种类、特性和用途。

②熟悉常用金属材料的选用方法,以及热处理工序位置的安排方法。

③熟悉常用成形方法的种类、特点和应用。

第 1 章

金属材料的性能

金属材料在现代机械制造中应用广泛。为满足机械零件或工具的使用要求、寿命要求、便于加工制造等，金属材料应具备一定的性能。金属材料的性能可分为使用性能和工艺性能。使用性能是指为保证零件或工具的正常工作和寿命要求，材料应具备的性能，它包括力学性能、物理性能和化学性能；工艺性能是指为保证零件或工具的加工顺利和加工质量，材料应具备的性能，如铸造工艺性、锻造工艺性、焊接工艺性及切削加工工艺性等。

1.1 金属材料的力学性能

机械零件或工具在制造和工作时都要承受各种形式的外力作用，其选用的材料应具备相应的力学性能。金属材料在外力（载荷）作用下显现出来的性能，称为力学性能。金属材料常用的力学性能有强度、塑性、硬度、冲击韧性、疲劳抗力及断裂韧性等。

1.1.1 强度

金属材料在载荷作用下抵抗变形或断裂的能力，称为强度。按载荷性质不同，强度有静载强度和变载强度。

（1）静载强度

金属材料在静载荷作用下抵抗变形和断裂的能力，称为静载强度（简称强度）。金属材料在载荷作用下，先产生弹性变形，载荷增至一定值后产生弹塑性变形，随载荷继续增加，塑性变形逐渐增大直至发生断裂。测定金属材料的强度指标常用拉伸试验。

1）拉伸试验

拉伸试验在拉伸试验机上进行。首先将被测金属材料按 GB/T 228—2002 制成标准试样（常用标准圆截面试样，见图 1.1），并安装在拉伸试验机的两个夹头上，然后对试样缓慢施加轴向拉力 F，随拉力缓慢增大，试样逐渐被拉长直至断裂。观察并测定拉力和伸长量的关系，绘出拉伸曲线。

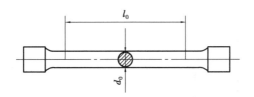

图 1.1　标准圆截面拉伸试样

d_0—试样直径;l_0—标距长度

如图 1.2 所示为低碳钢的拉伸曲线。当拉力较小时,试样的拉力与伸长量成正比,拉力去除,变形恢复,即试样处于弹性变形阶段。当拉力超过 F_e 后,拉力与伸长量的直线关系被破坏,并出现屈服平台或屈服齿,拉力去除,试样的变形只能部分恢复,即试样进入屈服阶段。当拉力超过 F_s 后,试样产生明显而均匀的塑性变形,即试样进入均匀塑性变形阶段。当拉力达到 F_b 时,试样的均匀塑性变形即告终止,随后试样发生不均匀塑性变形并形成缩颈,承载能力下降直至断裂(k 点)。

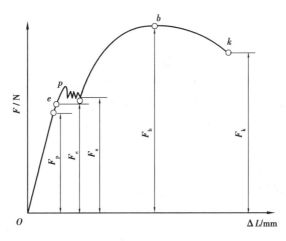

图 1.2　低碳钢拉伸曲线

2)强度指标

为消除试样尺寸的影响,将拉力 F 除以试样原始横截面积 S_0 换算成应力 σ,将伸长量 Δl 除以试样原始标距 L_0 换算成应变 ε,则将图 1.2 的拉伸曲线转换成应力-应变曲线(见图 1.3)。通过应力-应变曲线可测定金属的强度指标。

①弹性极限

弹性极限是指试样在弹性变形阶段承受的最大拉应力 σ_e(MPa)。其计算公式为

$$\sigma_e = \frac{F_e}{S_0}$$

式中　F_e——试样在弹性变形阶段承受的最大拉力,N;

　　　S_0——试样原始横截面积,mm^2。

弹性极限受测量精度影响很大,通常采取残留变形量为 0.005% ~ 0.03% 时的应力为弹性极限。它表征金属在拉力作用下抵抗开始塑性变形的能力。

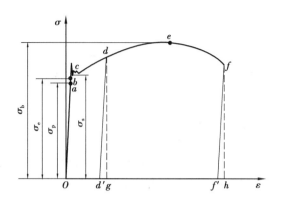

图 1.3 低碳钢应力-应变曲线

②屈服极限

屈服极限是指试样在屈服时承受的拉应力 σ_s（MPa）。其计算公式为

$$\sigma_s = \frac{F_s}{S_0}$$

式中　F_s——试样在屈服阶段承受的拉力，N。

对于没有明显屈服现象的金属材料（如铸铁），其应力-应变曲线（见图1.4）中没有屈服平台，规定以产生 0.2%残余应变时的应力作为其屈服极限，称为条件屈服极限或屈服强度，用符号 $\sigma_{0.2}$ 表示。σ_s 或 $\sigma_{0.2}$ 均表示在拉力作用下，金属抵抗明显塑性变形的能力。

③抗拉强度

抗拉强度是指试样在断裂前承受的最大拉应力 σ_b（MPa）。其计算公式为

$$\sigma_b = \frac{F_b}{S_0}$$

式中　F_b——试样拉断前承受的最大拉力，N。

抗拉强度表征金属在拉力作用下抵抗断裂的能力。

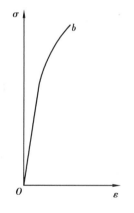

图 1.4　铸铁的应力-应变曲线

（2）变载强度

最常用的变载强度是疲劳强度，它是指金属材料在交变载荷作用下抵抗疲劳断裂的能力。许多机械零件在工作过程中承受交变载荷的作用，会在远小于强度极限，甚至小于屈服极限的应力作用下，经多次（$N>10^4$ 次）载荷循环发生脆性断裂（即疲劳断裂）。金属材料发生疲劳断裂时，均不产生明显的塑性变形，具有很大的危险性。

疲劳强度通过相应疲劳试验测定的疲劳曲线确定。金属承受的最大交变应力与断裂前应力循环次数之间的关系曲线，称为疲劳曲线（即 $\sigma\text{-}N$ 曲线）。如图1.5所示的曲线 1 为中低强度钢和铸铁的疲劳曲线。当交变应力小于某一值时疲劳曲线呈水平线，表示金属材料经无限次应力循环而不断裂。因此，中低强度钢和铸铁规定以循环 10^7 次不断裂的最大交变应力作为疲劳强度指标，称为疲劳极限（σ_{-1}）。如图1.5所示的曲线 2 为有色金属、不锈钢和高强

度钢的疲劳曲线,因其不存在水平线部分而不能确定 σ_{-1},故规定以循环 10^8 次不断裂的最大交变应力作为疲劳抗力指标,称为条件疲劳极限或疲劳强度(σ_{108})。材料的疲劳极限或疲劳强度越大,表示其抵抗疲劳断裂的能力越强。

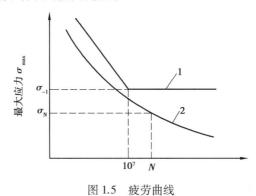

图 1.5　疲劳曲线

1.1.2　塑性

在外力作用下金属断裂前产生塑性变形的能力,称为金属的塑性。测定金属材料的塑性指标常用拉伸试验。

(1)**断后伸长率**

试样拉断后标距长度的伸长量与原始标距长度的百分比,称为伸长率,用符号"δ"表示。

$$\delta = \frac{L - L_0}{L_0} \times 100\%$$

式中　L_0、L——试样原始标距长度和拉断后的标距长度。

在材料手册中可查到 δ_5 和 δ_{10} 两种断后伸长率,它分别表示用短试样和长试样测定的伸长率。L 是试样均匀伸长与产生缩颈后伸长的总和,短试样的缩颈伸长量占比较大。故同一材料测得的 δ_5 和 δ_{10} 是不同的,δ_5 较大。

(2)**断面收缩率**

试样拉断后缩颈处横截面积的最大缩减量与原始横截面积的百分比,称为断面收缩率,用符号"ψ"表示,即

$$\psi = \frac{S_0 - S}{S_0} \times 100\%$$

式中　S_0、S——试样的原始横截面积和拉断后颈缩处的最小横截面积。

断面收缩率不受试样标距长度的影响,因此能更可靠地反映材料的塑性。但它对材料的组织变化比较敏感,尤其对钢的氢脆以及材料的缺口比较敏感。

金属材料的断后伸长率和断面收缩率越大,表示其塑性越好。一般将 $\delta \geqslant 5\%$ 的材料,称为塑性材料;将 $\delta < 5\%$ 的材料,称为脆性材料。塑性越好,越有利于塑性变形加工和焊接成形的顺利,零件工作时越安全可靠。

1.1.3　冲击韧性

许多机械零件工作时承受的并非静载荷而是动载荷。在冲击载荷(冲击力)作用下金属

抵抗断裂的能力,称为冲击韧性。冲击韧性指标由冲击试验测定。

（1）**冲击试验**

冲击试验在摆锤式冲击试验机上进行。先将被测金属制成带 U 形(或 V 形)缺口的标准冲击试样(见图 1.6),再将试样放在试验机支座的支承面上,缺口背向摆锤冲击方向(见图 1.7(a)),然后将质量为 G 的摆锤举至一定高度 H_1,最后摆锤自由落下将试样冲断,并反向摆至一定高度 H_2(见图 1.7(b))。通常以试样在一次冲击试验力作用下冲断时所吸收的功即冲击吸收功 $A_k(J)$ 作为冲击韧性的指标,即

$$A_k = G(H_1 - H_2)$$

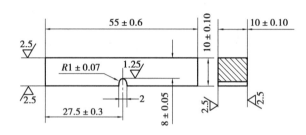

图 1.6　冲击试样(U 形缺口)

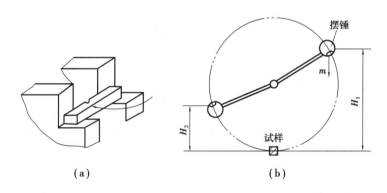

（a）　　　　　　　　　　（b）

图 1.7　冲击试验原理示意图

实际试验时,A_k 值可从试验机刻度盘上直接读出。我国习惯上以冲击韧度 $\alpha_k(J/cm^2)$ 作为冲击韧性指标。

$$\alpha_k = \frac{A_k}{S}$$

式中　S——试样缺口处横截面积。

冲击吸收功或冲击韧度越大,材料的冲击韧性越好。

（2）**冲击韧性的影响因素及作用**

材料的 α_k 值受很多因素影响,不仅与试样形状、表面粗糙度、内部组织有关,还与温度密切相关。因此,冲击韧性一般只作为选材的参考,而不作为计算依据。

由于冲击韧性对材料内部的缺陷和组织变化十分敏感,且测定操作简便,故常用于检验材料热加工和热处理的质量。

（3）韧性与塑性的关系

金属材料受到动载荷作用发生断裂时，其断裂过程是一个裂纹发生与扩展的过程。在裂纹扩展的过程中，如果塑性变形发生在它的前面，即可制止裂纹的继续扩展，它要继续发生，就需要另找途径，这样就能消耗更多的能量。因此，韧性可理解为材料在外加动载荷作用时一种及时和迅速塑性变形的能力。韧性高，塑性一般也较高；但塑性高，韧性却不一定高。这是因为材料在静载荷作用下能够产生缓慢塑性变形，在动载荷作用下却不一定能够产生迅速塑性变形。

1.1.4　硬度

硬度是指金属材料抵抗硬物压入其表面的能力，即抵抗局部塑性变形的能力。它是衡量金属材料软硬程度的依据。

金属材料的硬度通过硬度试验测定。常用的硬度试验方法有布氏硬度试验法、洛氏硬度试验法和维氏硬度试验法，测得的硬度分别称为布氏硬度、洛氏硬度和维氏硬度。

（1）布氏硬度

布氏硬度试验在布氏硬度计上进行，测试原理如图1.8所示。用直径为D的淬硬钢球或硬质合金球作为压头，以相应的试验力F压入试样表面，保持一定时间后卸除试验力，试样表面留下直径为d的球形压痕。以试验力F除以球形压痕表面积S的商作为布氏硬度值（N/mm^2），符号为"HBS"（淬硬钢球压头）或"HBW"（硬质合金球压头）。

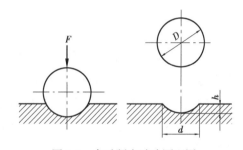

图1.8　布氏硬度试验原理图

实际进行布氏硬度试验时，可根据试验力F、压头直径D和测得的压痕直径d查布氏硬度表得到硬度值。布氏硬度标注时，硬度值写在符号之前，如250 HBS。

布氏硬度试验的压痕大，测得的硬度值较准确，但操作不够简便。布氏硬度试验法主要用于测硬度较低（<450 HBS或<650 HBW）且较厚的材料、毛坯或零件，如铸铁、有色金属和硬度不高的钢件。

（2）洛氏硬度

洛氏硬度试验在洛氏硬度计上进行。其测试原理是在试验力作用下，将压头（金刚石圆锥体或淬硬钢球）压入试样表面，卸除试验力后，以残余压痕深度衡量金属的硬度。残余压痕深度越浅，金属的硬度越高；反之，金属材料的硬度越低。实际测试时，硬度值可直接从硬度计表盘上读出。

为了测定各种金属的硬度，洛氏硬度试验采用3种不同的硬度试验标度。进行洛氏硬度试验时，应根据被测材料及其大致硬度，按表1.1选用不同的洛氏硬度标度进行测试。在3种洛氏硬度标度中，"HRC"在生产中应用最广。洛氏硬度标注时，硬度值写在符号之前，如60 HRC。

表 1.1 3 种洛氏硬度标度

符　号	压头类型	总试验力/N	有效值范围	应　用
HRA	120°金刚石圆锥体	60×9.8	70~85 HRA	硬质合金,表面淬硬层、渗碳淬硬层
HRB	1.588 mm 钢球	100×9.8	25~100 HRB	有色金属,退火、正火钢
HRC	120°金刚石圆锥体	150×9.8	20~67 HRC	淬硬钢,调质钢

洛氏硬度试验法操作迅速简便、压痕小,可测试成品零件和较硬较薄的零件。但是,由于压痕小,对组织和硬度不均匀的材料,硬度值波动较大,同一试样应测试 3 点以上取其平均值。

(3)维氏硬度

维氏硬度试验在维氏硬度计上进行,其试验原理与布氏硬度相似(见图 1.9)。在试验力 F 作用下,将相对面夹角为 136°的正四棱锥体金刚石压头压入试样表面,保持一定时间后卸除试验力,在试样表面留下对角线长度为 d 的正四棱锥压痕,以试验力 F 除以压痕表面积 S 的商作为维氏硬度值(N/mm²),符号为"HV"。实际进行维氏硬度试验时,可根据试验力 F 和测得的对角线长度 d 在维氏硬度表上查得硬度值。维氏硬度标注时,硬度值写在符号之前,如 640 HV。

维氏硬度试验的测试精度较高,测试的硬度范围大,被测试样的厚度或表面深度几乎不受限制(如能测很薄的工件、渗氮层、金属镀层等)。但是,维氏硬度试验操作不够简便,试样表面质量要求较高,故在生产现场很少使用。

不同硬度试验法测得的硬度不能直接进行比较,必须通过硬度换算表(见附录表Ⅰ)换算成同种硬度后,方能比较其高低。

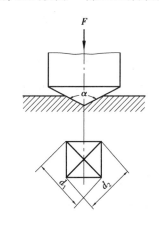

图 1.9 维氏硬度试验原理图

(4)硬度与其他力学性能及耐磨性的关系

硬度是最常用的力学性能指标。这是由于硬度试验法简便快速,不需专门试样,不破坏被测零件,且与强度、塑性、韧性及耐磨性之间存在一定的关系。在正确热处理和具有正常组织条件下,在一定的硬度范围内(20~60 HRC),金属的硬度越高,其抗拉强度、耐磨性越高,塑性、韧性越低。钢的硬度与抗拉强度存在下面的近似经验关系,即

$$\sigma_b \approx 3.5 \text{ HB(或 HV)}$$

1.2 金属材料的物理、化学和工艺性能

1.2.1 物理性能

(1)密度

密度 ρ 是指单位体积材料的质量,它是描述材料性能的重要指标。不同材料的密度不同,如钢的密度为 7.8 g/cm^3 左右;陶瓷的密度为 2.2~2.5 g/cm^3;各种塑料的密度更小。材料的密度直接关系到产品的质量,对于陶瓷材料来说,密度更是决定其性能的关键指标之一。

抗拉强度与密度之比,称为比强度;弹性模量与密度之比,称为比弹性模量。这两者也是考虑某些零件材料性能的重要指标。例如,飞机和宇宙飞船上使用的结构材料,其对比强度的要求特别高。

(2)熔点

熔点是指材料的熔化温度。通常材料的熔点越高,高温性能就越好。陶瓷熔点一般都显著高于金属及合金的熔点,故陶瓷材料的高温性能普遍比金属材料好。由于玻璃不是晶体,因此没有固定熔点,而高分子材料一般也不是完全晶体,故也没有固定熔点。

(3)热导性

热量会通过固体发生传递,材料的热导性用热导率(导热系数)λ 来表示,其单位为 $W/(m \cdot K)$。

材料热导性的好坏直接影响着材料的使用性能,如果零件材料的热导性太差,则零件在加热或冷却时,由于表面和内部产生温差,膨胀不同,就会产生变形或裂纹。一般热导性好的材料(如铜、铝等)常用来制造热交换器等传热设备的零部件。

通常金属及合金的热导性远高于非金属材料。

(4)电导性

一般用电阻率来表示材料的导电性能,电阻率越低,材料的电导性越好。电阻率的单位为 $\Omega \cdot m$。

金属及其合金一般具有良好的电导性,而高分子材料和陶瓷材料一般都是绝缘体,但是,有些高分子复合材料却具有良好的电导性,某些特殊成分的陶瓷材料则是具有一定电导性的半导体。

通常金属的电阻率随温度的升高而增加,而非金属材料则与之相反。

(5)磁性

材料在磁场中的性能,称为磁性。磁性材料可分为软磁性材料和硬磁性材料两种。软磁性材料(如电工用纯铁、硅钢片等)容易被磁化,导磁性能良好,但外加磁场去掉后,磁性基本消失。硬磁性材料又称为永磁材料(如铝镍钴系永磁合金、永磁铁氧体材料、稀土永磁材料等),在去除外加磁场后仍然能保持磁性,磁性也不易消失。许多金属材料如铁、镍、钴等均具有较高的磁性,而另一些金属材料如铜、铝、铅等则是无磁性的。非金属材料一般无磁性。

磁性不仅与材料自身的性质有关,而且与材料的晶体结构有关。例如,铁在处于铁素体状态时具有较高磁性,而在奥氏体状态则是无磁性的。

1.2.2 化学性能

(1)耐腐蚀性

耐腐蚀性是指材料抵抗介质侵蚀的能力,材料的耐蚀性常用每年腐蚀深度(渗蚀度)K_a(mm/a)表示。一般非金属材料的耐腐蚀性比金属材料高得多。对金属材料而言,其腐蚀形式主要有两种:一种是化学腐蚀,另一种是电化学腐蚀。化学腐蚀是金属直接与周围介质发生纯化学作用,如钢的氧化反应。电化学腐蚀是金属在酸、碱、盐等电介质溶液中由于原电池的作用而引起的腐蚀。

提高材料耐腐蚀性的方法很多,如均匀化处理、表面处理等都可以提高材料的耐腐蚀性。

(2)高温抗氧化性

对于在高温下工作的设备(例如发动机)而言,除了要在高温下保持基本力学性能外,还要具备抗氧化性能。所谓高温抗氧化性,通常是指材料在迅速氧化后,能在表面形成一层连续而致密并与母体结合牢靠的膜,从而阻止进一步氧化的特性。

(3)抗老化性能

塑料在长期储存和使用过程中,由于受到氧、光、热等因素的综合作用,分子链逐渐产生交联与裂解,性能逐渐恶化,直至丧失使用价值的现象,称为老化。有的塑料老化后变硬、变脆、开裂,这是大分子链之间产生交联的结果;有的塑料老化后变软、变黏,这是大分子链断开产生裂解的结果。高分子材料抵抗老化的能力称为抗老化性能。

通过改变高聚物的结构、添加防老化剂和表面处理等方法可以提高高分子材料的抗老化性能。

1.2.3 工艺性能

(1)铸造性能

铸造性是指浇注铸件时,材料能充满比较复杂的铸型并获得优质铸件的能力。

对金属材料而言,铸造性主要包括流动性、收缩率、偏析倾向等指标。流动性好、收缩率小、偏析倾向小的材料其铸造性也好。

对某些工程塑料而言,在其成型工艺方法中,也要求有较好的流动性和小的收缩率。

(2)锻造性能

可锻性是指材料是否易于进行压力加工的性能。可锻性好坏主要以材料的塑性和变形抗力来衡量。一般来说,钢的可锻性较好,而铸铁不能进行任何压力加工。

热塑性塑料可经过挤压和压塑成型。

(3)焊接性能

焊接性是指材料是否易于焊接在一起并能保证焊缝质量的性能,一般用焊接处出现各种缺陷的倾向来衡量。低碳钢具有优良的焊接性,而铸铁和铝合金的焊接性就很差。某些工程塑料也有良好的焊接性,但与金属的焊接机制及工艺方法并不相同。

（4）切削加工性能

切削加工性是指材料是否易于切削加工的性能。它与材料种类、成分、硬度、韧性、导热性及内部组织状态等许多因素有关。有利切削的硬度为 160~230 HBS，切削加工性好的材料，切削容易，刀具磨损小，加工表面光洁。金属与塑料相比，切削工艺有不同的要求。

思考题

1.通过单向静拉伸试验可以测得金属材料哪些力学性能指标？

2.何谓金属疲劳现象？

3.一批钢制拉杆，工作时不允许产生明显的塑性变形，最大工作应力 $\sigma_{max} = 350$ MPa。今欲选用某钢制作该拉杆。现将该钢制成 $d_0 = 10$ mm 的标准拉伸试样进行拉伸试验，测得 $F_s = 21\ 500$ N，$F_b = 35\ 100$ N，试判断该钢是否满足使用要求？

4.下列几种情况应采用什么方法测试硬度？并写出硬度值符号。

①钳工用手锤。

②铸铁机床床身毛坯。

③硬质合金刀头。

④钢件表面较薄的硬化层。

5.试说明布氏硬度、洛氏硬度与维氏硬度的试验原理，并比较这几种硬度试验方法的优缺点。

第 2 章
金属材料的组织结构

金属材料的性能与其内部组织结构密切相关。选用性能符合要求的金属材料,需要熟悉其组织结构;研制具有更好性能的金属材料,需要控制其组织结构。

2.1　纯金属与合金的组织结构

2.1.1　晶体结构的基本概念

(1)晶体与非晶体

自然界中固态物质分为晶体和非晶体两大类。原子(离子或分子)在空间呈周期性规则排列的固态物质,称为晶体(见图 2.1(a)),如食盐、冰、金属等;原子(离子或分子)在空间呈无规则排列的固态物质,称为非晶体(见图 2.1(b)),如玻璃、石蜡、木材等。在一定条件下晶体和非晶体可互相转化。

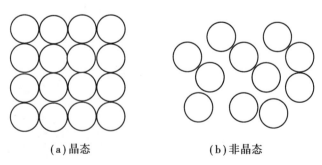

(a)晶态　　　　　　　　　(b)非晶态

图 2.1　固态物质的结构

(2)晶格与晶胞

纯金属的原子堆垛排列模型如图 2.2(a)所示。为了说明晶体中原子排列规律,用假想线条将各原子中心连接起来构成的空间格子,称为晶格(见图 2.2(b))。晶格中的原子层,称为晶面。晶格可视为由一系列平行晶面堆砌而成。通常从晶格中取出一个能代表晶格特征的基本几何单元体(即晶胞,见图 2.2(c))代表晶格的特征,晶胞的大小和形状常以其棱边长度 a、b、c(即晶格常数)及棱边夹角 α、β、γ(即轴间夹角)表示。

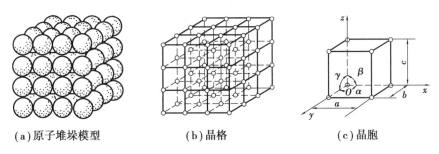

(a)原子堆垛模型　　　　(b)晶格　　　　(c)晶胞

图 2.2　晶体中原子排列示意图

2.1.2　纯金属的晶体结构

(1)常见的晶格类型

除少数纯金属具有复杂的晶体结构外,绝大多数纯金属都具有比较简单的晶体结构。其中,最典型、最常见的晶体结构有 3 种类型,即体心立方晶格、面心立方晶格和密排六方晶格。

1)体心立方晶格

体心立方晶格的晶胞中(见图 2.3(a)),8 个原子处于立方体的角上,一个原子处于立方体的中心,角上 8 个原子与中心原子紧靠。由于晶格是由大量的晶胞堆垛而成的,因而晶胞每个角上的原子为相邻的 8 个晶胞所共有(见图 2.3(b)),故只有 1/8 个原子属于该晶胞,体中心的原子完全属于该晶胞,故晶胞包含的原子数为 1+1/8×8＝2。

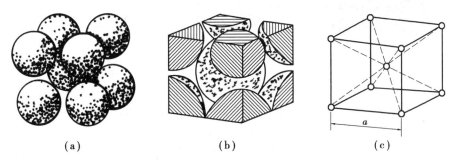

(a)　　　　　　　(b)　　　　　　　(c)

图 2.3　体心立方结构的晶胞模型

体心立方晶胞的各棱边长度相等且 3 个晶轴互相垂直,即晶格常数 $a=b=c$,轴间夹角 $\alpha=\beta=\gamma=90°$,故可用一个常数 a 来表示其特征(见图 2.3(c))。具有体心立方晶格的金属有钼(Mo)、钨(W)、钒(V)、α-铁(α-Fe)等。

2)面心立方晶格

面心立方晶格的晶胞中(见图 2.4(a)),原子分布在立方体的 8 个角上和 6 个面的中心,面中心原子与角上原子紧靠。每个角上的原子为 8 个晶胞所共有,每个晶胞实际占有该原子的1/8,面中心的原子同时为相邻的两个晶胞所共有,每个晶胞实际占有该原子的1/2(见图2.4(b))。故晶胞包含的原子数为1/8×8+1/2×6=4。

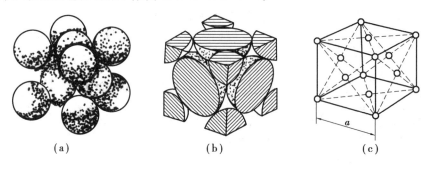

(a)　　　　　　　(b)　　　　　　　(c)

图2.4　面心立方结构的晶胞模型

面心立方晶胞的晶格常数和轴间夹角与体心立方晶胞相同,可用一个晶格常数 a 来表示(见图2.4(c))。具有这种晶格的金属有铝(Al)、铜(Cu)、镍(Ni)、金(Au)、银(Ag)、γ-铁(γ-Fe)等。

3)密排六方晶格

密排六方晶格的晶胞中(见图2.5(a)),原子分布在六方柱体的12个角上,上下底面中心各有一个原子,晶胞内还有3个原子。晶胞每个角上的原子为6个晶胞所共有(见图2.5(b)),上下底面中心的原子为两个晶胞所共有,再加上晶胞内的3个原子,故晶胞包含的原子数为1/6×12+1/2×2+3=6。

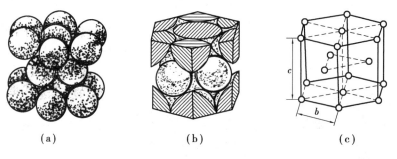

(a)　　　　　　　(b)　　　　　　　(c)

图2.5　密排六方结构的晶胞模型

密排六方晶格的晶胞需要两个晶格常数衡量其尺寸大小(见图2.5(c))。通常用底面边长 a 和上下两底面间距 c (即晶胞高度)表示其晶格常数。

具有密排六方晶格的金属有锌(Zn)、镁(Mg)、铍(Be)、α-钛(α-Ti)、α-钴(α-Co)、镉(Cd)等。

不同晶格类型的金属具有不同的塑性。面心立方晶格金属的塑性最好,体心立方晶格金属的塑性次之,密排六方晶格金属的塑性最差。金属的晶格类型不同,其原子排列的紧密程度也不同。体心立方晶格的原子致密度(晶胞包含的原子数除以晶胞体积)为0.68,面心立方晶格的原子致密度和密排六方晶格的原子致密度均为0.74。面心立方晶格和密排六方晶格的原子排列密度最大,体心立方晶格的原子排列密度较小。因此,改变金属的晶体结构,会导致金属的塑性和体积的变化。

（2）**多晶体结构**

晶体内部原子排列方式与排列位向完全一致的晶体称为单晶体,单晶体具有各向异性。实际使用的金属一般都为多晶体,即金属晶体中包含诸多小晶体,彼此间的小晶体原子排列位向不一致(见图 2.6)。单个小晶体称为晶粒,晶粒间的界面称为晶界。多晶体的显微组织表现为许多外形不规则的多晶组织(见图 2.7)。

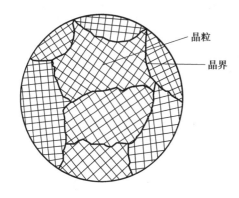

晶粒

晶界

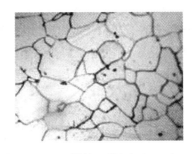

图 2.6　金属的多晶体结构示意图　　　　图 2.7　纯铁的显微组织(×500)

（3）**金属的晶体缺陷**

实际金属中,原子排列总是或多或少地存在不规则的小区域(即晶体缺陷),晶体缺陷按照几何形态特征分为 3 类。

1)点缺陷

晶体中长、宽、高尺寸都很小的点状晶体缺陷,称为点缺陷。点缺陷的常见形式是晶体中的空位、间隙原子和置换原子(见图 2.8)。空位是指晶格中某些缺排原子的空结点(见图 2.8(a));间隙原子是挤进晶格间隙中的原子(见图 2.8(b)),它可以是同类原子,也可以是异类原子;置换原子是指取代原来原子位置的外来原子(见图 2.8(c)、(d))。

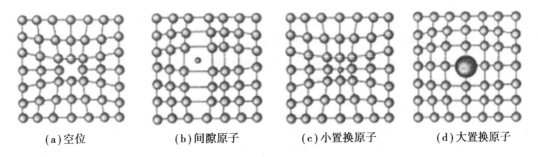

（a）空位　　　　　（b）间隙原子　　　　（c）小置换原子　　　　（d）大置换原子

图 2.8　点缺陷示意图

2)线缺陷

晶体中一个方向上尺寸很大,另外两个方向上尺寸很小的线状晶体缺陷称为线缺陷。线缺陷的主要形式是各种类型的"位错",最常见的是"刃型"位错(见图 2.9)。由图 2.9 可知,晶体中多出 *EFGH* 半排原子层而形成以 *EF* 线为轴心线,以若干原子间距为半径的管状原子排列不规则区,即线缺陷。该线缺陷可视为由 *EFGH* 半原子层如刀刃一样从晶体上半部垂直插入所造成的,故名刃型位错。位错线 *EF* 周围的晶格发生了畸变。

3)面缺陷

晶体中两个方向上尺寸很大,第三个方向上尺寸很小的层状晶体缺陷称为面缺陷。晶界与亚晶界是典型的面缺陷。晶界是不同位向晶粒的过渡部位(见图 2.10(a)),宽度为5~10个原子间距;亚晶界是亚晶粒(晶粒内部尺寸很小,位向差很小的小晶块)之间的界面,可看作位错壁(见图 2.10(b))。晶界熔点低、耐蚀性差、外来原子易在晶界偏聚、能阻碍位错运动。

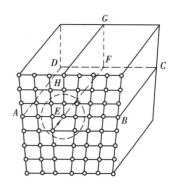

图 2.9 刃型位错示意图

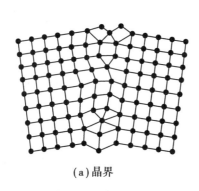

（a）晶界

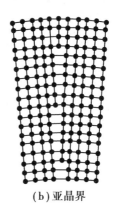

（b）亚晶界

图 2.10 面缺陷结构示意图

2.1.3 合金的相结构

(1)基本概念

纯金属具有良好的物理与化学性能,但力学性能很差。工程中,使用的金属主要是合金。合金是指由两种或两种以上的金属元素,或金属与非金属元素组成的具有金属特性的物质。例如,钢铁材料是铁和碳组成的合金,黄铜是铜和锌组成的合金。

组成合金最基本的、独立的物质,称为组元(简称元)。通常,合金的组元就是组成合金的元素。例如,铁碳合金的组元是铁和碳,黄铜的组元是铜和锌。由两个或多个给定组元所组成的一系列具有不同成分的合金,称为合金系。例如,不同碳含量的碳钢和生铁构成铁碳合金系。在一物质系统中,具有相同的成分和结构,并与该系统的其余部分以界面分开的物质部分称为相。例如,盐水溶液是一个相,盐水溶液中盐的含量超过其溶解度时,就会形成两相——盐水溶液和未溶解的盐。

(2)合金的相结构

由于合金各组元之间的相互作用不同,固态合金可形成两种基本相结构。

1)固溶体

在合金中,金属或非金属原子溶入另一种金属晶格中形成的合金固相,称为固溶体。在固溶体中,保持原有晶格的金属称为溶剂,被溶入的元素称为溶质。例如,在碳原子溶入 α-Fe 晶格形成的固溶体中,α-Fe 为溶剂,碳为溶质;在锌原子溶入铜晶格形成的固溶体中,铜为溶剂,锌为溶质。固溶体的晶格保持溶剂金属的晶格;化学成分可在一定范围内改变;具有与溶剂金属相近的性能,即较高的塑性和较低的强度,且性能随化学成分而改变。

根据溶质原子在溶剂晶格中所占位置的特点,固溶体分为置换固溶体和间隙固溶体两种类型。溶质原子占据部分溶剂原子的位置所形成的固溶体称为置换固溶体(见图 2.11(a)),置换固溶体可以是溶解度受限制的有限固溶体,也可以是溶解度不受限制的无限固溶体。溶质原子溶入溶剂晶格间隙处所形成的固溶体称为间隙固溶体(见图 2.11(b)),通常间隙固溶体均为有限固溶体。随溶质含量增加,固溶体的强度增加(即固溶强化)。产生固溶强化的原因是溶质原子使晶格产生畸变以及对位错的钉扎作用。

2)金属化合物

金属化合物是合金组元间相互作用而形成的具有金属特性的化合物。它具有以下特征:金属化合物的晶格与其组元的晶格均不相同,是一种新的复杂晶格;一般具有一定的化学成分,可用化学分子式表示其组成;其性能与组元的性能不同,一般表现为熔点高、硬度高而脆性大。例如,铁碳合金中的金属化合物渗碳体 Fe_3C,其晶格是与 Fe 和 C 的晶格均不相同的复杂晶格(见图 2.12)。Fe_3C 具有一定的化学成分($w_C = 6.69\%$,$w_{Fe} = 93.31\%$);其性能也与 Fe 和 C 不同,即硬度高(相当于 860 HV)、熔点高(约 1 227 ℃),而塑性、韧性很差。

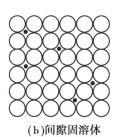

(a)置换固溶体　　(b)间隙固溶体

图 2.11　固溶体结构示意图

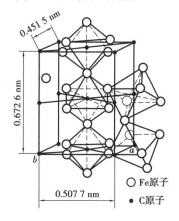

○ Fe原子
• C原子

图 2.12　Fe_3C 晶格示意图

(3)合金的组织

合金的组织由上述基本相组成,有单相组织和多相组织两类。由同一种基本相组成的组织,称为单相组织;由两种或多种基本相组成的组织,称为多相组织。工程用合金的单相组织一般由同一种固溶体组成,其显微组织与纯金属相似,因强度相对较低而应用较少;工程用合金的多相组织主要是以一种固溶体为基体,在基体中分布有金属化合物,因强度较高而应用广泛。多相组织中金属化合物的数量、形态、大小和分布不同,合金的组织和性能也不相同。金属化合物越多,合金的强度越高,塑性、韧性越低;金属化合物越细小、分布越均匀,合金的强度越高,塑性、韧性越好;金属化合物呈网状或大块集中分布时,合金的脆性增大。

2.2　金属与合金的结晶

金属与合金由液态转变为晶态的过程称为结晶。金属与合金的生产过程一般为熔炼、浇注铸锭、轧制等。浇注铸锭时金属与合金要经历结晶过程,其组织与结晶过程密切相关。

2.2.1　金属的结晶

(1)结晶温度

每一种纯物质都存在一定的结晶与熔化的平衡温度 T_0,如 0 ℃是水结晶成冰与冰融化为水的平衡温度。液态物质只有冷至平衡温度 T_0 以下,才能完全结晶。因此,实际结晶温度 T_1 低于平衡温度 T_0。

金属的实际结晶温度可用热分析法测得的冷却曲线来确定。纯金属的冷却曲线如图2.13所示。由图2.13可知,当液态金属冷至 T_0 以下某一温度时开始结晶,因结晶时释放出结晶潜热补偿了热量的散失,使结晶温度保持不变,故曲线上出现水平线段,水平线段对应的温度即为实际结晶温度 T_1。实际结晶温度低于平衡温度的现象,称为"过冷";$\Delta T = T_0 - T_1$,称为"过冷度"。

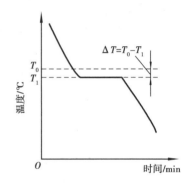

图 2.13　纯金属的冷却曲线

实际结晶温度 T_1 并非固定不变,它随液态金属冷却速度的变化而变化。冷速越大,T_1 越低即 ΔT 越大;反之,T_1 越高即 ΔT 越小。

(2)结晶过程

金属的结晶过程是晶核形成和晶核长大的过程。如图 2.14 所示,在液态金属中先形成一些很小的金属晶体作为结晶的核心(晶核),然后晶核不断长大,如此不断地从液态金属中形成新的晶核并长大,直至全部液态金属结晶完成,最终形成由许多晶粒组成的多晶体。

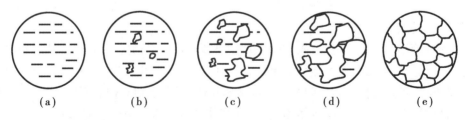

| (a) | (b) | (c) | (d) | (e) |

图 2.14　金属结晶过程示意图

由上述可知,每个晶粒由一个晶核长大而成,故结晶时形成的晶核数越多、晶核长大越慢,结晶后多晶体的晶粒数越多、晶粒越细小。影响结晶后晶粒大小的主要因素有以下 3 种:

1）过冷度

如图 2.15 所示，增大液态金属的冷却速度即增大过冷度 ΔT，使形核率 N 和晶核长大率 G 增大，且 N 的增大快于 G 的增大。当 ΔT 较小时，N 相对较小而 G 相对较大，结晶得到粗晶粒；当 ΔT 较大时，N 相对较大而 G 相对较小，结晶得到细晶粒。因此，液态金属的冷却速度越大即过冷度越大，结晶后晶粒越细小。

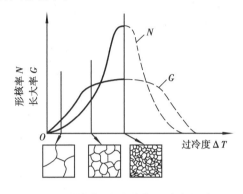

图 2.15　形核率、长大率与过冷度的关系

2）不熔微粒

在液态金属中加入某些能成为人工晶核的不熔微粒（孕育剂或变质剂），以增加晶核数目，使晶粒细化（见图 2.16）。这种方法称为孕育处理或变质处理。

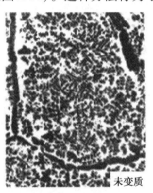

图 2.16　变质剂对锌合金晶粒大小的影响

3）振动、搅拌等

对正在结晶的金属进行振动或搅动，一方面可靠外部输入的能量来促进形核，另一方面也可使成长中的枝晶破碎，使晶核数目显著增加。

（3）金属的同素异构转变

大多数金属在晶态时只有一种晶格类型，其晶格类型不随温度而改变。少数金属（如铁、锡、钛等）在晶态时，其晶格类型会随温度而改变，这种现象称为同素异构转变。

铁的同素异构转变如图 2.17 所示。液态纯铁冷至 1 535 ℃时结晶成体心立方晶格的 δ-Fe，冷至 1 400 ℃时 δ-Fe 转变为面心立方晶格的 γ-Fe，冷至 910 ℃时 γ-Fe 转变为体心立方晶格的 α-Fe。加热时，则发生相反的变化。768 ℃是铁的磁性转变温度（居里点），768 ℃以

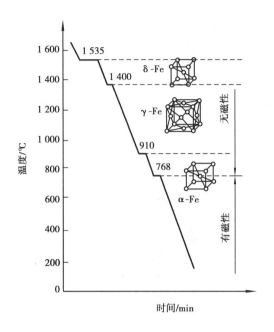

图 2.17　纯铁的同素异构转变

上铁呈顺磁性,768 ℃以下铁呈铁磁性,并不发生同素异晶转变。由于不同类型晶格的原子排列紧密程度不同,同素异晶转变会导致金属体积变化。例如,原子排列紧密程度较大的 γ-Fe 转变为原子排列紧密程度较小的 α-Fe 时,体积膨胀约 1%。

2.2.2　合金的结晶

合金的结晶过程比纯金属复杂,常用相图进行分析。二元合金相图是表示合金系中各合金在平衡条件(即缓慢加热或缓慢冷却)下,其成分、温度与相或组织关系的图解(又称平衡图或状态图)。

(1)二元合金相图

1)二元合金相图的建立

纯金属或某一成分合金的相(或组织)与温度的关系,用一个温度纵轴即可表示。对于二元合金系,由于除温度变化外还有合金成分的变化,仅用一个温度纵轴难以表示,应采用以温度为纵坐标、合金成分为横坐标的二元合金相图表示。

现以 Cu-Ni 合金为例说明二元合金相图的建立。先配制一系列不同成分的铜镍合金,用热分析法分别作出它们的冷却曲线(见图 2.18(a)),冷却曲线上的水平线段或转折点对应的温度即为临界点。由图 2.18(a)可知,合金一般有两个临界点,说明合金的结晶是在一个温度范围内进行的。然后将这些临界点标在温度-成分坐标中相应的位置,并把各上临界点(结晶开始温度)连接成液相线,把各下临界点(结晶终止温度)连接成固相线。最后,由实验确定液相线以上温区为液相区(L),固相线以下温区为无限固溶体单相区(α),液相线与固相线之间的温区为 L 和 α 两相共存区。从而绘出 Cu-Ni 二元合金相图(见图 2.18(b))。

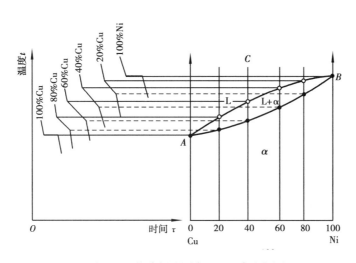

图 2.18　热分析法测定 Cu-Ni 合金相图

2）二元合金相图的应用

二元合金相图可用于确定该合金系中某一成分合金在某一温度时的相或组织,也可用于分析某一成分合金冷却时的结晶和固相转变过程,以及其得到的组织,还可用于分析室温时合金的组织和性能随成分而变化的规律。生产上,应用合金相图有助于正确制订热处理、铸造、锻造和焊接工艺。

（2）二元合金相图的基本类型

二元合金相图主要有匀晶相图和共晶相图两种基本类型。

1）匀晶相图

两组元在液态和固态时均无限互溶所构成的相图称为匀晶相图。现以 Cu-Ni 二元合金相图（见图2.19）为例进行分析。图 2.19 中,A 点是纯铜的熔点,B 点是纯镍的熔点;AaB 线是液相线,AbB 线是固相线;液相线以上温区为液相区,固相线以下温区为铜、镍二组元构成的无限固溶体单相区（α）,液相线与固相线之间的温区为液相与固溶体共存的两相区（L+α）。

如图 2.20 所示,现以 Cu-Ni 合金 I（w_{Ni} = 30%、w_{Cu} = 70%）为例分析其冷却转变过程。当合金 I 自高

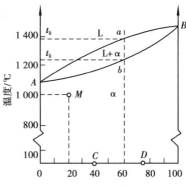

图 2.19　Cu-Ni 二元合金相图

温冷却到 t_1 温度时,开始结晶出成分为 α_1 的固溶体,其 Ni 含量高于合金平均成分。这种从液相中结晶出单一固相的转变称为匀晶结晶,匀晶结晶是变温转变。随温度下降,固溶体的量增加,液相的量减少;且液相成分沿液相线变化,固相成分沿固相线变化。当合金冷却到 t_3 时,最后一滴 L_3 成分的液相也转变为固溶体,此时固溶体的成分又变回到合金成分 α_3 上来。在这个过程中,由于固溶体之间的成分不均匀,固溶体之间会通过原子扩散使成分趋于均匀化。液、固相线不仅是相区分界线,也是结晶时两相的成分变化线。

下面介绍杠杆定律。

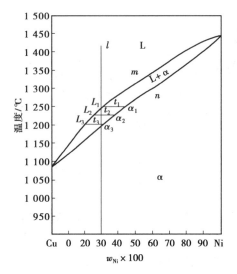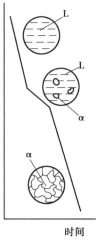

图 2.20　Cu-Ni 合金结晶过程

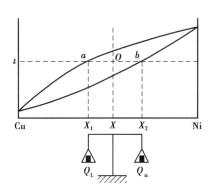

图 2.21　杠杆定律示意图

根据二元合金相图,对处于两相区的合金,不仅可以确定两平衡相的成分,还可运用杠杆定律确定两平衡相的相对质量。现以 Cu-Ni 合金为例,首先,确定两平衡相的成分:设合金成分为 X,通过 X 作成分垂线,过温度 t 作温度水平线,其与液相线、固相线交点 a 和 b 所对应的成分 X_1、X_2 分别为液相和固相的成分(见图 2.21)。然后,确定两平衡相的相对质量:设合金质量为 1,液相质量为 Q_L,固相质量为 Q_α,则

$$Q_L + Q_\alpha = 1$$
$$Q_L X_1 + Q_\alpha X_2 = X$$

解方程组得

$$Q_L = \frac{X_2 - X}{X_2 - X_1}$$
$$Q_\alpha = \frac{X - X_1}{X_2 - X_1}$$

两相的相对质量百分比分别为

$$Q_L = \frac{XX_2}{X_1X_2} = \frac{ob}{ab} , \quad Q_\alpha = \frac{X_1X}{X_1X_2} = \frac{ao}{ab}$$

两相的质量比为

$$\frac{Q_L}{Q_\alpha} = \frac{XX_2}{X_1X} = \frac{ob}{ao} \text{ 或 } Q_L X_1 X = Q_\alpha XX_2$$

上式与力学中的杠杆定律相似,故称为杠杆定律。杠杆定律只适用于两相区,其中,杠杆的支点是合金的成分,杠杆的端点是两平衡相(或两组织组成物)的成分。

2）共晶相图

两组元在液态时无限互溶,在固态时形成有限固溶体,并有共晶结晶发生的相图,称为共晶相图。现以 Pb-Sn 二元合金相图(见图 2.22)为例进行分析。图 2.22 中,A 点是纯铅的熔点,B 点是纯锡的熔点,C 点是共晶点。ACB 线是液相线,$AECFB$ 线是固相线。液相线以上为液相区,AED 区是锡溶于铅中形成的有限固溶体 α 单相区,BFG 区是铅溶于锡中形成的有限固溶体 β 单相区,$DECFG$ 区是 α 固溶体和 β 固溶体共存的两相区,$ACEA$ 区是液相 L 和 α 固溶体共存的两相区,$BCFB$ 区是液相 L 和 β 固溶体共存的两相区。ED 线是 α 固溶体溶解度随温度的变化线,FG 线是 β 固溶体溶解度随温度的变化线。

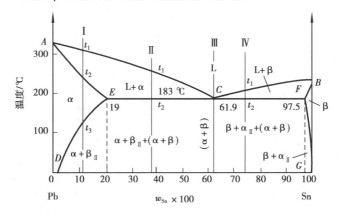

图 2.22　Pb-Sn 二元合金相图

由图 2.22 可知,不同成分的 Pb-Sn 合金具有不同的结晶特点。下面取 4 种具有代表性的合金进行分析。

①合金 Ⅰ($w_{Sn}=11\%$,$w_{Pb}=89\%$)

从 t_1 温度慢冷至 t_2 温度时,发生匀晶结晶得到 α 单相固溶体。从 t_2 温度冷至 t_3 温度时,α 固溶体不发生变化。从 t_3 温度继续冷却时,因 α 固溶体溶解度不断降低,使其不断析出细小的二次 β 固溶体,最终得到 $α+β_{Ⅱ}$ 两相组织(见图 2.23)。凡 w_{Sn} 小于 E 点或大于 F 点对应成分的合金,其结晶过程都与合金 Ⅰ 相似。不同的是 w_{Sn} 大于 F 点对应成分的合金,结晶后得到 β 固溶体,β 固溶体冷却时析出细小的二次 α 固溶体,最终得到 $β+α_{Ⅱ}$ 两相组织。

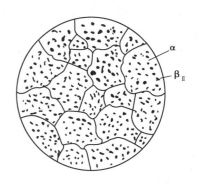

图 2.23　Pb-Sn 合金匀晶组织示意图

②合金 Ⅲ($w_{Sn}=61.9\%$,$w_{Pb}=38.1\%$)

慢冷至 183 ℃时,发生共晶结晶,即液相在恒温下,同时结晶出 E 点对应成分的 α 固溶体和 F 点对应成分的 β 固溶体,形成紧密混合的(α+β)两相组织(见图 2.24)。Pb-Sn 合金的共晶结晶可用下面的简式表示,即

$$L_C \xrightarrow[\text{183 ℃}]{\text{共晶结晶}} (α + β)$$

发生共晶结晶的温度称为共晶温度;共晶结晶形成的组织称为共晶组织或共晶体;C 点

称为共晶点;共晶点对应的成分称为共晶成分;共晶成分的合金称为共晶合金。温度继续下降,共晶组织(α+β)基本上不再发生变化。

③合金Ⅱ($w_{Sn}=38\%$,$w_{Pb}=62\%$)

w_{Sn}处于E点和C点对应成分之间的合金称为亚共晶合金,w_{Sn}处于C点和F点对应成分之间的合金称为过共晶合金,合金Ⅱ属于亚共晶合金。液态合金Ⅱ从t_1温度慢冷至t_2温度时,一部分液相先结晶成为α固溶体,因α固溶体的w_{Sn}小,而使剩余液相的w_{Sn}增大至共晶成分。当冷至t_2温度时,共晶成分的剩余液相发生共晶结晶而形成共晶体(α+β)。温度继续下降时,共晶体不再发生变化,但先结晶的α固溶体因溶解度降低而析出$β_Ⅱ$,其最终室温组织为$α+β_Ⅱ+(α+β)$(见图2.25)。所有亚共晶合金的结晶过程与合金Ⅱ的结晶过程基本一致,但亚共晶合金的成分不同,其室温组织中先结晶的α固溶体与(α+β)共晶体的比例不同,随合金w_{Sn}增大,α固溶体减少,(α+β)共晶体增多。

图2.24　Pb-Sn合金共晶组织示意图

图2.25　Pb-Sn合金亚共晶组织示意图

④合金Ⅳ

合金Ⅳ为过共晶合金,其结晶过程与亚共晶合金相似,不同的是过共晶合金先结晶形成的是β固溶体,剩余液相共晶结晶生成(α+β)共晶体,继续冷却时从β固溶体中析出二次α固溶体,最终室温组织为$β+α_Ⅱ+(α+β)$。同样,过共晶合金的成分不同,其室温组织中先结晶的β固溶体与(α+β)共晶体的比例不同,随合金w_{Sn}增大,β固溶体增多,(α+β)共晶体减少。

2.3　铁碳合金

钢铁材料是以铁、碳为基本组元的合金,在工程中应用最广。铁碳合金的成分、温度、组织和性能存在一定的关系,认识和研究铁碳合金组织随含碳量、温度变化的一般规律,是熟悉钢铁材料及制订有关热加工工艺的基础。

2.3.1　铁碳合金的基本相

在铁碳合金中,碳能分别溶入α-Fe和γ-Fe的晶格中而形成两种固溶体。当铁碳合金的碳含量超过固溶体的溶解度时,多余的碳与铁形成金属化合物Fe_3C。因此,铁碳合金有3种基本相。

（1）铁素体

碳溶入体心立方晶格 α-Fe 中形成的间隙固溶体（见图 2.26），称为铁素体，用符号"F"（或"α"）表示。其显微组织如图 2.27 所示。

○ 铁原子
• 碳原子

图 2.26　铁素体晶体结构示意图

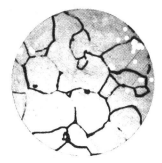

图 2.27　铁素体显微组织

铁素体晶格的空隙多而分散，每个空隙容积很小，故溶碳能力弱。723 ℃时，铁素体中碳的最大溶解度为 0.02%，随温度下降，其溶解度降低，室温下溶碳能力仅为 0.000 8%。因此，铁素体性能近似于纯铁，即强度、硬度低（$\sigma_b = 180 \sim 280$ MPa，$50 \sim 80$ HBS），而塑性、韧性好（$\delta = 30\% \sim 40\%$，$\alpha_k \approx 200$ J/cm^2）。铁素体在 770 ℃以下呈铁磁性。

（2）奥氏体

碳溶入面心立方晶格 γ-Fe 中形成的固溶体（见图 2.28）称为奥氏体，用符号"A"（或"γ"）表示。其显微组织如图 2.29 所示。

● 铁原子　• 碳原子

图 2.28　奥氏体晶体结构示意图

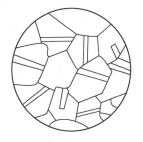

图 2.29　奥氏体显微组织示意图

奥氏体晶格的空隙少而集中，每个空隙容积较大，故溶碳能力较强。1 147 ℃时，奥氏体中碳的最大溶解度达 2.06%，723 ℃时，溶碳能力为 0.8%。奥氏体的强度、硬度不高，但塑性、韧性很好（$\sigma_b \approx 400$ MPa，$170 \sim 220$ HBS，$\delta = 40\% \sim 50\%$）。奥氏体呈非铁磁性。

（3）渗碳体

铁与碳形成的金属化合物 Fe$_3$C，称为渗碳体。渗碳体的成分固定不变（$w_C = 6.67\%$），硬度很高（860 HV），但塑性、韧性极差（$\delta \approx 0$，$\alpha_k \approx 0$）。

铁碳合金的室温组织，一般是在铁素体基体上分布着片状、粒状或网状渗碳体。由于渗碳体在合金中起第二相强化作用，故随碳含量增高，铁碳合金中的渗碳体增多。当 w_C 高达 6.67%时，铁碳合金的组织全部为硬而脆的渗碳体而不能使用。此外，渗碳体的大小、形状和分布对铁碳合金的性能也有很大影响。

2.3.2 铁碳合金相图

铁碳合金相图是表示在平衡条件(加热或冷却过程均极其缓慢)下,铁碳合金系的成分、温度和组织三者间关系的图解(见图2.30)。

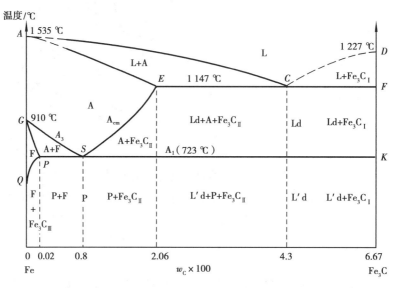

图2.30 简化后的 Fe-Fe₃C 相图

铁碳合金中碳有 Fe_3C 和石墨两种存在形式。通常情况下,碳以 Fe_3C 形式存在;在一定条件下,Fe_3C 可分解为铁和石墨(用 G 表示),即以石墨形式存在。因此,铁碳相图存在 Fe-Fe₃C 和 Fe-G 两种形式。现研究 Fe-Fe₃C 相图,Fe-G 相图将在后续章节中讨论。

(1)Fe-Fe₃C 相图概述

相图的纵坐标表示温度(℃),横坐标表示成分($w_C \times 100$)。因 $w_C > 6.67\%$ 的铁碳合金脆性极大,没有使用价值,因此,铁碳合金相图只研究 $w_C = 0\% \sim 6.67\%$ 部分。将左上角包晶结晶简化为匀晶结晶,并将渗碳体视作独立组元后的 Fe-Fe₃C 相图如图2.30所示。

1)相图中的重要特性点(见表2.1)

表2.1 铁碳合金相图中的重要特性点及其意义

特性点	意　义
A	纯铁的熔点 1 535 ℃
D	渗碳体的熔点 1 227 ℃
C	共晶点 w_C 为 4.3%,温度 1 147 ℃
G	γ-Fe 与 α-Fe 同素异构转变点 910 ℃
S	共析点 w_C 为 0.8%,温度 723 ℃
E	碳在奥氏体中的最大溶解度点,最大溶解度 2.06%
P	碳在铁素体中的最大溶解度点,最大溶解度 0.02%

2) 相图中的重要特性线(见表2.2)

表2.2　铁碳合金相图中的重要特性线及其意义

特性线	名　称	意　义
ACD	液相线	其上,合金为液相
AECF	固相线	其下,合金为固相
ECF	共晶线	具有C点成分的液相冷至该线温度发生共晶转变
GS	奥氏体向铁素体转变的开始温度线(A_3线)	奥氏体冷至该线温度开始向铁素体转变
GP	奥氏体向铁素体转变的结束温度线	奥氏体冷至该线温度全部转变为铁素体
PSK	共析线(A_1线)	具有S点成分的奥氏体冷至该线温度发生共析转变
ES	碳在奥氏体中的溶解度曲线(A_{cm}线)	奥氏体冷却至该线温度下析出Fe_3C_{II}
PQ	碳在铁素体中的溶解度曲线	铁素体冷却至该线温度下析出Fe_3C_{III}

3) 相图中的相区(见表2.3)

表2.3　铁碳合金相图中的相区

类　别	区域名称	备　注
单相区	液相区L	
	奥氏体相区A	
	铁素体相区F	
	渗碳体相区Fe_3C	DFK垂线
两相区	L+A区	液、固相线之间左封闭区
	L+Fe_3C_I(初次渗碳体)区	液、固相线之间右封闭区
	A+F区	GS、GP两线之间区域
	A+Fe_3C_{II}(二次渗碳体)区	ES线下方区域
	F+Fe_3C_{III}(三次渗碳体)区	PQ线下方区域

(2)铁碳合金的分类

铁碳合金按碳含量不同分为3类。

①工业纯铁。$w_C \leq 0.02\%$。

②碳钢。$0.02\% < w_C \leq 2.06\%$,按室温组织不同,碳钢又分为共析钢($w_C = 0.8\%$)、亚共析钢($w_C < 0.8\%$)和过共析钢($w_C > 0.8\%$)3种。

③白口铸铁(生铁)。$2.06\% < w_C < 6.67\%$,按室温组织不同,白口铸铁又分为共晶白口铸铁($w_C = 4.3\%$)、亚共晶白口铸铁($w_C < 4.3\%$)和过共晶白口铸铁($w_C > 4.3\%$)3种。

(3)碳钢平衡结晶过程及组织

碳钢的结晶过程是:从液相线 AG 温度缓慢冷至固相线 AE 温度时,液态钢经过匀晶结晶得到相应 w_C 的单相奥氏体。继续冷却时,奥氏体所发生的固态组织转变过程,结合如图 2.31所示分别介绍共析钢、亚共析钢和过共析钢平衡结晶过程及组织。

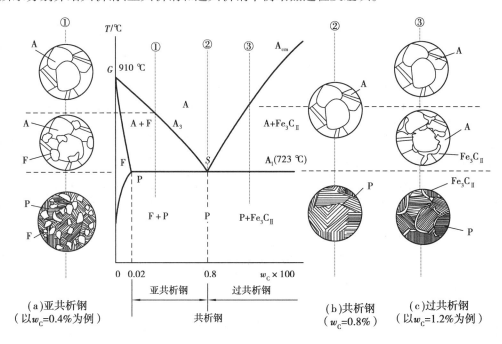

图 2.31　碳钢固态组织转变示意图

1)共析钢的组织转变

如图 2.31(b)所示,共析钢从单相奥氏体相慢冷至 A_1 温度的 S 点时,发生恒温共析转变,即奥氏体同时转变为铁素体 $F_P(w_C=0.02\%)$ 和渗碳体 $Fe_3C(w_C=6.67\%)$,并可表达为

$$As \xrightarrow{A1(723\ ℃)} P(F_P + Fe_3C)$$

共析产物是由铁素体和渗碳体以片层状交替排列而成的两相混合组织,称为珠光体(符号"P")。其力学性能介于铁素体与渗碳体之间,具有较高的强度和硬度($\sigma_b \approx 770$ MPa,180 HBS),一定的塑性和韧性($\delta = 20\% \sim 30\%$,$\alpha_k \approx 20 \sim 40$ J/cm²)。

在 A_1 以下温度继续冷却时,铁素体的碳含量沿 PQ 线变化析出三次渗碳体,三次渗碳体与共析渗碳体联结在一起,显微镜下难以分辨,且数量极少,故认为共析钢室温下的平衡组织为珠光体(见图 2.32)。

2)亚共析钢的组织转变

如图 2.31(a)所示为 $w_C = 0.4\%$ 的碳钢冷却时的固态组织转变过程:冷至 A_3 温度(GS 线)时,奥氏体开始转变为铁素体;随温度下降,铁素体不断增多,奥氏体相应减少且 w_C 沿 GS 线向 S 点移动;冷至 A_1 温度(PSK 线)时,剩余奥氏体达到 S 点成分($w_C = 0.8\%$)并经共析转变为珠光体。此后组织不再发生变化。

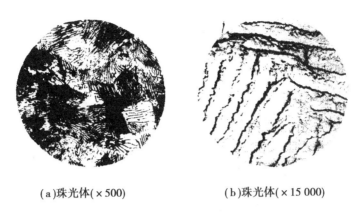

(a)珠光体(×500)　　　　　　(b)珠光体(×15 000)

图 2.32　共析钢的室温平衡组织

所有亚共析钢的固态组织转变过程基本相同,其室温平衡组织均为铁素体+珠光体,差别仅在于随亚共析钢 w_C 增加,组织中的珠光体增多,而铁素体相应减少(见图 2.33)。

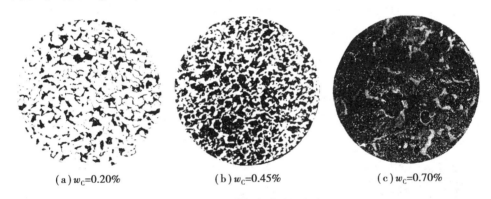

(a)$w_C=0.20\%$　　　　　　(b)$w_C=0.45\%$　　　　　　(c)$w_C=0.70\%$

图 2.33　亚共析钢的室温组织

3)过共析钢的组织转变

如图 2.31(c)所示为 $w_C=1.2\%$ 的过共析钢在冷却时的固态组织转变过程:冷至 A_{cm} 温度(ES 线)时,奥氏体开始沿晶界析出 Fe_3C_{II};温度继续下降,析出的 Fe_3C_{II} 增多并逐渐形成网状,奥氏体的碳含量相应减少并沿 ES 线向 S 点移动;冷至 A_1 温度时,剩余奥氏体 w_C 达到 S 点成分($w_C=0.8\%$)并经共析转变为珠光体。此后组织不再发生变化。

所有过共析钢的固态组织转变过程都基本相同,其室温平衡组织均为珠光体+二次渗碳体,差别仅在于过共析钢的 w_C 不同,二次渗碳体的数量和形态不同(见图 2.34)。

(4)白口铸铁结晶过程简介

共晶白口铸铁由液态冷至 C 点(1 147 ℃)时,发生恒温共晶转变,从液相中($w_C=4.3\%$)同时结晶出奥氏体 A_E($w_C=2.06\%$)和渗碳体 Fe_3C 的两相混合物(即高温莱氏体组织,符号"Ld"),并可表达为

$$L_C \xrightarrow{1\ 147\ ℃} Ld(A_E + Fe_3C)$$

继续冷却至 A_1 温度时,因 A 共析转变为 P 使高温莱氏体转变为 P 和 Fe_3C 的两相混合物(即低温莱氏体组织,符号"L′d")。

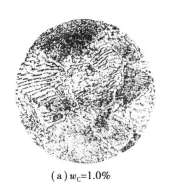 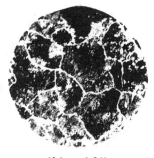

(a) $w_C = 1.0\%$　　　　　　　　　　　(b) $w_C = 1.2\%$

图 2.34　过共析钢的室温组织

莱氏体组织可视为在渗碳体的基体上分布着颗粒状的奥氏体(或珠光体),低温莱氏体性能与渗碳体相似,硬度很高,塑性、韧性极差。

与共晶白口铸铁相比,亚共晶白口铸铁在共晶转变前有部分液体先结晶出树枝状先共晶奥氏体,当冷却至共晶转变温度时,剩余液相发生共晶转变获得高温莱氏体,在其随后的冷却过程中还伴有奥氏体的 Fe_3C_{II} 析出和共析转变,故其室温组织为珠光体+二次渗碳体+低温莱氏体;而过共晶白口铸铁则多了先结晶出的条状初次渗碳体,故其室温组织为低温莱氏体+初次渗碳体。

3 种白口铸铁的室温组织如图 2.35 所示。三者的组织中均含有硬而脆的低温莱氏体,难以切削加工,故在生产中直接应用不多。

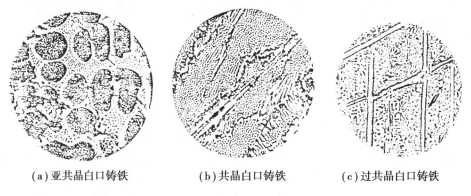

(a)亚共晶白口铸铁　　　　　(b)共晶白口铸铁　　　　　(c)过共晶白口铸铁

图 2.35　白口铸铁的室温组织

2.3.3　铁碳合金的性能及相图的应用

(1)碳钢的成分与平衡组织、力学性能的关系

1)碳钢组织组成物的性能特点

由 $Fe\text{-}Fe_3C$ 相图知,碳钢的室温平衡组织是由铁素体、珠光体和渗碳体组成。其中,铁素体软而韧,渗碳体则硬而脆,珠光体介于两者之间。3 种组成物的主要力学性能见表 2.4。

表 2.4　铁素体、珠光体和渗碳体的主要力学性能

组成物	σ_b/MPa	硬度/HB	$\delta \times 100$	α_k/(J·cm^{-2})
铁素体	150~230	80	40	200
渗碳体	—	相当于 800	≈ 0	≈ 0
珠光体	800	210	20	≈ 30

2）碳钢成分与组织、性能的关系

碳钢的成分不同，其组织组成物的种类、数量和分布也不尽相同，从而具有不同的力学性能。成分对碳钢组织和性能的影响如图 2.36 所示。随 w_C 增加，亚共析钢组织中的珠光体按比例增多，铁素体相应减少，则钢的强度、硬度升高，塑性、韧性下降。过共析钢组织中除珠光体外还有二次渗碳体，当 $w_C<1\%$ 时，少量二次渗碳体未连成网状，能使钢的强度、硬度继续升高；当 $w_C>1\%$ 时，因二次渗碳体数量增多而呈连续网状分布，使钢的塑性和韧性大为下降，且强度也随之降低。

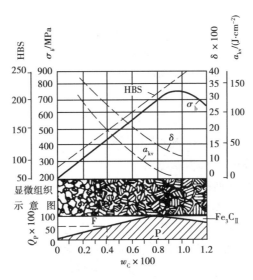

图 2.36　碳钢成分与平衡组织、力学性能的关系

（2）相图在制订热加工工艺中的应用

Fe-Fe$_3$C 相图反映平衡条件下铁碳合金组织随温度的变化规律，是制订铁碳合金热加工工艺的重要依据。

1）在铸造工艺方面的应用

相图中的液相线温度代表铁碳合金系的熔点，它是选用铸造熔炉和确定铁碳合金浇注温度（一般在液相线以上 50~100 ℃）的依据。相图中液相线与固相线之间的温度间隔大小，是铸造用铁碳合金成分选择的重要依据。温度间隔越小，铁碳合金的流动性越好、缩松倾向越小，越易于获得优质铸件，故接近共晶成分的铸铁应用最广。

2)在锻造工艺方面的应用

钢的锻造温度可根据相图中奥氏体相区的 AE 温度线(用"A_4"表示)、A_3 温度或 A_1 温度进行选择。钢的始锻温度应控制在 A_4 温度以下 100~200 ℃,以免因温度过高造成钢的严重氧化或奥氏体晶界熔化;终锻温度则应控制在 A_3 温度(对亚共析钢)或 A_1 温度(对共析和过共析钢)以上,以免因温度过低引起钢料锻造裂纹。而白口铸铁加热至高温时仍有硬而脆的莱氏体组织,故不能锻造。

3)在热处理工艺方面的应用

由相图知,铁碳合金在固态加热或冷却时均发生组织转变,故铁碳合金可进行热处理。而相图中的相变临界温度点 A_1、A_3 和 A_{cm} 则是确定热处理加热温度的依据。此外,根据奥氏体的溶碳能力强的特点,还可对钢进行表面渗碳热处理。

另外,相图还是分析钢焊件焊缝区组织转变及焊接质量的重要工具。

2.4　金属的塑性变形和强化

纯金属的强度、硬度较低,不能满足机械零件和工具的使用要求,故需要通过各种强化途径提高其强度和硬度。提高金属的塑性变形抗力即提高金属的强度,称为金属的强化。要了解金属强化的本质,应先了解金属塑性变形的机理。

2.4.1　金属的塑性变形

常温下,金属的塑性变形主要是通过晶体滑移而进行。

(1)单晶体金属的滑移

单晶体受力后,外力在任何晶面上都可分解为正应力和切应力。正应力只能引起弹性变形及断裂,切应力才使金属晶体产生塑性变形。在切应力作用下,晶体的一部分相对于另一部分产生滑动,称为晶体滑移。如图 2.37 所示,在切应力 τ 作用下,晶体先产生弹性剪切变形(见图 2.37(b));当 τ 足够大时,则晶体的一部分相对于另一部分沿某晶面产生滑动(见图 2.37(c))即晶体滑移,其滑移距离为原子间距的整数倍;切应力去除后,晶体的弹性剪切变形消失而原子处于新的平衡位置(见图 2.37(d)),与滑移前相比晶体已产生了塑性变形。

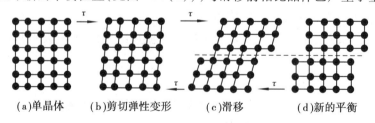

(a)单晶体　　(b)剪切弹性变形　　(c)滑移　　(d)新的平衡

图 2.37　单晶体在切应力作用下的滑移示意图

虽然在一个晶面上滑移的距离不大,但因一个晶体内有许多部分沿一系列平行晶面产生滑移,其总体累计导致晶体的宏观塑性变形。如图 2.38 所示为锌单晶体试样拉伸时产生宏观塑性伸长的情况。由图 2.38 可知,在与某晶面平行的一系列晶面上,拉伸力 P 分解为垂直于晶面的正应力 σ 和平行于晶面的切应力 τ。在切应力 τ 作用下,锌单晶体的各部分分别沿一系列平行晶面产生相对滑移,并在正应力 σ 作用下产生角度为 φ 的转动,从而导致锌单晶宏观塑性伸长。

上述晶体滑移是晶体的一部分相对于另一部分作整体滑动,故称为刚性滑移。研究表明,实际的晶体滑移并非刚性滑移,而是在切应力作用下晶体内的位错沿晶面从一端逐步运动至另一端的结果(见图 2.39)。由图 2.39 可知,一个位错的运动引起一个原子间距的滑移量,运动的位错越多,引起的晶体滑移量越大。

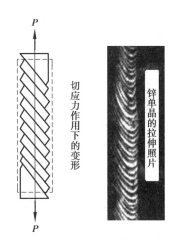

图 2.38　锌单晶体宏观塑性伸长示意图

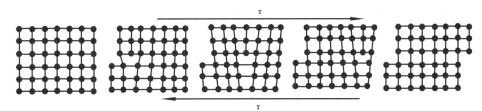

图 2.39　位错运动产生晶体滑移示意图

(2)多晶体金属的塑性变形

单个晶粒变形与单晶体相似,多晶体的变形比单晶体要复杂,多晶体金属的塑性变形是通过各晶粒的晶体滑移而进行的。与单晶体滑移不同的是,多晶体中各晶粒的晶体滑移及位错运动受晶界和相邻晶粒位向差的阻碍,导致滑移阻力增大并且不同位向晶粒的滑移难易程度不同。因此,多晶体金属的塑性变形过程有如下特点:外力较小时仅有少量最易滑移的晶粒产生滑移,随外力增大有越来越多的晶粒产生滑移,由此逐渐显示宏观塑性变形。

影响多晶体金属塑性变形的主要因素有以下 3 个方面:

1)晶界的影响

当位错运动到晶界附近时,受晶界的阻碍而堆积起来。要想使变形继续,则必须增加外力,从而使金属的抗变形能力提高。

2)晶粒位向的影响

由于各相邻晶粒位向不同,当一个晶粒发生塑性变形时,为了保持金属的连续性,周围的晶粒若不发生塑性变形,则必以弹性变形来与之协调。这种弹性变形便成为塑性变形晶粒的变形阻力。由于晶粒间的这种相互约束,使得多晶体金属的塑性变形抗力提高。

3)晶粒度的影响

晶粒越细,晶界总面积增大,位错阻力增大,且需要协调的晶粒数目增多,金属的强度越高;晶粒越细,参与变形的晶粒数目增多,变形越均匀,塑性变形量增大,金属在断裂前消耗的功增大,金属的塑性和韧性也越高。

(3)塑性变形后的残余内应力

内应力是指平衡于金属内部的应力。它是由于金属受力时内部变形不均匀而引起的。多晶体金属的塑性变形会使金属组织发生变化并产生形变残余内应力。

金属发生塑性变形时,外力所做的功约有10%转化为内应力残留于金属中。内应力可分为以下3类:

①内应力平衡于表面与心部之间(宏观内应力)。

②内应力平衡于晶粒之间或晶粒内不同区域之间(微观内应力)。

③内应力是由晶格缺陷引起的畸变应力。

第三类内应力是形变金属中的主要内应力,也是金属强化的主要原因。而第一、二类内应力都使金属强度降低。内应力的存在,使金属耐蚀性下降,引起零件加工、淬火过程中的变形和开裂。因此,金属在塑性变形后,通常要进行退火处理,以降低或消除内应力。

2.4.2 金属强化的本质

金属的塑性变形主要是通过位错滑移而进行的。金属塑性变形时,位错运动的阻力越大,晶体滑移所需的切应力越大,则金属的塑性变形抗力越大,即金属的强度越高。因此,凡是增大位错运动阻力使晶体滑移困难的因素,均能使金属得到强化。

2.4.3 金属强化的途径

(1)合金化强化

1)固溶强化

合金固溶体因溶质原子溶入溶剂晶格使溶剂晶格畸变(见图2.8(b)、(c)、(d)),溶质原子与位错相互作用易被吸附在位错附近,使位错被钉扎住,导致位错运动阻力增大,晶体滑移困难,从而使合金的强度和硬度升高,这一现象称为固溶强化。

2)弥散强化

当合金的组织由多相混合物组成时,合金的塑性变形除与合金基体的性质有关外,还与第二相的性质、形态、大小、数量和分布有关。第二相可以是纯金属、固溶体或化合物,工业合金中第二相多数是化合物。当在晶界呈网状分布时,对合金的强度和塑性不利;当在晶内呈片状分布时,可提高强度、硬度,但会降低塑性和韧性;当在晶内呈颗粒状弥散分布时,第二相颗粒越细,分布越均匀,合金的强度、硬度越高,塑性、韧性略有下降,这种强化方法称弥散强化或沉淀强化。弥散强化的原因是由于硬的颗粒不易被切变,因而阻碍了位错运动(见图2.40),提高了变形抗力。

(2)热处理强化

热处理是指合金经过加热、保温和冷却以改变其组织和性能的工艺方法。合金的热处理强

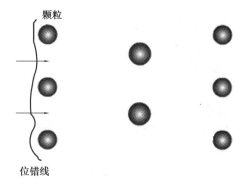

图2.40 弥散强化对位错运动阻碍示意图

化主要有钢的马氏体强化和有色合金的第二相弥散析出强化。

1）钢的马氏体强化

钢经过一定的热处理得到马氏体（过饱和碳的 α-Fe 固溶体）组织而实现的强化称为马氏体强化。马氏体强化是由于碳过饱和使 α-Fe 产生严重的晶格畸变，强烈阻碍位错运动所致。相同化学成分的钢，其马氏体组织的强度和硬度远高于其他组织的强度和硬度。如 $w_C = 0.5\%$ 的碳钢，其马氏体组织的 $\sigma_b = 2\,500$ MPa，$\sigma_s = 1\,500$ MPa，硬度 62 HRC，约为其平衡组织强度、硬度的 4 倍。因此，马氏体强化是钢的主要强化途径。

2）第二相弥散析出强化

某些合金钢和某些有色合金，经过一定的热处理后因第二相弥散硬质点析出而产生的强化，称为第二相弥散析出强化。第二相弥散析出强化是由于析出的大量细小硬质点阻碍位错运动所致。例如，第二相弥散析出强化使 $w_{Cu} = 4\%$ 铝铜合金的 σ_b 由 250 MPa 增至 400 MPa。

（3）细化晶粒强化

纯金属和合金固溶体均为多晶体。多晶体的晶界是面缺陷，晶体滑移时位错运动至晶界处受阻，故晶界有阻碍位错运动和晶体滑移的作用。晶粒越细小，多晶体的晶界总面积越大，其阻碍作用就越大，则金属和合金的强度越高，且塑性和韧性也越好。因此，细化晶粒能提高金属与合金的强度和塑性。晶粒大小对纯铁强度和塑性的影响见表 2.5。

表 2.5　晶粒大小对纯铁强度和塑性的影响

晶粒直径×100/mm	抗拉强度/MPa	伸长率×100
9.7	168	28.8
7.0	184	30.6
2.5	215	39.5
0.2	268	48.8
0.16	270	50.7
0.1	284	50.0

（4）加工硬化

金属和合金塑性变形时，随变形度增大其强度和硬度升高、塑性和韧性降低的现象（见图 2.41），称为加工硬化或冷变形硬化。塑性变形时，由于晶体中位错的不断增殖而使晶体中的位错密度（单位体积中的位错总长度）增大，使位错运动阻力增大，从而导致加工硬化。

产生加工硬化的原因是：随变形量增加，位错密度增加，由于位错之间的交互作用（堆积、缠结），使变形抗力增大；随变形量增加，亚结构细化；随变形量增加，空位密度增加。由于加工硬化，使已变形部分发生硬化而停止变形，而未变形部分开始变形。没有加工硬化，金属就不会发生均匀塑性变形。

加工硬化是强化金属的重要手段之一，对于不能热处理强化的金属和合金尤为重要。

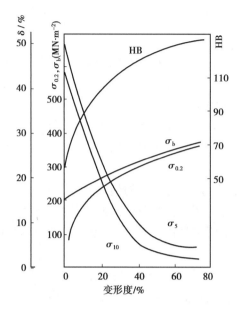

图 2.41　塑性变形程度对金属力学性能的影响

思考题

1.运用杠杆定律计算共析钢平衡条件下获得的珠光体组织中铁素体与渗碳体的相对含量各是多少?

2.试取某一成分的亚共晶白口铸铁,分析其平衡条件下组织的形成过程。

3.采用何种简便方法可将形状、大小相同的低碳钢与白口铸铁材料迅速区别开?

4.试应用铁碳合金相图知识回答下列问题:

①为何绑扎物体时一般用铁丝(用低碳钢制成)? 而起重机起吊重物却用钢丝绳(用高碳钢制成)?

②钳工锯高碳钢料时,为何比锯低碳钢料时费力,且锯条更容易磨损?

5.金属强化的本质是什么? 其途径有哪些?

第**3**章

钢的热处理及表面强化处理

热处理是指将金属材料在固态下采用适当的方式进行加热、保温和冷却,以获得所需组织结构与性能的一种热加工工艺(见图 3.1)。

在不改变零件形状和尺寸的前提下,热处理通过改变材料内部的组织结构或成分来改变其性能。通过适当的热处理,能显著提高金属的力学性能,以满足零件的使用要求和使用寿命;能改善金属的工艺性能,以提高生产率和加工质量;还能消除金属在加工过程中产生的残余内应力,以稳定零件的形状和尺寸。在机床制造业中 60% ~ 70% 的零件需要热处理,在汽车、拖拉机制造业中 70% ~ 80% 的零件需要热处理,各种工、模、量具和滚动轴承等几乎全部都要进行热处理。因此,热处理在机械工程中占有十分重要的地位。

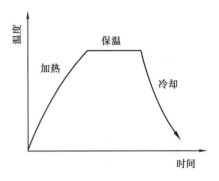

图 3.1　热处理工艺曲线示意图

根据工艺特点不同,热处理分为

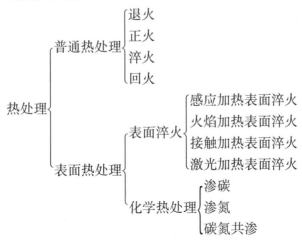

根据作用不同,热处理又可分为

①最终热处理。常用方法有淬火、回火、表面淬火、化学热处理(渗碳、渗氮和渗硼等)。

②预备热处理。常用方法有退火和正火。

③补充热处理。常用方法有去应力退火和人工时效。

大多数金属材料都可通过热处理改变其组织与性能,其中钢的热处理应用最多;纯金属、某些单相合金等不能用热处理强化,只能采用加工硬化的方法。各种材料热处理选用的工艺参数、工艺规范及组织转变特点都是不同的。下面主要介绍钢的热处理。

3.1　钢的热处理原理

3.1.1　钢的热处理相变温度

由 Fe-Fe$_3$C 相图可知,平衡状态下,钢在加热或冷却时的固态相变温度是 A$_1$线、A$_3$线和 A$_{cm}$线。实际上,钢进行热处理时其组织转变并不按铁碳相图中的平衡温度进行,而是都有不同程度的滞后现象(见图 3.2)。通常将加热时的实际相变温度标以字母 c 用"A$_{c1}$"、"A$_{c3}$"、"A$_{ccm}$"表示;将冷却时的实际相变温度标以字母 r 用"A$_{r1}$"、"A$_{r3}$"、"A$_{rcm}$"表示。

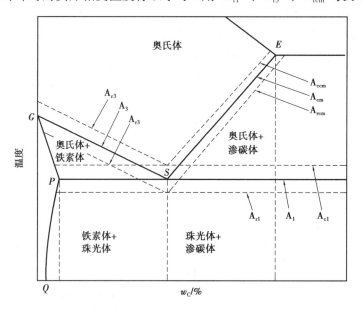

图 3.2　加热和冷却时的临界转变温度

3.1.2　钢在加热时的组织转变

钢的热处理,大多数是先将钢加热至奥氏体状态,然后以适当的方式冷却以获得所需的组织与性能。通常将钢加热获得奥氏体的转变过程,称为"奥氏体化"。钢的奥氏体化过程是通过铁原子和碳原子的扩散进行的,是一种扩散型相变。

（1）奥氏体化过程

下面以共析钢为例,简要说明奥氏体的形成过程。

共析钢的室温平衡组织为片状珠光体,当加热到 A_{c1} 以上温度时,珠光体转变为奥氏体。这种转变可表示为

$$P \quad (\quad F \quad + \quad Fe_3C \quad) \quad \longrightarrow \quad A$$

w_C	0.02%	6.67%	0.8%
结构	体心立方	复杂立方	面心立方

由上式可知,形成的奥氏体不仅晶格类型与铁素体、渗碳体不同,且碳含量也有很大差别。因此,奥氏体的形成过程就是铁原子的晶格改组,以及铁原子和碳原子的扩散过程。其转变过程遵循金属结晶的基本规律,由 4 个阶段组成(见图 3.3)。

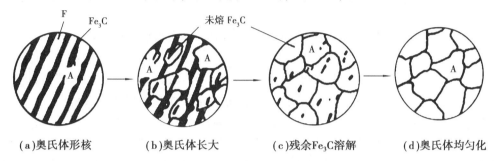

（a）奥氏体形核　　（b）奥氏体长大　　（c）残余Fe₃C溶解　　（d）奥氏体均匀化

图 3.3　奥氏体形成过程示意图

1）奥氏体的形核

通常奥氏体晶核优先在铁素体和渗碳体相界面上形成。这是由于铁素体和渗碳体相界面上碳浓度分布不均匀,原子排列不规则,为奥氏体形核提供了成分和结构上的有利条件。

2）奥氏体的长大

奥氏体晶核形成后即开始长大。由于奥氏体与铁素体相邻界面上碳浓度低,与渗碳体相邻界面上碳浓度高,势必引起奥氏体中的碳从高浓度处向低浓度处扩散。扩散的结果破坏了相界面的平衡浓度,为维持相界面上各相的平衡浓度,高碳的渗碳体必溶入奥氏体;低碳的铁素体将转变为奥氏体。这样,奥氏体自然地向铁素体和渗碳体两个方向长大,直到铁素体全部转变为奥氏体。

3）残余渗碳体的溶解

由于奥氏体在化学成分和晶格类型上与铁素体差别小,而与渗碳体差别大,故奥氏体向铁素体的长大速度远大于向渗碳体的长大速度。这使得珠光体中的铁素体完全转变为奥氏体后,仍有部分渗碳体尚未溶解,这些剩余渗碳体在随后的保温过程中逐渐溶解入奥氏体,直至全部消失。

4）奥氏体成分均匀化

渗碳体完全溶解后,奥氏体中的碳浓度是不均匀的。原先是渗碳体的地方碳浓度较高,原先是铁素体的地方碳浓度较低。通过继续保温,让碳原子进行充分地扩散,最终获得成分均匀的奥氏体。

对于亚共析钢和过共析钢来说,加热至 A_{c1} 以上保温足够长的时间,只能使原始组织中的

珠光体完成奥氏体化,但仍会保留先析出铁素体或先析出渗碳体,这种奥氏体化过程被称为"部分奥氏体化"或"不完全奥氏体化"。只有进一步加热至 A_{c3} 或 A_{ccm} 以上保温足够时间,才能获得均匀的单相奥氏体。因此,它们在奥氏体化时,除珠光体转变为奥氏体外,还分别伴有铁素体向奥氏体的转变和二次渗碳体的溶解。

（2）影响奥氏体转变的因素

奥氏体形成是通过形核与长大过程进行的,整个过程受原子扩散所控制。凡是影响扩散、影响形核与长大的一切因素,都将影响奥氏体的形成速度。

1）加热温度

加热温度越高,原子扩散速率加剧,奥氏体中碳的浓度梯度显著增大,使奥氏体的形核率和长大率大大增加,奥氏体的形成速度加快。

2）加热速度

加热速度越快,过热度越大,奥氏体转变过程向高温推移,转变速度越快。

3）化学成分

碳含量对奥氏体形成速度影响很大。钢中含碳量越高,原始组织中的渗碳体数量越多,铁素体和渗碳体的相界面总量增多,使奥氏体形核率增大,加速奥氏体化过程。

合金元素不影响奥氏体化基本过程,但明显影响碳在奥氏体中的扩散速度。Co 和 Ni 能提高碳在奥氏体中的扩散速度,加快奥氏体的形成速度;Cr、Mo、W、V 等元素显著降低碳在奥氏体中的扩散速度,大大减慢奥氏体的形成速度;Si、Mn、Al 等元素对碳在奥氏体中的扩散速度影响不大。

4）原始组织

由于奥氏体的晶核是在铁素体和渗碳体的相界面上形成,因此原始组织越细,相界面越多,形成奥氏体晶核的"基地"越多,奥氏体转变就越快。

（3）奥氏体的晶粒度

钢的奥氏体化目的是获得成分均匀、细小的奥氏体组织。奥氏体的晶粒大小对钢的室温组织和力学性能尤其是韧性有很大影响。奥氏体晶粒越细小,钢的强度越高,且塑性、韧性也越好。此外,奥氏体晶粒粗大,淬火变形与开裂倾向增大。因此,有必要了解奥氏体晶粒度的概念及影响奥氏体晶粒度的因素。

1）奥氏体的晶粒度

奥氏体的晶粒度是指奥氏体化后奥氏体晶粒的粗细。根据奥氏体形成过程和晶粒长大情况,奥氏体晶粒度分起始晶粒度、实际晶粒度和本质晶粒度 3 种。

①起始晶粒度

起始晶粒度是指珠光体刚完成奥氏体转变时的奥氏体晶粒度。此时,奥氏体晶粒是很细小、均匀的。

②实际晶粒度

实际晶粒度是指实际热处理条件下所获得奥氏体晶粒的大小。为了奥氏体转变充分、成分均匀,实际加热温度都略高于临界温度,故奥氏体晶粒度要比起始晶粒度大。奥氏体实际晶粒度对热处理后的性能影响很大。实际晶粒度越细小,转变组织也越细小;反之,转变组织越粗大。生产中,通过控制有关参数以获得细小的晶粒,从而获得既具有一定强度,又具有良好塑性和韧性的力学性能,是一种强韧化的手段。

③本质晶粒度

用以表明奥氏体晶粒长大倾向的晶粒度称为本质晶粒度。通常采用标准试验方法,即将钢加热到(930±10) ℃,保温 3~8 h,冷却后在放大 100 倍的显微镜下测定的晶粒度。

一般结构钢的奥氏体本质晶粒度分为 8 级(见图 3.4)。1~4 级为本质粗晶粒度钢,5~8 级为本质细晶粒度钢。

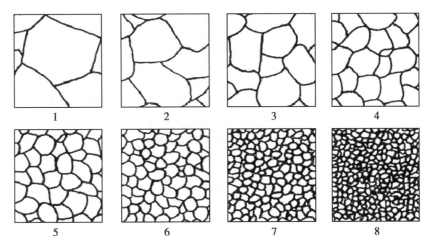

图 3.4 钢的奥氏体本质晶粒度示意图

钢的本质晶粒度与钢的成分和冶炼时的脱氧方法有关。一般经 Al 脱氧或含 Ti、Zr、V、Nb、Mo、W 等元素的钢,大多是本质细晶粒度钢,这些元素能够形成难溶于奥氏体的细小碳化物质点,阻碍奥氏体晶粒长大。用 Si、Mn 脱氧的钢一般都为本质粗晶粒度钢。沸腾钢一般为本质粗晶粒度钢,镇静钢为本质细晶粒度钢。热处理零件一般都选用本质细晶粒度钢,以利于控制热处理质量。

2)影响奥氏体晶粒度的因素

影响奥氏体晶粒长大的主要因素是加热温度和保温时间。加热速度及合金元素也有一定的影响。

①加热温度和保温时间

加热温度越高,晶粒长大速度越快,奥氏体晶粒越容易粗化。延长保温时间也会引起晶粒长大,但后者的影响要比前者的小得多。为了获得细小的奥氏体晶粒,应合理地选择加热温度与保温时间。

②加热速度

加热速度越快,实际奥氏体化温度越高,过热度越大,形核率越大,晶粒越小。快速加热和短时间保温的工艺(如高频淬火)在生产上常用来细化晶粒。

③含碳量

在一定含碳量范围内随奥氏体中含碳量的增加,促进碳在奥氏体中的扩散速率及铁原子自扩散速率的提高,故晶粒长大倾向增大。含碳量超过一定量后(超过共析成分),由于奥氏体化时还有一定数量的未溶碳化物存在,且分布在奥氏体晶界上,起到了阻碍晶粒长大的作用,反而使奥氏体晶粒长大倾向减小。一般钢中的含碳量越高,奥氏体晶粒的长大倾向增大。

④合金元素

在钢中加入钛、铌、钒、锆等合金元素,能生成氧化物或氮化物等,均有阻碍奥氏体晶粒长大的作用,而锰和磷是促进奥氏体晶粒长大的元素。

3.1.3 钢在冷却时的组织转变

冷却过程是钢热处理的关键,对热处理后的组织与性能起着极其重要的作用。处于临界点 A_1 以下尚未发生转变的奥氏体称过冷奥氏体。过冷奥氏体是非稳定组织,它会转变为其他组织。钢在冷却时的转变,实质上就是过冷奥氏体的转变。

将同一成分的钢从奥氏体化温度以不同速度冷却时,可获得不同的力学性能(见表3.1)。这是由于随冷速增大,奥氏体在非平衡条件下不再按 Fe-Fe₃C 状态图所示规律转变为珠光体等平衡组织,而是过冷至 A_1 以下温度转变为其他非平衡组织。

表3.1 共析钢以不同速度冷却后的硬度(直径 10 mm,加热 800 ℃)

冷却方式	随炉冷却	空气冷却	油中冷却	水中冷却
冷却速度	10 ℃/min	10 ℃/s	150 ℃/s	600 ℃/s
硬度/HRC	12	26	41	64

过冷奥氏体的组织转变方式有两种:一种是等温冷却(见图 3.5 曲线2),即把奥氏体化的钢快速冷却到 A_1 以下某一温度,进行保温,使其在该温度下发生组织转变,转变结束后,再空冷到室温。另一种是连续冷却(见图 3.5 曲线1),即把奥氏体化的钢以某种冷却速度连续冷却到室温,使奥氏体在冷却过程中发生组织转变。

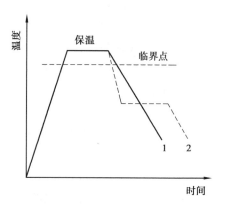

图 3.5 热处理冷却方式

(1)过冷奥氏体的等温转变

过冷奥氏体的等温冷却转变规律,可用实验测定的过冷奥氏体等温转变曲线来描述。过冷奥氏体等温转变曲线是表示过冷奥氏体在 A_1 以下不同温度保温过程中,转变量与转变时间的关系曲线。又称 C 曲线或 TTT 曲线。下面以共析钢为例,研究过冷奥氏体的等温转变过程、转变产物类型及其性能。

1)等温转变曲线的建立

将若干组共析钢试样($\phi10\times1.5$ mm)在相同加热温度下奥氏体化,然后将其迅速冷却至 A_1 点以下不同温度的盐浴中保温,每隔一定时间,取出一组试样淬入水中。根据显微组织观察、定量分析和硬度测试,确定过冷奥氏体在 A_1 点以下不同温度,保温不同时间时,转变产物类型及转变量。由此测定不同等温温度下转变开始时间和终了时间,并将转变开始时间点和终了时间点连成光滑曲线,如图 3.6 所示。

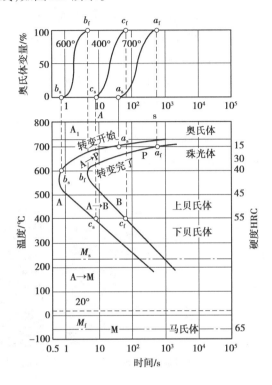

图 3.6　共析钢等温冷却转变曲线

2)等温转变曲线分析

C 曲线左边的线是过冷奥氏体转变开始点的连线,称为过冷奥氏体等温转变开始线;C 曲线右边的线是过冷奥氏体转变终了点的连线,称为过冷奥氏体等温转变终了线。等温转变开始线的左边区域为过冷奥氏体区,转变终了线的右边区域为转变产物区,C 曲线之间的区域为过冷奥氏体与转变产物的共存区。过冷奥氏体转变发生前所经历的时间称为孕育期。孕育期越短,过冷奥氏体转变时形核所需时间越短,过冷奥氏体越不稳定。在 550 ℃左右等温时,过冷奥氏体最不稳定,转变速度最快,孕育期最短。C 曲线上的该处位置称为"鼻尖"。

C 曲线下方第一条水平线为马氏体转变开始线(M_s 线),C 曲线下方第二条水平线为马氏体转变终了线(M_f 线)。

共析钢的过冷奥氏体在不同温度区间可发生 3 种不同的组织转变。从 A_1 到"鼻尖"温度为高温转变区,其转变产物为珠光体,故又称珠光体转变区;从"鼻尖"温度至 M_s 为中温转变区,其转变产物为贝氏体,故又称贝氏体转变区;从 M_s 到 M_f 为低温转变区,其转变产物为马氏体,故又称马氏体转变区。

3)等温转变产物与性能

①珠光体转变

A_1 至"鼻尖"温度等温,过冷奥氏体将发生珠光体转变。珠光体转变是通过形核与长大来进行的,是一种扩散型转变,即在转变过程中要发生晶格改组和原子扩散。当奥氏体过冷到 A_1 以下温度时,首先在奥氏体晶界上生成渗碳体晶核,渗碳体晶核依靠周围的奥氏体不断供应碳原子而长大。渗碳体长大的同时,其两侧的奥氏体出现贫碳区,渗碳体两侧形成铁素体。铁素体侧向长大的同时必然在其与奥氏体界面处形成富碳区,促使在铁素体两侧形成新的渗碳体晶核。如此交替形核并长大直至占据整个奥氏体,最终形成片层相间并大致平行的珠光体组织。珠光体中相邻两片渗碳体(或铁素体)之间的距离称为珠光体的片间距。根据片间距的大小,将珠光体分为3类:在 A_1~650 ℃形成的珠光体比较粗(片间距大于 0.4 μm),称为珠光体(P);在 650~600 ℃形成的珠光体比较细(片间距为 0.2~0.4 μm),称为索氏体(S);在 600~550 ℃形成的珠光体极细(片间距小于 0.2 μm),称为屈氏体(T);如图 3.7 所示。珠光体组织的片间距越小,相界面越多,则塑性变形抗力越大,强度、硬度越高,且塑性、韧性也越好。

 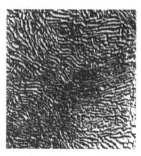

(a)珠光体(700 ℃等温)　　(b)索氏体(650 ℃等温)　　(c)屈氏体(600 ℃等温)

图 3.7　片状珠光体的组织形态

②贝氏体转变

550 ℃~M_s 温度等温,过冷奥氏体将发生贝氏体转变。贝氏体转变也是由形核与长大来进行的,但由于过冷度较大,转变时只有碳原子的扩散,铁原子基本上不扩散,故贝氏体转变属于半扩散型转变。贝氏体是含碳略过饱和的铁素体与碳化物的两相混合组织。按转变温度和组织形态不同,贝氏体组织分为上贝氏体和下贝氏体两种。在 550~350 ℃等温,过冷奥氏体转变为上贝氏体($B_上$),它是由成束的过饱和铁素体和片间断续分布的短杆状渗碳体组成。在金相显微镜下,铁素体呈黑色,渗碳体呈亮白色,整体呈羽毛状特征(见

(a)上贝氏体　　　　　　　　　(b)下贝氏体

图 3.8　贝氏体显微组织

图 3.8(a))。在 350 ℃ ~ M_s 等温，过冷奥氏体转变为下贝氏体(B_F)，它是由过饱和针状铁素体和铁素体针片内弥散分布的细粒状过渡型碳化物 $Fe_{2.4}C$ 组成。在金相显微镜下呈黑色针片状(见图 3.8(b))。

因过饱和固溶强化与第二相强化，使贝氏体组织的强度和硬度高于珠光体类组织。上贝氏体与下贝氏体由于晶体结构不同，力学性能相差很大。上贝氏体组织中，硬脆的渗碳体呈细短杆状分布在铁素体晶束的晶界上，使晶束容易产生脆性断裂，强度、韧性较低。下贝氏体组织中的针状铁素体细小且无方向性，铁素体的过饱和程度大，固溶强化明显，碳化物细小而弥散分布在针状铁素体内，因此，下贝氏体具有较高的强度、硬度、塑性和韧性相配合的优良力学性能。形成下贝氏体组织是钢强化的一种途径。

③马氏体转变

过冷奥氏体直接快冷至 M_s 与 M_f 温度之间并连续冷却时将发生马氏体转变。由于过冷度很大，铁原子与碳原子完全不扩散，过冷奥氏体只能发生非扩散性的晶核切变，由 γ-Fe 的面心立方晶格直接转变为 α-Fe 体心立方晶格，碳原子全部固溶在体心立方晶格中，形成大大过饱和的 α 固溶体，其化学成分与母相奥氏体完全相同。马氏体(M)就是碳在 α-Fe 中的过饱和固溶体。由于碳的过饱和，使 α-Fe 的体心立方晶格产生严重畸变，晶格中的 c 轴伸长，a 轴缩短，形成正方晶格(见图 3.9)，产生很强的固溶强化。获得马氏体组织是强化钢的主要途径。

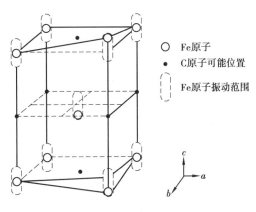

○ Fe原子
● C原子可能位置
▢ Fe原子振动范围

图 3.9 马氏体体心正方结构示意图

马氏体有板条状和针片状两种形态，其形态主要取决于马氏体的碳质量分数。碳质量分数低于 0.2%，形成的马氏体呈平行成束分布的板条状，称为板条状马氏体(见图 3.10(a))。因板条内存在高密度位错缠结，又称位错马氏体；由于碳质量分数低，也称低碳马氏体。碳质量分数高于 1.0%，形成的马氏体呈针状或竹叶状，称为片(针)状马氏体(见图 3.10(b))。马氏体针之间形成大角度位向差，先形成的针状马氏体较粗大，可横贯奥氏体晶粒，后形成的马

(a)板条马氏体

(b)针状马氏体

图 3.10 马氏体显微组织

氏体针则较小。因针状马氏体内存在大量的孪晶亚结构,又称孪晶马氏体;由于碳质量分数较高,也称高碳马氏体。碳质量分数为 0.2% ~ 1.0% 的马氏体为板条状马氏体和针状马氏体的混合组织,随碳质量分数增加,板条状马氏体减少,针状马氏体增多。

马氏体的性能特点是强度、硬度高。其强度、硬度主要取决于马氏体中的碳质量分数,随碳质量分数增加,马氏体强度、硬度随之增大(见图3.11),塑性、韧性随之降低。

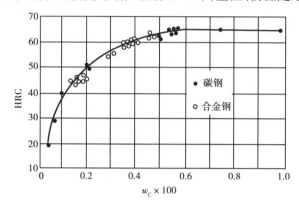

图 3.11　马氏体强度、硬度与碳质量分数的关系

马氏体转变有以 4 个特点:

①马氏体转变是一种非扩散型转变,且转变速度极快(10^{-7} s)。马氏体片一般不穿过奥氏体晶界,故马氏体尺寸受原奥氏体晶粒粗细的限制。在正常淬火条件下,高碳钢的奥氏体化温度低,奥氏体晶粒细,形成的马氏体片非常细小,不易看清,故称"隐晶马氏体"。

②马氏体的比容比奥氏体大。即马氏体形成时体积膨胀,使金属内部产生很大的内应力,严重时导致开裂。

③有一定的转变温度范围。马氏体转变是在 $M_s \sim M_f$ 的温度范围内连续冷却完成的,而且必须在不断降温条件下才能持续进行,中断冷却,转变过程立即停止。

④马氏体转变的不完全性。即使温度降至 M_f 点以下,过冷奥氏体也不能全部转变为马氏体,总有一部分未发生转变的奥氏体存在,称为残余奥氏体(A_r)。这主要是由于马氏体形成时体积膨胀对尚未转变的过冷奥氏体造成很大的压应力,从而抑制其转变的缘故。残余奥氏体是一种不稳定组织,会自发转变为体心立方结构而导致体积膨胀,使零件尺寸发生变化并产生内应力;残余奥氏体的存在还使钢的硬度降低。故对重要而精密的零件应尽可能减少残余奥氏体的含量。残余奥氏体的含量与奥氏体的碳含量有关,奥氏体的碳含量越高,则 M_s、M_f 越低,A_r 含量越高,如图3.12所示。

4)影响过冷奥氏体等温转变的因素

C 曲线综合反映过冷奥氏体的等温转变规律,因此,凡影响 C 曲线的因素都会影响过冷奥氏体的等温转变。影响 C 曲线的因素主要是奥氏体成分和奥氏体化条件。

①奥氏体的碳含量

共析钢的过冷奥氏体最稳定,C 曲线位置最靠右。由共析钢成分开始,碳含量增加或减少均使 C 曲线位置左移。M_s 与 M_f 点随碳含量增加而下降。与共析钢相比,亚共析钢和过共析钢 C 曲线的上部各多一条先共析相的析出线(见图3.13)。

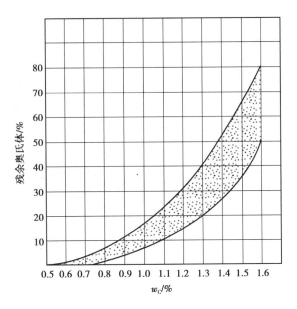

图 3.12　残余奥氏体量与碳含量的关系曲线

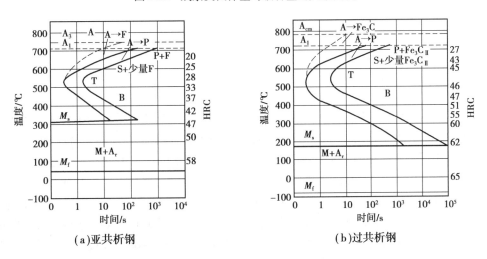

（a）亚共析钢　　　　　　　　　　（b）过共析钢

图 3.13　碳含量对 C 曲线的影响

②奥氏体中的合金元素

除 Co、Al 外,凡溶入奥氏体的合金元素均使过冷奥氏体的稳定性增加,即 C 曲线位置右移。

③奥氏体化条件

奥氏体化温度越高,保温时间越长,奥氏体晶粒越粗大,成分越均匀,使过冷奥氏体的形核率降低,增加了过冷奥氏体的稳定性,使 C 曲线位置右移。

（2）过冷奥氏体的连续冷却转变

实际生产中,过冷奥氏体的转变大多是在连续冷却过程中进行的,其转变规律用连续冷却转变曲线(或称 CCT 曲线)来反映。

连续冷却转变曲线的测定与等温冷却转变曲线的测定方法基本相同。共析钢的连续冷却转变曲线如图 3.14 所示。由图 3.14 可知,连续冷却转变曲线只有 C 曲线的上半部分,而没有下半部分,即共析钢在连续冷却时,只发生珠光体转变,不发生贝氏体转变。图 3.14 中,珠光体转变区由 3 条曲线构成,P_s 线为过冷奥氏体转变开始线,P_f 线为过冷奥氏体转变终止线,KK' 线为过冷奥氏体转变中止线(即冷却曲线经过 KK' 线时,只有部分过冷奥氏体转变为珠光体,未转变的过冷奥氏体保留至 M_s 点以下转变为马氏体)。当冷却曲线不与 P_s 线相交时,则过冷奥氏体全部冷却至 M_s 点以下发生马氏体转变。

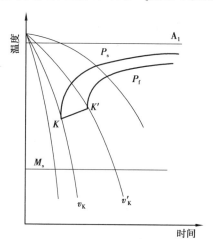

图 3.14 共析钢的连续冷却
转变曲线图

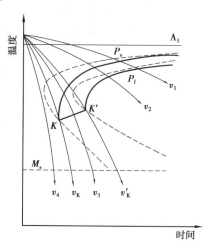

图 3.15 利用 C 曲线近似分析
过冷奥氏体的连续冷却转变

钢的成分对连续冷却转变曲线的形状和位置有着重要的影响,不同的钢种有着不同的连续冷却转变曲线。由于连续冷却转变曲线测定比较困难,至今尚有许多钢种未测定出来,故实际生产中常利用该钢种的 C 曲线来近似分析过冷奥氏体的连续冷却转变。近似分析的方法是先将连续冷却速度曲线画在该钢 C 曲线所在的坐标系中,然后根据冷却曲线与 C 曲线相交的位置,大致估计其转变产物。如图 3.15 所示,v_1、v_2、v_3、v_4 分别代表不同冷却速度的冷却曲线。v_1 相当于炉冷,冷却曲线交于珠光体转变区(700 ~ 650 ℃),转变产物为珠光体 P,170 ~ 220 HBS;v_2 相当于空冷,冷却曲线交于索氏体转变区(650 ~ 600 ℃),转变产物为索氏体 S,25 ~ 35 HRC;v_3 相当于油冷,冷却曲线交于屈氏体转变开始线(600 ~ 550 ℃),但未通过转变终止线,表明一部分过冷奥氏体转变为屈氏体,还有一部分过冷奥氏体冷却至 M_s 点以下转变为马氏体,并有少量残余奥氏体,转变产物为 T+M+A_r,45 ~ 55 HRC;v_4 相当于水冷,冷却曲线未与 C 曲线相交,而直接于 M_s 点以下转变为马氏体,并有少量残余奥氏体,转变产物为 M+A_r,55 ~ 65 HRC。v_K 为 CCT 曲线的上临界冷却速度,它与 C 曲线"鼻尖"相切,是获得全部马氏体组织的最小冷却速度。v_K 越小越好,即可用较小的冷却速度获得全部马氏体组织,可减少内应力。

由上述分析可知,奥氏体连续冷却的冷速不同,冷却转变的产物及其性能也不同。随冷速增大,奥氏体连续冷却的转变产物分别为珠光体(炉冷)、索氏体(空冷)、托氏体+马氏体+少量残余奥氏体(油冷)和马氏体+少量残余奥氏体(水冷),其硬度也随之增高,但当冷速大于 v_K 以后,转变产物均为马氏体+少量残余奥氏体,其硬度不再随冷速增大而增高。

图 3.15 表明,共析钢的连续冷却转变曲线与等温冷却转变曲线在成分、原始组织及奥氏体化条件相同的情况下,连续冷却转变曲线位于 C 曲线的右下方,即珠光体的转变温度略低一些,转变的孕育期长一些。

3.2　钢的预备热处理

在机器零件或工模具等的加工制造过程中,预备热处理被安排在工件毛坯生产之后,切削(粗)加工之前,为消除毛坯(或工件)的热加工缺陷或加工硬化,为后续加工和最终热处理作准备。常用的预备热处理主要有退火与正火。

3.2.1　钢的退火

退火是将钢加热到适当温度,保温一定时间,然后缓慢冷却的一种热处理工艺。退火主要用于铸、锻、焊毛坯件或半成品零件,退火后获得近于平衡状态的珠光体型组织。退火的主要目的是降低钢件硬度,以利于切削加工;消除内应力,以防止钢件变形与开裂;细化晶粒,改善组织,为最终热处理做好组织准备。常用的退火方法有完全退火、球化退火、扩散退火、去应力退火及再结晶退火等。

（1）**完全退火**

完全退火是将钢件加热到 A_{c3} 以上 30~50 ℃(见图 3.16),完全奥氏体化后,保温一定时间,然后随炉缓冷或在 A_{r1} 以下较高温度等温冷却(合金钢),以获得珠光体+铁素体组织的热处理工艺。其目的是细化晶粒,均匀组织,降低硬度,改善切削加工性能。生产实践证明,钢的硬度在 160~230 HBS 时切削加工性能最佳。因此,完全退火主要用于消除中、高碳亚共析钢(尤其是合金钢)锻件、铸件、焊件的晶粒粗大或晶粒大小不均匀等热加工缺陷。此外,由于冷却速度较慢,完全退火还可以消除内应力。

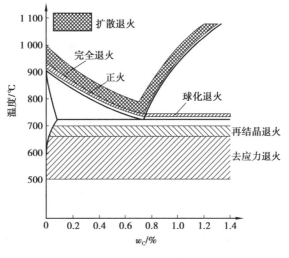

图 3.16　退火加热温度示意图

对低碳亚共析钢和过共析钢则不宜采用完全退火。前者因完全退火后硬度过低，导致切削加工中出现"黏刀"现象而增大表面粗糙度；后者因随炉缓冷时会沿晶界析出网状二次渗碳体，使钢的韧性降低；网状渗碳体还可能在后续的热处理中引起开裂。

（2）**球化退火**

一般球化退火是将钢加热至 A_{c1} 以上 $20\sim40$ ℃（见图 3.16），保温一定时间，然后随炉缓冷到 600 ℃出炉空冷；等温球化退火是将钢经加热、保温后快冷至 A_{r1} 以下较高温度等温一段时间，然后随炉缓冷到 600 ℃出炉空冷。球化退火获得的组织为铁素体基体+球状碳化物，即球状珠光体组织。球化退火具有消除晶粒粗大和残余内应力的作用，但不能消除网状二次渗碳体；球状珠光体与片状珠光体相比，不但硬度低、切削性能好，且能减小后续淬火时的过热和变形倾向，可为最终热处理做好组织上的准备。球化退火主要用于共析钢和过共析钢，包括碳含量大于 0.6% 的各种高碳工具钢、模具钢、轴承钢等。

（3）**扩散退火**

扩散退火是将钢加热到 A_{c3} 以上 $150\sim200$ ℃（见图 3.16，通常为 1 000~1 200 ℃），长时间保温（一般为 10~15 h），然后随炉冷却的退火工艺。扩散退火又称均匀化退火，主要用于合金钢铸锭和铸件，以消除铸造产生的枝晶偏析，使成分均匀化。扩散退火后的组织不变，但往往晶粒很粗大，因此必须再通过完全退火或正火处理来重新细化晶粒，消除过热缺陷。扩散退火时间长，耗能大，工件烧损严重，成本较高，一般不轻易采用。

（4）**去应力退火**

去应力退火是将钢加热到 A_1 以下某一温度（见图 3.16，一般为 500~650 ℃），保温一定时间后随炉缓慢冷却的工艺方法。去应力退火又称低温退火，其目的是消除内应力（可消除 50%~80% 的内应力），稳定尺寸，防止工件的变形及开裂。由于去应力退火的加热温度未超过相变点，因此去应力退火时不发生组织变化。去应力退火主要用于减小或消除铸件、锻件、焊件及切削加工件的内应力。

（5）**再结晶退火**

1）冷变形金属加热时的组织和性能变化

冷变形金属因加工硬化而处于高能量的不稳定状态，加热时这种不稳定状态会向稳定的状态转变。因此，冷变形金属加热时将发生组织和性能的变化，其变化过程依次有回复、再结晶和晶粒长大 3 个阶段（见图 3.17）。

①回复

冷变形金属加热至较低温度时，因原子活力弱，仅使晶格畸变减小而变形晶粒组织不变的现象，称为回复。回复使冷变形金属的残余内应力显著降低，但仍保留加工硬化效果。

②再结晶

冷变形金属加热至较高温度时，因原子活动能力增强，使变形晶粒组织转变为均匀细小的等轴晶组织的现象，称为再结晶。再结晶时因伴随有晶格畸变消除和位错密度减小，使冷变形金属的强度、硬度降低，塑性、韧性提高，从而消除残余内应力和加工硬化。由图 3.18 可知，在再结晶度范围内，存在一个开始再结晶温度。冷变形金属的开始再结晶温度与其冷变形度有关，随冷变形度增大，开始再结晶温度降低，冷变形度增至 70%~80% 时，开始再结晶温

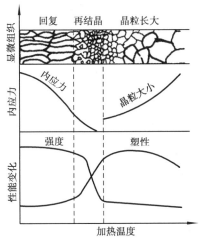

图 3.17　冷变形金属加热时组织
与性能的变化

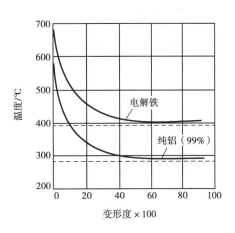

图 3.18　开始再结晶温度
与冷变形度的关系

度趋于恒定值(见图 3.18),此恒定温度称为最低再结晶温度(符号 $T_{再}$)。研究表明,最低再结晶温度与金属的熔点($T_{熔}$)有下面的近似关系。

纯金属

$$T_{再} \approx (0.35 \sim 0.4)T_{熔}$$

合金

$$T_{再} \approx (0.50 \sim 0.7)T_{熔}$$

③晶粒长大

冷变形金属再结晶后继续提高加热温度或延长保温时间,则发生晶粒长大,从而使金属力学性能恶化。

2)再结晶退火

将冷变形金属加热至最低再结晶温度以上 100~200 ℃,使其发生再结晶的热处理工艺,称为再结晶退火。再结晶退火的目的是消除冷变形金属的加工硬化(即提高塑性、降低强度),为继续冷变形加工作准备。常用冷变形金属的再结晶退火温度见表 3.2。

表 3.2　常用冷变形金属的再结晶退火温度

常用冷变形金属	再结晶退火温度/℃
工业纯铁	550~600
碳钢及合金结构钢	680~720
工业纯铝	350~420
铝合金	350~370
铜及铜合金	600~700

3.2.2 钢的正火

正火是将钢件加热至 A_{c3}（对于亚共析或共析钢）或 A_{ccm}（对于过共析钢）以上 $30\sim50$ ℃完全奥氏体化，经保温一定时间后出炉空冷，获得索氏体组织的热处理工艺。

正火一般应用于以下 3 个方面：

（1）**改善切削加工性能**

主要用于低碳钢和低碳合金钢。低碳钢和低碳合金钢退火硬度一般小于 160 HBS，切削加工时易黏刀，不利于切削加工。通过正火，可提高其硬度，改善切削加工性能。

（2）**作为预先热处理**

钢材及铸件、锻件用正火细晶，可消除热加工所造成的组织缺陷，还可减少零件在随后的热处理淬火时引起的变形和开裂现象，提高淬火质量；过共析钢和渗碳零件用正火消除组织中网状渗碳体，为球化退火和后续热处理作组织准备。

（3）**作为最终热处理**

正火可以细化晶粒，提高力学性能，故对性能要求不高的普通结构零件可将正火作为最终热处理。对于一些大型或重型零件，当淬火有开裂危险时，也可用正火作为最终热处理。

3.2.3 退火与正火的选用

机械制造最常用的钢件毛坯是轧材、锻件和铸件。轧材是钢厂轧制成形的钢材，热轧材在钢厂一般是已经过适当的热处理（如退火）或轧后按规定方法冷却后供应的，故以轧材作毛坯时可直接切削加工而不再进行退火或正火。当以锻件或铸件作毛坯时，应先退火或正火，然后再行切削加工。

退火与正火的选择，要结合工件的成分和性能要求，具体原则如下：

① $w_C<0.25\%$ 的低碳钢，通常采用正火代替退火。因为较快的冷却速度可防止低碳钢沿晶界析出游离三次渗碳体，从而提高冲压件的冷变形性能；可提高钢的硬度、改善低碳钢的切削加工性能；在没有其他热处理工序时，正火可细化晶粒，提高低碳钢强度。

② 碳含量在 $0.25\%\sim0.5\%$ 的中碳钢也可用正火代替退火，虽然接近上限碳量的中碳钢正火后硬度偏高，但尚能进行切削加工，而且正火成本低、生产率高。

③ 碳含量在 $0.5\%\sim0.75\%$ 的钢，因含碳量较高，正火后的硬度显著高于退火的情况，难以进行切削加工，故一般采用完全退火，降低硬度，改善切削加工性。

④ $w_C>0.75\%$ 的高碳钢或工具钢一般均采用球化退火作为预备热处理，如有网状二次渗碳体存在，则应先进行正火消除。

3.3　钢的最终热处理——淬火与回火

3.3.1　钢的淬火

淬火是将钢奥氏体化后以大于 v_K 的冷速快冷,以获得高硬度马氏体(或下贝氏体)组织的热处理工艺。

(1)淬火应力

工件在淬火过程中会发生形状和尺寸的变化,有时甚至产生淬火裂纹。工件变形或开裂的原因是由于淬火过程中在工件内产生的内应力造成的。

淬火应力主要有热应力和组织应力两种。工件最终变形或开裂是这两种应力综合作用的结果。当淬火应力超过材料的屈服极限时,就会产生塑性变形;当淬火应力超过材料的强度极限时,工件则发生开裂。工件加热或冷却时由于内外温差导致热胀冷缩不一致而产生的应力,称为热应力。冷却速度越大,截面温差越大,则热应力越大。在相同冷却介质条件下,工件加热温度越高、截面尺寸越大,工件内外温差越大,则热应力越大。工件在冷却过程中,由于内外温差造成组织转变不同时,引起内外比容的不同变化而产生的内应力,称为组织应力。钢中各种组织的比容是不同的,从奥氏体、珠光体、贝氏体到马氏体,比容依次增大。奥氏体比容最小,马氏体比容最大。因此,钢淬火时由奥氏体转变为马氏体体积会膨胀。

在制订淬火工艺时,应予以特别注意淬火应力的影响。

(2)淬火温度

钢的淬火加热温度可根据铁碳相图来选择。一般情况下,亚共析碳钢的淬火温度为 A_{c3} 以上 $30\sim50$ ℃;共析钢和过共析钢的淬火温度为 A_{c1} 以上 $30\sim50$ ℃(见图 3.19)。

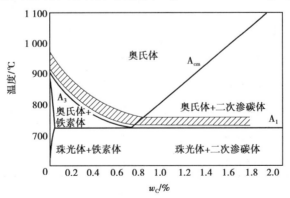

图 3.19　钢的淬火加热温度

亚共析碳钢加热到 A_{c3} 以上 $30\sim50$ ℃,是为了获得细小晶粒的奥氏体,经淬火后获得细小的马氏体组织。若加热温度过高,则引起奥氏体晶粒粗化,淬火后马氏体组织也粗大,使钢的性能严重脆化。若加热温度过低,则淬火组织中会残留未完全溶解的铁素体,导致钢件淬火硬度不足。

共析钢和过共析钢加热温度一般在 A_{c1} 以上 30~50 ℃。淬火后共析钢组织为均匀细小的马氏体与少量的残余奥氏体;过共析钢由于渗碳体未完全溶解到奥氏体中,得到的组织为均匀细小的马氏体、渗碳体与少量的奥氏体混合物,硬度高,耐磨性好。若加热温度过高,甚至完全奥氏体化淬火反而有害。这是因为加热温度过高,渗碳体充分溶解,奥氏体的含碳量增加而变得稳定,淬火后残余奥氏体量增多,降低了钢的硬度与耐磨性。同时,加热温度过高,会引起奥氏体晶粒粗大,淬火后得到粗大的片状马氏体组织,使淬火内应力增加,粗大的片状马氏体显微裂纹增多,钢的脆性大为增加,极易引起工件的淬火变形和开裂。

(3)淬火冷却介质

冷却是关系淬火质量高低的关键操作,既要快冷,以获得马氏体组织,又要减少因内外温差太大引起的变形和防止开裂。理想的冷却曲线(见图3.20)应只在 C 曲线鼻尖处快冷,使冷却速度大于淬火临界速度,以获得马氏体组织;而在 M_s 附近尽量缓冷,以减小淬火应力,防止钢件的变形与开裂。

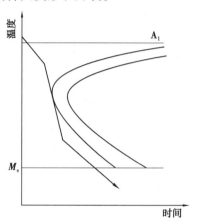

图 3.20 理想冷却曲线图

实际生产中,为获得理想的冷却速度,一方面要选择适当的淬火介质,另一方面要选择恰当的淬火方法。常用的淬火冷却介质有油、水、盐水和碱水等,其中水和油是应用最广的冷却介质。常用冷却介质的冷却能力见表3.3。

表 3.3　常用冷却介质的冷却能力

冷却介质	冷却速度/($℃ \cdot s^{-1}$)	
	650~500 ℃	300~200 ℃
水(18 ℃)	600	270
水(50 ℃)	100	270
水(74 ℃)	30	200
10%NaOH(18 ℃)	1 200	300
10%NaCl(18 ℃)	1 100	300
矿物油(50 ℃)	100	20

水在 650~500 ℃冷却速度小,而在 300~200 ℃冷却速度大,其冷却能力不理想。碱水在 650~500 ℃温度内的冷却速度大,但在 300~200 ℃温度内的冷却速度也大,易使淬火零件变形与开裂。水常用于尺寸不大、外形简单的碳钢零件的淬火。在水中加入一定量的盐、碱,虽

然可成倍加快在 650~500 ℃的冷却速度,但在 300~200 ℃的冷却速度也增大,使淬火工件变形与开裂的倾向增大,故常用于尺寸较大、外形简单、硬度要求较高、对淬火变形要求不高的碳钢零件。

生产中用作淬火的油主要是各种矿物油。一般来说,各种矿物油在 300~200 ℃冷却速度远小于水,有利于减少零件的变形与开裂,但在 650~500 ℃冷却速度比水小得多,不利于钢的淬火。因此,油一般作为形状复杂的中小型合金钢零件的淬火介质。为了改善油的冷却能力,可采用加强搅拌及加入添加剂等方法。

除了水和矿物油外,还有碱浴、硝盐浴等淬火冷却介质,它们的冷却能力介于油和水之间,对工件的冷却比较均匀,故可减少变形和开裂的倾向。这些介质主要用于分级淬火和等温淬火,常用于形状复杂、尺寸较小和变形要求小的零件。

（4）**淬火方法**

虽然淬火介质不能符合理想的冷却方式,但采用不同的淬火方法可弥补介质的不足。生产中常用的淬火方法如下:

1）单液淬火

将加热好的工件放入一种淬火介质中连续冷却到室温的淬火方法（见图 3.21 曲线 1）。例如,碳钢在水中的淬火,合金钢在油中的淬火。这种淬火方法操作简单,易实现机械化和自动化;缺点是水淬淬火应力大,易产生变形与开裂,而油淬则不易淬硬,常产生软点。因此,单液淬火适用于形状简单的零件。

2）双液淬火

将加热好的工件先放入一种冷却能力强的介质中冷却,冷却到鼻尖以下,再在另一种冷却能力较弱的介质中发生马氏体转变的淬火方法（见图 3.21 曲线 2）。通常碳钢采用先水冷后油冷,合金钢采用先油冷后空冷。双液淬火法的关键是准确地控制零件由一种介质转入另一介质时的温度,这要求有较高的操作技术。这种淬火方法既能保证淬硬,又能减少变形,防止开裂;缺点是操作复杂,不易掌握。双液淬火用于形状复杂的碳钢件及大型合金钢件。

3）马氏体分级淬火

将加热好的工件先放入 M_s 点附近的盐浴或碱浴中冷却,待内外温度均匀后取出空冷以

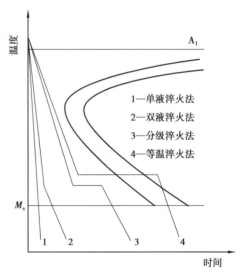

图 3.21　常用淬火方法示意图

获得马氏体的淬火方法（见图 3.21 曲线 3）。这种淬火方法的优点是工件各部位温差很小,工件的淬火应力和淬火变形很小;缺点是对于碳钢零件,淬火后会出现非马氏体组织。故马氏体分级淬火只适合形状复杂的小工件。

4）等温淬火

将加热好的零件先放入稍高于 M_s 点温度的盐浴或碱浴中,保温足够时间,使其发生下贝氏体转变后再出炉空冷的淬火方法(见图 3.21 曲线 4)。等温淬火的优点是工件的淬火应力和淬火变形极小,强韧性较高,具有良好的综合力学性能;缺点是生产周期长、效率低。等温淬火只适用于形状复杂、尺寸较小、精度要求较高,并要求较高强韧性的零件。

3.3.2 钢的回火

回火是将淬火钢重新加热到 A_1 点以下某一温度,保温后冷却到室温的热处理工艺。

（1）回火的目的

钢件淬火后的组织为马氏体和残余奥氏体,均为不稳定组织,具有自发向稳定组织转变的趋势,从而引起工件形状及尺寸的改变;淬火产生的淬火应力,容易导致工件的变形甚至开裂。因此,淬火后须及时进行回火,以获得稳定的组织及性能,减少或消除淬火应力。

（2）淬火钢的回火转变

1）马氏体的分解（200 ℃以下）

在 80~200 ℃回火时,淬火钢中的马氏体内将弥散析出与马氏体基体保持共格关系的极薄的亚稳定碳化物 $Fe_{2.4}C$,由于碳化物析出,使得马氏体中碳的过饱和度减小,正方度随之下降,淬火内应力和脆性降低。力学性能变化不大,硬度略有下降。这种较低过饱和碳的固溶体及与极细小碳化物所构成的组织称为回火马氏体(符号 M′)。回火马氏体仍保留原马氏体的片状或条状,易被腐蚀,在显微镜下呈黑色针状或条状。回火马氏体基本保留了淬火马氏体的力学性能,其中高碳回火马氏体的强度、硬度高,塑性、韧性差,而低碳回火马氏体的强度、硬度较高,塑性、韧性较好。

2）残余奥氏体转变（200~300 ℃）

当钢加热至 200 ℃时,马氏体的分解降低了对残余奥氏体的压应力,使得残余奥氏体开始进一步转变为下贝氏体或回火马氏体,到 300 ℃基本结束。由于碳化物的析出,使正方度进一步下降,淬火应力随之进一步降低。同时,由于下贝氏体的形成,钢的强度、硬度下降不大。这个阶段的组织主要仍是回火马氏体。

3）碳化物的转变（300~450 ℃）

当回火温度上升到 300~450 ℃时,因碳原子的扩散能力增加,过饱和的固溶体很快析出渗碳体,变为含碳量趋于平衡的铁素体,同时亚稳定的碳化物也逐渐转变为稳定的渗碳体,并与马氏体基体失去了共格联系。钢的强度、硬度明显下降,晶格畸变大大减少,淬火应力基本消除。这时的固溶体仍保留了马氏体的亚结构(即位错或孪晶),称为未再结晶的铁素体。此时,钢的组织由未再结晶的铁素体与大量弥散分布的粒状渗碳体构成,称为回火托氏体(或回火屈氏体,符号 T′)。

4）渗碳体的长大和铁素体的再结晶（450 ℃~ A_{c1} ）

回火温度超过 450 ℃后,渗碳体明显地聚集长大,弥散度降低,钢的强度、硬度下降。随着温度的升高,铁素体逐渐发生再结晶,最后形成等轴状铁素体。此时,钢的组织为多边形的铁素体与细粒状渗碳体的混合物,称为回火索氏体(符号 S′)。它具有强度、硬度和塑性、韧性均较高的综合力学性能。

(3)**淬火钢回火时性能的变化**

淬火钢回火时,性能的变化趋势是随回火温度的升高,强度和硬度下降,塑性和韧性上升(见图 3.22)。值得注意的是,在某些温度范围回火时,钢的韧性不仅没有提高,反而显著下降,由于回火引起的脆性称为回火脆性。在 250～350 ℃出现的,称为第一类回火脆性;在 500～650 ℃出现的,称为第二类回火脆性。

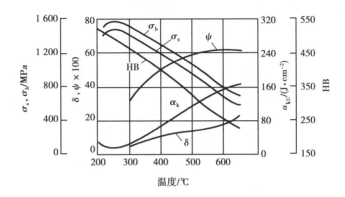

图 3.22　淬火钢($w_C = 0.4\%$)回火时的性能变化

第一类回火脆性,属不可逆回火脆性。当出现第一类回火脆性后,再加热到较高温度继续回火,可减轻和消除回火脆性,再在此温度范围回火,脆性不再出现,故称为不可逆回火脆性。几乎所有的淬火钢在该区间温度回火时都会出现回火脆性,因此,钢通常不在这个温度范围内回火。当在钢中加入 Mo、W、Ti、Al,则第一类回火脆性可被减弱或抑制。目前,关于引起第一类回火脆性的原因说法很多,尚无定论。

第二类回火脆性,属可逆回火脆性。即已经产生回火脆性的钢,如重新加热到 650 ℃以上,然后快冷至室温,则可消除脆性;反之,已经消除脆性的钢再加热至高温回火区,然后慢冷,则脆性再次出现。化学成分是影响第二类回火脆性的主要因素。按作用不同,可以分为3 类:

①杂质元素。P、Sn、Sb、As、B、S。

②促进第二类回火脆性元素。Ni、Cr、Mn、Si、C。

③抑制第二类回火脆性元素。Mo、W、V、Ti 及稀有元素 La、Nb、Pr。

杂质元素必须与促进第二类回火脆性的元素共存时,才会引起回火脆性。

(4)**回火的种类及应用**

根据各类工件的性能要求不同,生产上按回火温度范围将淬火钢的回火可分为以下3 种:

1)低温回火

回火温度 150～250 ℃,回火组织为回火马氏体,回火硬度为 58～62 HRC。其主要目的是保持淬火钢的高硬度、高耐磨性,降低其淬火应力和脆性,稳定钢的组织和零件尺寸。主要用于处理高碳钢的各种工模具、耐磨零件等,如刀具、量具、冷冲模、滚动轴承以及渗碳、碳氮共渗和表面淬火零件。

2）中温回火

回火温度 350~500 ℃,回火组织为回火托氏体,回火硬度为 35~50 HRC。其目的是获得高的屈强比、弹性极限和足够的韧性。主要用于弹簧和热作模具及某些螺钉、销钉等高强度零件的热处理。为避免出现回火脆性,中温回火温度不宜低于 350 ℃。某些结构零件淬火后可采用中温回火代替传统的调质工艺,提高零件的强度和冲击疲劳强度。

3）高温回火

回火温度 500~650 ℃,回火组织为回火索氏体,其目的是获得一定的强度、硬度（20~32 HRC）及良好的塑性、韧性相配合的综合力学性能。通常把淬火+高温回火的复合热处理称为调质,在硬度相同的条件下,调质组织的强度、塑性和韧性明显高于正火组织。因此,调质处理广泛应用于各种重要的机器零件,特别是在交变载荷下工作的联接件和传动件,如连杆、螺栓、齿轮及轴等。此外,调质还可作为某些精密零件,如丝杠、量具、模具等的预先热处理,这是由于均匀细小的回火索氏体组织能有效地减少淬火变形和开裂倾向。

3.3.3 淬火钢的冷处理

将淬火钢从室温继续冷却至 0 ℃以下温度的工艺称为冷处理。常用的冷处理介质有酒精加干冰（−78 ℃）、液氮（−196 ℃）和液氧（−183 ℃）。

（1）冷处理的作用

钢淬火冷却至室温时含有残余奥氏体,且钢中碳含量及合金元素含量越高,残余奥氏体越多（高碳钢及高碳合金钢可达 10%~30%）。残余奥氏体的存在,不仅降低淬火钢的硬度和耐磨性,且使零件在长期使用过程中因残余奥氏体逐渐转变而发生尺寸改变。淬火钢进行冷处理,可使残余奥氏体转变为马氏体,从而提高钢的硬度和耐磨性,稳定零件尺寸。

（2）冷处理的应用

冷处理主要用于要求高硬度、高耐磨和尺寸稳定的精密工具和精密零件,如精密量具、高速冲模、拉刀、精密轴承、精密丝杠、柴油机喷油嘴等。此类工具和零件主要采用高碳钢或高碳合金钢制造,并经过淬火、冷处理和低温回火达到其使用要求。但此类淬火钢冷处理后,因有较多残余奥氏体转变为马氏体而产生较大的附加应力,并使淬火钢脆性增大而易于断裂。因此,生产中常采用下面两种工艺方法,以减小冷处理产生的附加应力和脆性。

①工件淬火后先经 100 ℃沸水处理 1 h,再在液氮或液氧中冷处理 1 h,并用 60 ℃或室温水使工件"解冻",然后充分低温回火（两次）。

②工件淬火低温回火后,在液氮或液氧中冷处理 1 h,并用 60 ℃或室温水使工件"解冻",然后再次低温回火。

3.3.4　钢的淬硬性与淬透性

（1）淬硬性及其影响因素

淬硬性是指钢淬火后获得最高硬度或马氏体硬度的能力。它主要与马氏体的碳质量分数有关,碳质量分数越高,淬火后硬度越高,淬硬性越好。

合金元素的含量对淬硬性无显著影响,由于在生产中一般难于淬得全部马氏体,故钢的实际淬火硬度往往低于淬火马氏体的硬度(见图 3.23)。

（2）淬透性及其影响因素

1)淬透性的概念

淬火冷却时,零件表面的冷速大,越接近心部冷速越小。若零件心部的冷速 $v_{心}$ 大于钢的临界冷速 v_K,则零件整个截面都能淬得马氏体组织(即被淬透);若仅表层一定深度的冷速 $v_{表}$ 大于钢的临界冷速 v_K,淬火冷却后仅表层得到马氏体组织,而心部得到全部或部分非马氏体组织(见图 3.24)。

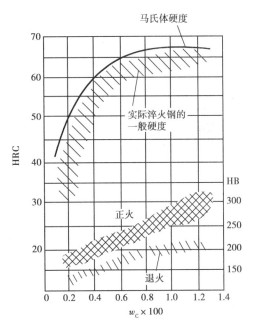

图 3.23　碳钢热处理后的硬度

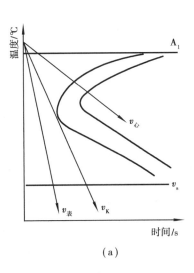

(a)

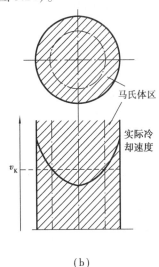

(b)

图 3.24　淬火钢实际冷速、临界冷速与马氏体层深度的关系

淬透性是指在规定淬火条件(淬火加热温度和冷却介质)下,钢获得高硬度马氏体层(淬硬层)深度的能力。获得的马氏体层深度越深,钢的淬透性越好。为了便于测定淬硬层深度,生产中常以淬硬件表面至半马氏体(马氏体和托氏体各占 50%)层的深度作为淬硬层深度。

衡量钢淬透性高低的常用指标是钢的临界淬透直径(符号为 D_c)。它是指钢的圆棒试样在规定淬火条件下,心部能淬成全部马氏体或半马氏体的最大直径。显然,钢的 D_c 值越大,其淬透性越好。

2)影响淬透性的因素

钢的淬透性是由其临界冷却速度来决定的。临界冷却速度越小,奥氏体越稳定,则钢的淬透性越好。因此,凡是影响临界冷速的因素,均影响钢的淬透性。其主要因素包括化学成分与奥氏体化条件。

①碳质量分数的影响

在碳钢中,共析钢的临界冷速最小,淬透性最好;亚共析钢随碳含量减少,临界冷速增加,淬透性降低;过共析钢随碳含量增加,临界冷速增加,淬透性降低。

②合金元素的影响

除 Co、Al 外,其余合金元素溶入奥氏体后,降低临界冷却速度,使 C 曲线右移,提高钢的淬透性,因此合金钢往往比碳钢的淬透性要好(见图 3.25)。

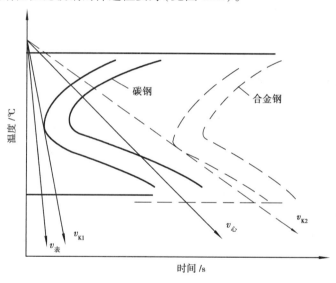

图 3.25 合金元素对钢淬透性的影响示意图

③奥氏体化条件的影响

奥氏体化温度越高,保温时间越长,奥氏体晶粒越粗大,成分越均匀,从而减少随后冷却转变的形核率,降低钢的临界冷却速度,增加淬透性。

3)淬透性的应用

在零件选材及安排最终热处理工序位置时,常需考虑钢的淬透性。

对于需要淬火的钢件,选材时应考虑零件截面尺寸对淬透性的要求。截面性能要求均匀一致的零件,应选用临界淬透直径不低于零件直径的钢,以保证淬火回火后零件截面得到均匀的组织和一致的性能;某些应力集中于外层而不要求淬透的零件(如受弯曲、扭转的轴),选用能使其淬硬层深度达到零件半径的 1/3~1/2 的钢即可;无须淬火的零件,可选用淬透性差的碳钢。对于淬火时易变形或易开裂的零件(如细长杆、薄板或带缺口的零件),虽然有时选用碳钢水淬时也能淬透,但易于变形或开裂,故常选用淬透性较好的合金钢,以便采用油淬或分级淬火,减小淬火变形或防止淬火开裂。

制订零件的加工工艺路线时,为合理安排最终热处理的工序位置,有时需要考虑钢的淬透性。例如,以淬透性不高的 45 钢制造直径较大并需调质的阶梯轴时,若毛坯(棒材)先调质后车外圆,则轴的小径处因加工量大而使表层调质组织(S')被车掉,而使轴的性能变差。故应先将棒材粗车成阶梯状(留适当加工余量),再进行调质,最后精车成阶梯轴。

3.4　钢的最终热处理——表面热处理

钢的表面热处理是指仅改变钢表层的组织或化学成分,以提高表层性能的热处理工艺。表面热处理常用于表层要求高的强度、硬度和耐磨性,而心部要求良好综合力学性能或强韧性,并具有较高疲劳抗力的零件,如某些齿轮、凸轮、曲轴、主轴、导轨、镗杆和模具等。

钢的表面热处理方法主要有表面淬火和化学热处理。

3.4.1　表面淬火

钢的表面淬火是一种不改变钢的表面化学成分,只改变表层组织的局部热处理。通过快速加热使钢的表层迅速奥氏体化,在热量尚未充分传至心部时立即进行淬火,钢的表面获得硬而耐磨的马氏体组织,而心部仍为原来塑性、韧性较好的退火、正火、调质等状态的组织。表面淬火用钢一般为碳含量 0.4% ~ 0.5% 的中碳钢或中碳低合金钢,如 45、40Cr、40MnB 等。碳含量过高,会增加淬硬层的脆性和开裂倾向,降低心部的塑性和韧性;而碳含量过低,淬火后表面硬度及耐磨性难以满足使用要求。

为提高零件心部的综合力学性能,减小零件的表面淬火应力和表面脆性,零件在表面淬火前应先进行调质或正火,表面淬火后应进行低温回火。经调质、表面淬火和低温回火后,零件表层得到回火马氏体组织(52 ~ 58 HRC),心部得到回火索氏体组织(22 ~ 28 HRC),从而使零件表层有较高的硬度和耐磨性、心部有良好的综合力学性能。

根据加热方法的不同,表面淬火分为感应加热表面淬火、火焰加热表面淬火、接触加热表面淬火及激光加热表面淬火等。感应加热表面淬火与火焰加热表面淬火应用最广。

(1)感应加热表面淬火

将工件置于一定频率的交变磁场中,在工件上产生感应电流(见图 3.26),由于电流的集肤效应,电流集中于工件表层,心部电流密度几乎为零,大的电流产生

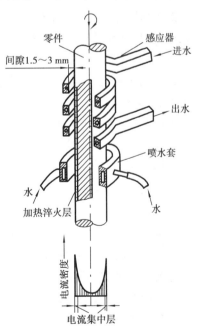

图 3.26　感应加热表面淬火原理图

的热量将工件表面迅速加热至淬火温度,然后迅速置于水中或喷水冷却,将表层淬硬,而心部保持不变。

1)感应加热表面淬火的分类

感应加热输入电流频率越高,感应电流的集肤效应越明显,淬硬层深度则越浅。根据电流频率不同,感应加热表面淬火分为以下 3 种:

①高频感应加热表面淬火

电流频率为 200~300 kHz,淬硬层深度一般为 1~2 mm。主要用于中小模数齿轮、小型零件等的表面淬火。

②中频感应加热表面淬火

电流频率为 2 500~8 000 Hz,淬硬层深度一般为 2~10 mm。主要用于淬硬层要求较深的零件,如较大直径的轴、较大模数的齿轮的表面淬火。

③工频感应加热表面淬火

电流频率为 50 Hz 的工业用电频率,淬硬层深度一般为 10~20 mm。主要用于淬硬层要求深的大直径零件(如轧辊)。

2)感应加热表面淬火的特点

感应加热表面淬火与普通淬火相比具有以下特点:

①硬度较高而脆性较低

感应加热表面淬火的加热速度快,时间短,使奥氏体晶粒来不及长大而获得细小均匀的奥氏体晶粒,淬火后可得到很细的隐晶马氏体组织,硬度较普通淬火组织高 2~3 HRC,脆性也较低,并且淬火变形小。

②提高疲劳强度

由于马氏体转变产生的体积膨胀在零件表层产生很大的残余压应力,能有效地抵消在循环载荷作用下产生的拉应力,从而提高了疲劳强度。

③耐磨性好

感应加热时间短,零件表面氧化脱碳少,碳化物的弥散度高,因而感应淬火后零件表面的耐磨性比普通淬火高。

生产率高,适合于大批量生产,淬硬层深度可精确控制,容易实现自动化。

(2)火焰加热表面淬火

火焰加热表面淬火是指用氧-乙炔(最高温度为 3 200 ℃)或煤-氧(最高温度为 2 000 ℃)混合气体燃烧的火焰加热工件表面,使其表面快速加热至淬火温度,立即喷水冷却使表面淬硬的工艺。

火焰加热表面淬火的淬硬层深度一般为 2~6 mm。此法简便,无须特殊设备,适用于单件或小批量生产的各种零件,如轧钢机齿轮、轧辊,矿山机械的齿轮、轴,以及机床导轨和齿轮等。主要缺点是加热温度不均匀,且易产生过热,淬火质量不稳定。

(3)接触加热表面淬火

接触加热表面淬火是利用接触电极与工件表面间的接触电阻使工件表面加热,同时又利用工件本身的热传导冷却,达到表面局部淬火的工艺。该方法设备简单,操作灵活,工件变形小,能显著提高工件表面的耐磨性及抗擦伤能力,但淬硬层较薄(0.15~0.30 mm),金相组织及硬度均匀性都较差,目前多用于机床铸铁导轨的表面淬火,也用于汽缸套、曲轴、工模具等的淬火。

（4）激光加热表面淬火

激光加热表面淬火是以高能量激光作为能源以极快速度加热工件并自冷淬火的工艺。其实质就是利用激光产生的热量对工件表面进行处理的过程,它是一种新型的热处理工艺技术。激光加热表面淬火效果与材料表面的反射率、密度和热导率等密切相关。由于所有金属都是良好的反射体,反射率可达70%~80%,对于反射率高的材料,激光能量不能被充分利用,因此,激光淬火前要对工件表面进行黑化或磷化处理,即在预加热部位覆一层对激光束有高吸收能力的薄膜涂料,如磷酸锌盐膜、磷酸锰盐膜、炭黑、氧化铁粉等。磷化处理可使激光吸收率达88%,但处理工序烦琐,不易清除。黑化处理方法简单,可将胶体石墨或含炭黑的涂料直接刷涂或喷涂到工件表面,激光吸收率高达90%以上。激光加热表面淬火虽然开发时间较短,但进展较快,已在一些机械产品的生产中获得成功应用,如变速箱齿轮、发动机汽缸套、轴承圈和导轨等。

3.4.2　化学热处理

（1）化学热处理概述

化学热处理是将钢件置于具有活性的介质中,通过加热和保温,使活性介质分解析出活性元素,渗入工件表面,改变工件的化学成分、组织和性能的一种热处理工艺。化学热处理不仅能使工件表面获得更高的硬度、耐磨性、疲劳强度等力学性能,而且还可按零件心部要求选择材料,以保证零件心部具有更高的塑性、韧性和强度;此外,化学热处理还可使零件表层获得耐腐蚀、耐高温等特殊性能。因此,与表面淬火相比,化学热处理更有利于提高零件的使用性能。

化学热处理包括以下3个基本过程:

1）分解

在一定温度下,活性介质分解出能够渗入零件表面的活性原子。所谓活性原子,是指那些通过化学反应析出的化学性能活泼的原子。

2）吸收

活性原子在零件表面被吸收并溶解形成固溶体,当超过溶解度时形成化合物。吸收是活性原子由表面进入铁的晶格的过程。

3）扩散

扩散是溶入的原子向零件内部迁移的过程。由于表层原子的浓度高,内部浓度低,引起渗入原子由表层向内部的定向扩散,从而获得一定厚度的扩散层(即渗层)。

按钢件中渗入元素的不同,化学热处理可分为渗碳、渗氮、碳氮共渗(氰化)、渗硼、渗铝、渗铬等。其中,最常用的是渗碳、氮化、氰化。

（2）渗碳

渗碳是将工件置于渗碳介质中,加热至900~950 ℃并保温,使碳原子渗入工件表层,以增加其表层碳含量的化学热处理工艺。渗碳零件一般选用渗碳钢(即 $w_C = 0.15\% \sim 0.25\%$ 的低碳钢或低碳合金钢)。渗碳后经淬火、低温回火,表面具有高的硬度(58~64 HRC)、耐磨性及疲劳强度,心部具有足够的强韧性(35~45 HRC)。主要用于低碳钢或低碳合金钢制成的齿轮、活塞销、轴类、机车轴承等经受严重磨损及较大冲击载荷的重要零件。

1)渗碳方法

①气体渗碳

气体渗碳是将工件放入密封的渗碳炉内,加热至 900~950 ℃,向炉内加入易分解的有机液体(煤油、苯、甲醇)或直接通入渗碳气体(煤气、石油液化气等),产生活性碳原子渗入钢中形成渗碳表面。气体渗碳易于实现机械化及自动化,生产效率高,劳动条件好,渗碳质量容易控制。但设备投资较大,不适宜单件、小批量生产。

②固体渗碳

将工件置于装入填满固体渗碳剂的密封箱中,加热至 900~950 ℃ 进行保温渗碳。渗碳剂通常由木炭与催化剂($BaCO_3$ 或 Na_2CO_3),加热过程中产生活性碳原子渗入工件表层,形成一定厚度的渗碳层。与气体渗碳相比,固体渗碳生产率低,劳动条件差,质量不易控制,故目前应用较少。但固体渗碳设备简单,投资少,容易实现,在一些中小型工厂的单件、小批量非连续性生产中仍有采用。

③离子渗碳

将工件置于真空炉内,加热至 900 ℃,导入丙烷气体,施加直流电压,利用工件(阴极)和阳极间产生辉光放电,使碳离子轰击钢件表面,将钢件表面加热并被表面吸收,然后向内部扩散形成渗碳层。离子渗碳具有高浓度渗碳、高渗层渗碳以及对于烧结件和不锈钢等难渗碳件进行渗碳的能力。渗碳速度快,渗层碳浓度和深度易于控制,渗层致密性好。渗剂的渗碳效率高,渗碳件表面不产生脱碳层,无晶界氧化,表面清洁光亮,畸变小。处理后的工件耐磨性和疲劳强度比常规碳件高。

2)渗碳工艺及组织

渗碳处理的工艺参数是渗碳温度和渗碳时间。由于奥氏体的溶碳能力较大,因此渗碳温度必须高于 A_{c3} 温度。加热温度越高,则渗碳速度越快,渗碳层越厚,生产率也越高。但为了避免奥氏体晶粒过分长大,因此渗碳温度不能太高,通常为 900~950 ℃。在温度一定的情况下,渗碳时间取决于渗碳层的厚度,一般为 3~9 h。

渗碳层深度过浅,零件的耐磨寿命、抗弯强度和疲劳抗力不足;反之,则零件的韧性降低。因此,合理的渗碳层深度应根据零件的尺寸和工作条件而定。轴类零件的渗碳层深度一般取其半径的 10%~20%;齿轮的渗碳层深度一般取其模数的 15%~25%;薄片零件的渗碳层深度一般取其厚度的 20%~30%。当磨损轻或接触应力小时宜取下限;反之,应取上限。合金钢的渗碳层深度可比碳钢浅。

工件经渗碳后,表面的碳质量分数可达 1.0%~1.2%,由表及里,碳质量分数逐渐降低,直至原始碳质量分数。实践表明,渗碳层表面的碳质量分数以 0.85%~1.05% 为宜。碳质量分数过低,则耐磨性差且疲劳抗力小;碳质量分数过高,渗碳层会出现网状渗碳体,使淬火低温回火后零件表层脆性增大而易于剥落。渗碳后缓冷至室温,组织由外至里依次是过共析组织

（P+Fe₃C_Ⅱ）、共析组织（P）、亚共析组织（P+F）和心部原始组织（F+P）。工件表层的这样一种组织，并没有达到渗碳件的硬度及耐磨性要求，而且由于在高温下长时间保温，引起奥氏体晶粒的长大，使渗碳件的机械性能降低。因此，渗碳件必须进行合适的热处理，才能达到渗碳件所需要的性能要求。

3）渗碳后的热处理

渗碳后根据不同的性能要求，可选择以下 3 种热处理工艺方法：

①直接淬火

将渗碳后的工件自渗碳温度预冷至略高于钢的 A_{r3}（为 850~880 ℃）后直接淬火，然后在 180~200 ℃进行低温回火。预冷的目的是为了减少淬火的变形及开裂，并使表层析出一些碳化物，降低奥氏体的碳质量分数，从而减少淬火残余奥氏体的量，提高表面质量和耐磨性。直接淬火法操作简单、成本低、生产效率高，还可以减少工件的淬火变形、氧化脱碳等倾向。但是，由于渗碳温度高、时间长，容易发生奥氏体晶粒的长大，导致淬火组织粗大，残余奥氏体量较多，降低工件的韧性及耐磨性性能。因此，直接淬火法仅用于本质细晶粒钢或性能要求不高的零件。

②一次淬火

工件渗碳出炉后缓冷，再重新加热至淬火温度进行淬火，然后低温回火。相对于直接淬火，一次淬火法可使钢的组织得到一定的细化，但也只适用于本质细晶粒钢。

③二次淬火

工件渗碳出炉后缓冷，再重新加热至淬火温度进行淬火，第一次淬火加热至 A_{c3} 以上 30~50 ℃，第二次淬火加热至 A_{c1} 以上 30~50 ℃，然后低温回火。第一次淬火的目的是细化心部组织，保证心部性能，同时消除渗层表面的网状渗碳体，为第二次淬火做好组织上的准备。第二次淬火的目的是使表层获得极细的马氏体和均匀分布的细粒状的渗碳体，保证表面性能。该淬火法工艺复杂，周期长，成本高，而且会增大工件的变形、氧化及脱碳，因此生产上很少使用，只有少数重载的零件才采用此法。主要适用于既要求心部具有高的强度及韧性，同时要求表面具有高的硬度及耐磨性的零件。

直接淬火法和一次淬火法所获得的表层组织为高碳回火马氏体及少量的残余奥氏体，二次淬火法的表层组织为高碳回火马氏体、细粒状渗碳体和少量的残余奥氏体，表面硬度高达 58~62 HRC，具有较高的耐磨性及疲劳强度。心部组织取决于钢的淬透性，未淬透时，心部组织为铁素体和珠光体，塑性、韧性较好；淬透时，心部组织为铁素体、低碳回火马氏体和少量的残余奥氏体，硬度可达 40~48 HRC，并具有较高的强韧性。

渗碳零件的工艺路线为：锻造→正火→机加工→渗碳→淬火+低温回火→精加工。

（3）渗氮

渗氮是将工件置于一定温度下，使活性氮原子渗入工件表层的一种化学热处理工艺。渗氮的目的在于更大地提高钢件表面的硬度和耐磨性，提高疲劳强度和抗蚀性。常用的渗氮用钢有 35CrAlA、38CrMoAlA、38CrWVAlA 等。

渗入钢中的氮一方面由表及里与铁形成不同含氮量的氮化铁，一方面与合金元素结合形成各种合金氮化物，特别是氮化铝、氮化铬。这些氮化物具有很高的硬度、热稳定性和很高的弥散度,使渗氮件得到高的表面硬度、耐磨性、疲劳强度、抗咬合性、抗大气和过热蒸汽腐蚀能力、抗回火软化能力,并降低缺口敏感性。与渗碳工艺相比,渗氮温度较低,渗氮件变形小;但渗层较浅且心部硬度较低,一般只能满足承受轻、中等载荷的耐磨、耐疲劳要求,或有一定耐热、耐腐蚀要求的机器零件,以及各种切削刀具、冷作和热作模具等。渗氮有多种方法,常用的是气体渗氮和离子渗氮。

1)气体渗氮

目前广泛应用的是气体渗氮。即利用氨气在加热时分解出活性氮原子($2NH_3 \rightarrow 3H_2 + 2[N]$),氮原子被钢吸收并溶入表面,在保温过程中向内扩散,形成渗氮层。正常的气体渗氮工件表面呈银灰色,有时由于氧化也可能呈蓝色或黄色。气体渗氮的主要特点是钢件氮化后具有很高的硬度($1\,000 \sim 1\,200$ HV),且在$600 \sim 650$ ℃保持不下降,故具有很高的耐磨性和热硬性;钢氮化后,渗层体积增大,造成表面压应力,使疲劳强度大大提高;氮化温度低,零件变形小;氮化后表面形成致密的化学稳定性较高的氮化物薄膜,故耐蚀性好。

2)离子渗氮

离子渗氮又称辉光渗氮,是利用辉光放电原理进行的。把金属工件作为阴极放入含氮介质的负压容器中,通电后介质中的氮氢原子被电离,在阴阳极之间形成等离子区,在等离子区强电场作用下,氮和氢的正离子以高速向工件表面轰击,离子的高动能转变为热能,加热工件表面至所需温度。由于离子的轰击,工件表面产生原子溅射,因而得到净化,同时由于吸附和扩散作用,氮遂渗入工件表面。离子渗氮最重要的特点之一是可以通过控制渗氮的组成、气压、电参数、温度等因素来控制表面化合物层(俗称白亮层)的结构和扩散层组织,从而满足零件的服役条件和对性能的要求。

由于氮气的分解温度低,且氮在铁素体中有一定的溶解能力,无须加热至高温,一般为$500 \sim 600$ ℃。由于温度低,渗氮时间很长,要得到$0.3 \sim 0.5$ mm的氮化层,一般需要$20 \sim 50$ h,效益很低。氮化前零件须经调质处理,目的是改善机加工性能和获得均匀的回火索氏体组织,保证较高的强度和韧性。对于形状复杂或精度要求高的零件,在精加工后渗氮前还要进行去应力退火,以减少氮化时的变形。

渗氮件的一般工艺路线为:锻造→正火→粗加工→调质→精加工→去应力退火→粗磨→渗氮→精磨或研磨。

(4)碳氮共渗

碳氮共渗就是同时向零件表面渗入碳原子和氮原子的化学热处理工艺,一般采用高温或低温两种气体碳氮共渗。高温碳氮共渗以渗碳为主,又称氰化;低温碳氮共渗以氮为主,实质为软氮化。

高温碳氮共渗是将工件放入密封炉内,加热到共渗温度$830 \sim 850$ ℃,向炉内滴入煤油,同时通以氨气,经保温$1 \sim 2$ h后,共渗层可达$0.2 \sim 0.5$ mm。高温碳氮共渗主要是渗碳,但氮的渗入使碳浓度很快提高,从而使共渗温度降低和时间缩短。碳氮共渗层比渗碳层有更高的硬度、耐磨性、抗蚀性、弯曲强度和接触疲劳强度。但一般碳氮共渗层比渗碳层浅,故一般用于承受载荷较轻,要求高耐磨性的零件。

低温氮碳共渗又称软氮化,即在铁-氮共析转变温度以下,使工件表面在主要渗入氮的同时也渗入碳。碳渗入后形成的微细碳化物能促进氮的扩散,加快高氮化合物的形成。这些高氮化合物反过来又能提高碳的溶解度。碳氮原子相互促进便加快了渗入速度。此外,碳在氮化物中还能降低脆性。氮碳共渗后得到的化合物层韧性好,硬度高,耐磨、耐蚀、抗咬合。

氮碳共渗不仅能提高工件的疲劳寿命、耐磨性、抗腐蚀和抗咬合能力,而且使用设备简单,投资少,易操作,时间短和工件变形小,有时还能给工件以美观的外表。

气体渗氮主要用于耐磨性和表面硬度要求很高(900 HV 以上)、心部强韧性较好(28~32 HRC)、热处理变形很小和抗疲劳的精密零件,如高速精密齿轮、精密机床主轴等。也可用于在较高温度下工作的耐磨件,如汽缸套、压铸模等。

离子氮化和软氮化常用于非重载条件下工作的各种工具,如压铸模、量具、高速钢刀具等,以及其他耐磨零件。

3.5 钢的表面强化技术

3.5.1 电镀硬铬和化学镀镍磷

(1)电镀硬铬

电镀是指利用电化学方法在金属表面沉积其他金属或合金的工艺方法。电镀常用于提高金属件表面的耐蚀性和装饰性,如钢件的镀锌、镀铬、镀金等。电镀还可用于提高金属件的某些特殊性能,如镀银可提高表面电导性,镀铜可提高钢件的防渗碳性能,镀硬铬可提高钢件和工具的表面硬度、抗黏着性、减摩性,从而提高其耐磨性。

1)电镀硬铬原理与特点

电镀硬铬是在含铬干(CrO_3)、硫酸和水的镀液中进行,钢件接直流电源的阴极,铅锑合金接直流电源的阳极(见图 3.27)。在 50~60 ℃和大电流条件下,镀液中的铬离子从阴极钢件上获得电子成为铬原子并沉积在钢件表面上,从而形成镀铬层。

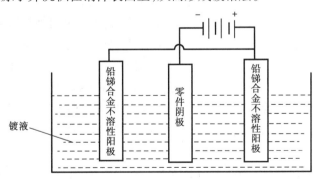

图 3.27 电镀硬铬示意图

与装饰镀铬相比,电镀硬铬具有直接在钢件上镀铬而不需预镀铜层、电流密度大、镀层厚(10~150 μm)等特点。

2)电镀硬铬层的性能与应用

电镀硬铬层具有高的硬度(750~1 100 HV)、良好的抗黏着性和减摩性(优于淬火钢),其耐磨性高于淬火钢件。电镀硬铬层还具有良好的耐蚀性。

电镀硬铬常用于提高引深模、弯曲模、冷挤模、量具及其他耐磨件的耐磨性,其镀层厚度一般为 50~150 μm;也可用于提高注塑模、橡胶模及其他耐蚀件的耐蚀性,其镀层一般为 10~50 μm;还可用于超差件、磨损件的尺寸修复。

(2)化学镀镍磷合金

化学镀是在无外加电流条件下,利用化学方法在金属表面沉积其他金属或合金的工艺方法。化学镀镍磷合金可提高零件和工具表面的硬度、抗黏着性、减摩性,从而提高其耐磨性。

1)化学镀镍磷的原理和强化机理

化学镀镍磷在含镍离子、次磷酸盐还原剂、其他添加剂的镀液中进行。在 60~90 ℃ 条件下,次磷酸根离子$[H_2PO_2]^-$在钢件表面脱氢并使氢原子附着在钢件表面上,然后镀液中的镍离子和次磷酸根离子$[H_2PO_2]^-$被钢件表面的氢原子还原为镍原子和单质磷并沉积在钢件表面上,从而形成镍磷合金镀层。镍磷合金镀层为 w_{Ni} = 90% ~ 92%、w_P = 8% ~ 10% 的单相非晶结构,其常温硬度为 600 HV。经 250~400 ℃ 时间为 1 h 热处理后,其单相非晶结构组织转变为非晶 Ni_3P 基体与弥散非晶镍构成的两相组织,并使其硬度提高至 650~1 100 HV。

2)镍磷镀层的特性与应用

经热处理的镍磷镀层具有与硬铬镀层相近的硬度、抗黏着性、减摩性和耐磨性,但耐蚀性弱于硬铬镀层。化学镀镍磷常用于提高引深模、弯曲模、冷挤模、量具及其他耐磨件的耐磨性,其镀层厚度一般为 20~50 μm;也可用于提高注塑模、橡胶模的耐蚀性,其镀层一般为 8~20 μm;还可用于超差件和磨损件的尺寸修复。

3.5.2　热喷涂

将金属或非金属固体材料加热至熔化或半熔软化状态,然后将它们高速喷射到工件表面上,形成牢固涂层的表面加工方法,称为热喷涂技术。

热喷涂原理是利用热源(火焰、电弧、等离子弧等)将喷涂材料加热熔化或软化,靠热源的动力或外加的压缩气流,将熔滴雾化并推动熔粒成喷射的粒束,以一定的速度喷射到基体表面形成涂层的工艺方法。一般认为,热喷涂过程经历 4 个阶段,即喷涂材料加热熔化阶段、熔滴雾化阶段、雾化颗粒飞行阶段和喷涂层形成阶段。热喷涂技术主要用于高温、耐磨、耐腐蚀等部件的预保护、功能涂层的制备及对失效部件的修复等。根据所用的不同热源,热喷涂技术分为火焰喷涂、电弧喷涂、等离子喷涂和高速火焰喷涂等多种方法。

(1)火焰喷涂

火焰喷涂是最早得到应用的一种喷涂方法。它以氧气-燃气火焰作为热源,喷涂材料以一定的传送方式送入火焰,并加热到熔融或软化状态,然后依靠气体或火焰加速喷射到基体上。火焰喷涂根据喷涂材料的不同,又可分为丝材火焰喷涂、粉末火焰喷涂和棒材火焰喷涂。火焰喷涂具有设备简单,操作容易,工艺成熟,投资少等优点。可以喷涂各种金属、陶瓷、金属加陶瓷的复合材料、各种塑料粉末材料的涂层等。

（2）电弧喷涂

电弧喷涂是将两根被喷涂的金属丝作为自耗性电极，分别接通电源的正负端，在喷枪喷嘴处，利用两金属丝短接瞬间产生的电弧为热源熔化自身，借助压缩空气雾化熔滴并使之加速，喷射到基体材料表面形成涂层的工艺方法。电弧喷涂具有以下优点：

①热效率高、对工件的热影响小。一般火焰喷涂的热效率只有 5%~15%，电弧喷涂将电能直接转化为热能熔化金属，热能利用率可达 60%~70%。电弧喷涂时不形成火焰，因而在喷涂过程中工件始终处于低温，避免了工件的热变形。

②可获得优异的涂层性能。电弧喷涂技术可以在不使用贵重底材的情况下得到较高的结合强度，采用适当的喷前粗化处理方法，喷涂层与基本结合强度可达普通火焰喷涂层的 2 倍以上。

③生产率高。电弧喷涂的生产效率正比于喷涂电弧电流，当电弧电流为 300 A 时，喷涂锌为 30 kg/h，喷涂铝为 10 kg/h，喷涂不锈钢为 15 kg/h，为火焰喷涂的 3 倍以上。

④经济性好。电弧喷涂能源利用率高，而且电能的价格远远低于燃气价格，施工成本为火焰喷涂的 1/10 以下，设备投资为等离子喷涂的 1/3 以下。

电弧喷涂技术的应用已经在各行各业取得了显著成效：利用电弧喷涂在钢铁构件上喷涂锌、铝涂层，可对钢构件进行长效防腐防护，如我国南海地区由于高温、高湿、高盐雾，船舶腐蚀严重，中修舰船的钢结构应用电弧喷涂铝合金涂层防腐，经 5 年考核效果明显，测算预计寿命可提高到 15 年以上。电弧喷涂作为一种优质的修复技术，在机械零件上喷涂碳钢、铬钢、青铜、巴氏合金等材料，用于修复已磨损或尺寸超差的部位，已在机械维修和机械制造业得以应用。制备装饰涂层和功能涂层也是电弧喷涂技术应用的另一重要领域，如在电容器上喷涂导电涂层，在塑料制品上喷涂屏蔽涂层，在内燃机零件上制备热障涂层，在石头、石膏等材料上喷涂铜、锡、铝等金属进行装饰等。

（3）等离子喷涂

等离子喷涂是热源为等离子焰流（非转移等离子弧），加热喷涂材料到熔融或高塑性状态，并在高速等离子焰流（工作气体为氮气和氢气或氩气和氢气）载引下，高速撞击到工件表面形成涂层。等离子喷涂的喷涂材料范围广，涂层组织细密，氧化物夹渣含量和气孔率都较低，气孔率可控制到 2%~5%，涂层结合强度较高（可达 60 MPa 以上），是热喷涂技术中最重要的一项工艺方法。主要用于制备质量要求高的耐蚀、耐磨、隔热、绝缘、抗高温和特殊功能涂层，已在航空航天、石油化工、机械制造、钢铁冶金、轻纺、电子和高新技术等领域里得到广泛应用。

（4）高速火焰喷涂（HVOF）

高速火焰喷涂技术是指将燃气（丙烷、丙烯或氢气）和氧气输入并引燃于燃烧室，借助气体燃烧产生的高温、高压、高速气流，加热熔化喷涂粉末并形成一束高速喷涂射流，在工件上形成喷涂层。高速火焰喷涂有以下特点：

①气体燃烧膨胀形成的热气流使喷涂粒子达到极高的飞行速度，喷涂熔粒的速度可达 300~1 000 m/s。

②喷涂粉粒在火焰中加热时间长,受热均匀,能形成良好的微小熔滴。

③喷涂粉粒主要在喷涂枪中加热,离开喷枪后飞行距离短,因而与周围大气接触时间短,在喷涂过程中几乎不与大气发生反应,喷涂材料不受损害,微观组织变化小,可避免喷涂碳化物材料的分解和脱炭。

基于以上特点,高速火焰喷涂获得的涂层光滑,致密性好,结合强度高,涂层空隙率可小于0.5%,结合力可达100 MPa以上。用于制备高致密性、高结合强度、低孔隙率要求的涂层。

3.5.3 气相沉积

真空条件下,用各种方法获得气相原子或分子在基体材料表面沉积而得到薄层镀膜的技术,称为气相沉积技术。根据沉积机理不同,气相沉积可分为物理气相沉积、化学气相沉积和物理化学气相沉积等。

(1)化学气相沉积

化学气相沉积(Chemical vapor deposition)简称CVD技术,是利用加热、等离子体激励或光辐射等方法形成所需固态薄膜或涂层的过程。

1)化学气相沉积技术的工作原理

化学气相沉积是指利用气体原料在气相中通过化学反应形成基本粒子并经过成核、生长两个阶段合成薄膜、粒子、晶须或晶体等固体材料的工艺过程。它包括5个主要阶段:反应气体向材料表面扩散;反应气体吸附于材料的表面;在材料表面发生化学反应;生成物从材料的表面脱附;产物脱离材料表面。目前,CVD技术在工业应用中有热分解反应和化学合成反应两种沉积反应类型,其共同点是:基体温度高于气体混合物;在工件达到处理温度之前,气体混合物不能被加热到分解温度以防止在气相中进行反应。

2)化学气相沉积技术的特点

化学气相沉积与其他沉积方法相比,除具有设备简单、操作维护方便、灵活性强的优点外,还具有沉积物众多(可以沉积金属、碳化物、氮化物、氧化物和硼化物等);能均匀涂覆几何形状复杂的零件;涂层与基体结合牢固;镀层化学成分可以改变,从而获得梯度沉积物或混合镀层;可以控制镀层的密度和纯度等优势。但是,CVD技术在实际生产过程中还存在一些缺陷:反应温度较高,沉积速率较低,难以局部沉积;参与沉积反应的气源和反应后的余气都有一定的毒性;镀层很薄,已镀金属不能再磨削加工。如何防止热处理畸变是一个很大的难题,这也限制了其在钢铁材料上的应用,而多用于硬质合金。

3)化学气相沉积技术的应用

化学气相沉积层的优点是膜层致密,基体结合牢固,膜层比较均匀,膜层质量比较稳定,易于实现大批量生产,因此在许多领域得到广泛应用。

①在材料制备中的应用

a.制备晶体或晶体薄膜。CVD法能极大改善晶体或晶体薄膜的性能,而且还能制备出其他方法无法制备的晶体。

b.制备晶须。CVD法广泛采用金属卤化物的氢还原,不仅可以制备金属晶须,还可以制备化合物晶须,如Al_2O_3、SiC和TiC晶须等。

c.制备多晶材料膜和非晶材料膜。

d.制备纳米粉末。应用等离子 CVD 法、激光 CVD 发或热激活 CVD 技术制备高熔点化合物纳米粉末。

②在切削方面的应用

用 CVD 法在刀具上涂覆高耐磨性的碳化物、氮化物等涂层,能有效地控制在车、铣和钻的过程中出现的磨损。化学气相沉积层降低刀具磨损的主要原因是在切削开始时,切削与基体的直接接触减小,刀具与工件之间的扩散过程降低,因此降低了月牙形磨损。与基体材料相比,沉积层的导热性更小,使更多的热保留在切削和工件中,降低了磨损效应。

③在模具方面的应用

金属材料在成形时,会产生高的机械应力和物理应力,采用 CVD 法得到的涂层作为表面保护层,具有以下性能:

a.与基体材料的结合力好,因此在成形时能转移所产生的高摩擦——剪切力。

b.有足够的弹性,模具发生少的弹性变形时,不会出现裂纹和剥落现象。

c.具有好的润滑性能,能降低模具的磨损并能改善成形工件的表面质量。

d.具有高硬度,能降低磨粒磨损。

目前,CVD 技术已应用于凹模、凸模、拉模环、扩孔芯棒、卷边模和深孔模中,与未沉积的模具相比,沉积 TiN 层模具寿命可提高几倍甚至几十倍。

④在耐蚀涂层方面的应用

SiC、SiN_4、$MoSi_2$ 等硅系化合物是最重要的耐高温氧化覆层,这些覆层在表面上生成致密的 SiO_2 薄膜,起着阻止氧化的作用,在 1 400～1 600 ℃温度下能耐氧化。Mo 和 W 的 CVD 涂层具有优异的耐高温腐蚀性,主要应用于涡轮叶片、火箭发动机喷嘴、煤炭液化和气化设备及粉末鼓风机喷嘴等设备零件上。

此外,CVD 技术在光纤通信、半导体光电技术、太阳能、微电子学、超电导技术和碳纤维复合材料中都有重要的应用。

(2)物理气相沉积

物理气相沉积(Physical Vapor Deposition)简称 PVD 技术,表示在真空条件下,采用物理方法,将材料源——固体或液体表面气化成气态原子、分子或部分电离成离子,并通过低压气体(或等离子体)过程,在基体表面沉积具有某种特殊功能的薄膜的技术。PVD 技术不仅可沉积金属膜、合金膜,还可沉积化合物、陶瓷、半导体、聚合物膜等。主要方法有真空蒸镀、溅射镀膜、离子镀膜等。

1)真空蒸镀

真空蒸镀基本原理是在真空条件下,使金属、金属合金或化合物蒸发,然后沉积在基体表面上。蒸发的方法常用电阻加热,高频感应加热,电子束、激光束、离子束高能轰击镀料,使其蒸发成气相,然后沉积在基体表面。影响真空蒸镀膜质量的主要因素有基材表面状态、基材温度、蒸镀温度、基材表面粗糙度、表面显微组织等。真空蒸镀是 PVD 法中使用最早的技术。

2)溅射镀膜

溅射镀膜是指在真空条件下,利用高速正离子轰击靶材表面,使靶材表面原子获得足够的能量而逸出,随后在工件表面沉积的过程。溅射镀膜中的入射离子,一般采用辉光放电获得,在 $10^{-2} \sim 10$ Pa,在飞向基体过程中易与真空室中的气体分子发生碰撞,使得运动方向随机,沉积的膜易于均匀。近年发展起来的规模性磁控溅射镀膜,沉积速率较高,工艺重复性好,便于自动化,已适用于进行大型建筑装饰镀膜,工业材料的功能性镀膜等。

3)离子镀

离子镀是借助惰性气体辉光放电,使镀料(如金属钛)汽化蒸发离子化,离子经电场加速,以较高能量轰击工件表面,此时如通入 CO_2、N_2 等反应气体,便可在工件表面获得 TiC、TiN 覆盖层,硬度高达 2 000 HV。离子镀的主要特点是沉积温度只有 500 ℃ 左右,且覆盖层附着力强,适用于高速钢、热锻模等。

3.5.4　高能束表面强化

当高能束发生器输出功率密度达到 10^3 W/cm^2 以上的能束,定向作用在金属表面,使其产生物理、化学或相结构转变,从而达到表面改性的目的,这种处理方式称为高能束表面改性。

(1)按高能束束流特征分类

按高能束束流特征分类,高能束表面强化可分为激光束表面改性、电子束表面改性和离子束表面改性 3 类。

1)激光束表面改性

激光束表面改性是利用激光束对材料进行辐射,使材料表面的温度瞬时上升至相变点、熔点甚至沸点以上,使材料表面产生一系列物理的或化学的现象,以改变材料表面的物理、化学及力学性能。

2)电子束表面改性

电子束表面改性是利用电子束轰击金属工件表面,使表面被加热到相变温度以上,高速冷却产生马氏体相变强化。适合于碳钢、中碳低合金钢、铸铁等材料的表面强化。电子束表面改性的特点:加热、冷却速度快;成本低,设备结构简单;能量控制简便;电子束与金属表面作用耦合性好,能量利用率高;质量好;加热的深度和尺寸范围比激光束大。电子束因易激发 X 射线,在使用中应注意防护。

3)离子束表面改性

离子束表面改性是把某种元素的原子电离成离子,并使其在电场中进行加速,在获得较高速度后射入置于真空靶室中的工件表面,以改变这种材料表面的物理、化学及力学性能的一种离子束技术。离子束与电子束基本类似,也是在真空条件下将离子源产生的离子束经过加速、聚焦,使之作用在材料表面。不同在于高速电子在撞击材料时,质量小速度大,动能几乎全部转化为热能,使材料局部熔化、汽化,它主要通过热效应完成;而离子本身质量较大、惯性大,撞击材料时产生了溅射效应和注入效应,引起变形、分离、破坏等机械作用和向基体材料扩散,形成化合物产生复合、激活的化学作用。离子束表面改性的特点:提高材料表面耐腐蚀性能;提高材料表面硬度、耐磨性和疲劳强度;提高材料抗氧化性能。

（2）**按相变类型分类**

按相变类型不同,可分为激光相变硬化、激光非晶化、激光熔凝、激光合金化、激光涂覆及高能束气相沉积等。

1）激光相变硬化

激光相变硬化又称激光淬火,是在固态下经受激光辐照,其表层被迅速加热,并在激光停止辐射后快速自冷却得到马氏体组织的一种工艺方法。激光相变硬化的特点:极快的加热速度($10^4 \sim 10^6$ ℃/s)和冷却速度($10^6 \sim 10^8$ ℃/s),通常只需约 0.1 s 即可完成淬火,生产率高;仅对工件局部表面进行激光淬火,且硬化层可精确控制,工件变形小,几乎无氧化脱碳现象,表面光洁度高,可作为工件加工的最后工序;激光淬火比常规淬火可提高硬度 15% ~ 20%;可实现自冷淬火,不需水或油等淬火介质,避免了环境污染;适应性广,对于工件的特殊部位(如槽壁、槽底、小孔、盲孔、深孔以及腔筒内壁等),只要能将激光照射到位,均可实现激光淬火;工艺过程可实现生产自动化。

2）激光非晶化

激光非晶化是利用激光快速加热材料表面使其熔化,并以大于临界冷却速度急冷,以抑制晶体形核和生长,从而在金属表面获得非晶态结构的技术。与急冷法制得的非晶态合金相比,激光法制取的非晶态合金具有以下优点:冷却速度高;可减少表层成分偏析,消除表层的缺陷和可能存在的裂纹等。

3）激光熔凝

激光熔凝也称激光熔化淬火,是用激光束加热工件表面至熔化到一定深度,然后自冷使熔层凝固,获得较为细化均质的组织和所需性质的表面改性技术。激光熔凝的主要特点:表面熔化时一般不添加任何合金元素,熔凝层与材料基体是天然的冶金结合;在激光熔凝过程中,可以排除杂质和气体,同时急冷重结晶获得的组织有较高的硬度、耐磨性和抗蚀性;熔层薄,热作用区小,对表面粗糙度和工件尺寸影响不大;表面熔层深度远大于激光非晶化。激光熔凝处理后的工件,通常不再经后续磨光加工就直接使用。因此,对激光熔凝处理后的表面形貌质量有所要求。

4）激光合金化

激光合金化就是在高能束激光的作用下,将一种或多种合金元素快速熔入基体表面,从而使基体表层具有特定的合金成分的技术。换句话讲,它是一种利用激光改变金属或合金表面化学成分的技术。这种快速熔化的非平衡过程可使合金元素在凝固后的组织达到很高的过饱和度,从而形成普通合金化方法不易得到的化合物、介稳相和新相,在合金元素消耗量很低的情况下获得具有特殊性能的表面合金。

5）激光涂覆

激光涂覆是用激光将按需要配制的合金粉末熔化,成为熔覆层主体合金,同时基体金属有一薄层熔化,与之构成冶金结合的一种表面处理技术。激光涂覆的方式与激光合金化相似,其区别在于涂层材料与基体材料混合程度不同。激光涂覆具有涂层成分几乎不受基体成分的干扰和影响、稀释度小;涂层厚度可以准确控制;涂层与基体为冶金结合,十分牢固;加热变形小;热作用区很小;整个过程易实现在线自动控制等优点。

思考题

1.简述热处理的含义、作用与分类方法。

2.简述共析钢在加热和冷却过程中组织转变的基本规律。

3.什么是球化退火？为什么过共析钢必须采用球化退火而不采用完全退火？

4.正火与退火的主要区别是什么？生产中应如何选择正火及退火？

5.何谓马氏体转变临界冷却速度 v_K？它对钢的淬火有何意义？

6.将一退火状态的共析钢零件($\phi10\times100$ mm)整体加热至 800 ℃后,将其 A 段浸入水中冷却,B 段空冷,冷却后零件的硬度如图 3.28 所示。试判断各点的显微组织,并用 C 曲线分析其形成原因。

7.若仅将题6中零件 A 段加热至 800 ℃,B 段不加热(温度低于 A_1),然后整体置于水中冷却。试问冷却后零件各部位的组织和性能如何？写出其大致硬度值并简要分析原因。

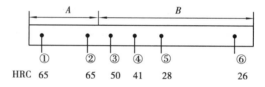

图 3.28 题 6 图

8.分析下列说法在什么情况下正确？在什么情况下不正确？

①钢奥氏体化后,冷得越快钢的硬度越高。

②淬火钢硬而脆。

③钢中含碳或含合金元素越多,其淬火硬度越高。

9.何谓退火、正火？下列情况该用退火、正火或不需要？并简述原因。

①45 钢小轴轧材毛坯。

②45 钢齿轮锻件。

③T12 钢锉刀锻件。

10.冷变形金属加热时,其组织和性能有何变化？

11.再结晶退火的作用是什么？冷变形纯铜(熔点 1 083 ℃)的再结晶退火温度是多少？

12.何谓淬火？何谓钢的淬硬性和淬透性？试比较下列几种钢的淬硬性和淬透性:08F、18CrNi4WA、40Cr、T10A

13.下列零件的材料、热处理或性能要求是否合理？为什么？

①某零件要求 56~60 HRC,用 15 或 20 钢制造经淬火来达到。

②采用碳素工具钢(如 T10A)制作的刀具,要求淬硬至 67~70 HRC。

14.何谓回火？为何淬火钢均应回火？

15.按回火温度不同,回火分为哪 3 类？分别得到怎样的组织和性能？

16.将调质后的 45 钢(250 HBS)再进行 200 ℃回火,其硬度有何变化？将淬火低温回火后的 45 钢(58 HRC)再进行 600 ℃回火,其硬度有何变化? 简述理由。

17.比较表面淬火、渗碳淬火和气体渗氮的异同点。

18.根据下列性能要求,零件所用材料和热处理是否正确? 应作何修正?

①某零件要求表面高硬度(60~64 HRC),心部要求足够的强韧性(35~40 HRC),用 45 钢制造经表面淬火低温回火来达到。

②某零件要求表面较高硬度(54~58 HRC),心部综合性能好(23~27 HRC),用 T8 钢制造经渗碳淬火低温回火来达到。

③某零件要求表面很高的硬度(950~1 000 HV),心部具有较好的强韧性(28~32 HRC),用 20 钢制造经渗碳淬火低温回火来达到。

19.钢的表面强化技术与表面热处理的强化效果有何不同? 表面强化技术主要用于哪些零件?

第4章

钢铁材料

钢铁材料是机械制造中用途最广、用量最大的金属材料。深入了解钢铁材料是正确选用材料、确定毛坯成形工艺方法、合理编制工艺、保证获得优质机械零件的重要前提。钢分为碳素钢(简称碳钢)与合金钢。碳钢是指碳含量为 0.02%~2.06%,并含有少量 Si、Mn、S、P 和非金属夹杂物的铁碳合金。碳钢便于冶炼,易于加工,能满足一般机械零件、工具和工程构件的使用要求,在工程中应用广泛。合金钢是指为提高钢的力学性能、工艺性能或物理、化学性能,在冶炼时有目的地往碳钢中加入一定量其他元素所形成的多元合金。

在工程材料中,铁主要是指铸铁,即碳含量大于 2.06%,并含有较多 Si、Mn、S、P 等杂质元素的铁碳合金。

4.1 合金元素在钢中的作用

钢中常加入的合金元素有钛(Ti)、钒(V)、钨(W)、钼(Mo)、铬(Cr)、锰(Mn)、锆(Zr)、钴(Co)、铌(Nb)、镍(Ni)、硅(Si)、铝(Al)、硼(B)、铜(Cu)及稀土元素(RE)等,按与碳的相互作用情况,可分为非碳化物形成元素和碳化物形成元素。根据与碳的亲和力强弱不同,合金元素在钢中主要以溶入铁素体、形成合金渗碳体和形成碳化物 3 种状态存在。非碳化物形成元素 Ni、Si、Co、Cu、Al 和弱碳化物形成元素 Mn,大部分可溶入铁素体和奥氏体中,起固溶强化作用,仅有少量溶入渗碳体中形成合金渗碳体。中强碳化物形成元素 W、Mo、Cr,当其含量较低时,可置换渗碳体中的 Fe 原子形成合金渗碳体,含量较高时则可能形成新的碳化物。强碳化物形成元素 Zr、Ti、Nb、V,只要有足够的碳就能形成碳化物,仅在缺碳情况下才以原子状态溶入渗碳体置换 Fe 原子形成合金渗碳体。可见,根据与碳亲和力从弱到强排序,一般情况下合金元素在钢中的主要存在状态依次为溶入铁素体或奥氏体、置换渗碳体中的 Fe 原子形成合金渗碳体、形成碳化物。除此之外,某些合金元素还会与 O、N、S 等形成氧化物、氮化物和硫化物等非金属夹杂物。

合金元素在钢中的作用主要体现在对钢基本相及相变的影响两个方面。

4.1.1　合金元素对钢中基本相的影响

在退火、正火及调质状态下,碳素钢的基本相均为铁素体和渗碳体。当合金元素加入后随其性质与含量差异,可对铁素体与渗碳体产生不同影响。

(1)固溶强化铁素体

非碳化物形成元素和弱碳化物形成元素通常溶于铁素体中形成合金铁素体,碳化物形成元素有时也可部分固溶于铁素体中,起到固溶强化铁素体的作用。合金元素的原子半径与铁的原子半径相差越大,两者间晶格结构越不同时,强化效果越明显。

由图 4.1 可知,Si、Mn 的强化效果最显著,且在适当含量范围内($w_{Si} \leqslant 0.6\%$,$w_{Mn} \leqslant 1.5\%$),还可提高铁素体的韧性,当超过此值后韧性显著下降。W、Mo 均使铁素体韧性下降。Cr、Ni 在适当范围($w_{Cr} \leqslant 2\%$,$w_{Ni} \leqslant 5\%$)能提高铁素体的强度和韧性。因此,钢中加入适量 Si、Mn、Cr、Ni 等合金元素,可以固溶强化铁素体,同时提高钢的强韧性。

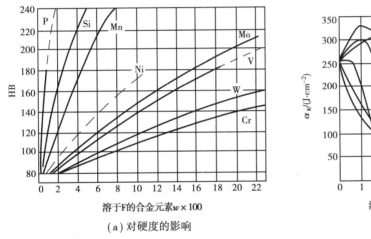
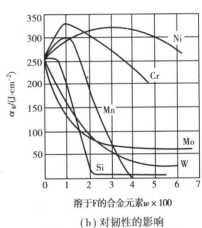

(a)对硬度的影响　　　　　　　　　(b)对韧性的影响

图 4.1　合金元素对铁素体力学性能的影响

(2)形成合金渗碳体和合金碳化物

中强和弱碳化物形成元素 Cr、Mn 除大部分溶入铁素体外,还可置换渗碳体内的 Fe 原子形成合金渗碳体,如(Fe、Mn)$_3$C、(Fe、Cr)$_3$C 等;强碳化物形成元素 Ti、V、Nb、W、Mo 等基本上均可置换渗碳体中的 Fe 原子形成合金渗碳体。合金元素溶于渗碳体中可增进 Fe 与 C 的亲和力,从而提高其稳定性。当碳化物形成元素含量超过一定限度且含碳量足够时,可形成合金碳化物,如 TiC、VC、Cr_7C_2、WC、MoC 等。

合金渗碳体和合金碳化物普遍熔点高、硬度高、稳定性好(见表 4.1),难溶入奥氏体,也难聚集长大。在淬火加热时有细化奥氏体晶粒的积极作用,在回火时可提高材料的回火抗力,并在某个回火温度区间弥散析出,使材料硬度不降反升,产生"二次硬化"现象。碳化物是钢的重要组成相之一,其类型、数量、大小、形态及分布对钢的性能有重要影响。

表 4.1 钢中常见的碳化物及性能

碳化物	Fe_3C	$(Fe、Mn)_3C$	$Cr_{23}C_6$	Cr_7C_3	Mo_2C	MoC	W_2C	WC	VC	TiC
熔点/℃	1 650	≈1 600	1 550	1 650	2 700	2 700	2 750	2 870	2 830	3 150
硬度/HV	≈860	—	1 650	2 100	1 600	1 500	3 000	2 200	2 100	3 200
稳定性	弱 —————————————————————→ 强									

4.1.2 合金元素对相图的影响

$Fe-Fe_3C$ 相图是研究钢相变和对钢进行热处理时选择加热温度的重要依据,因此在研究合金元素对相变的影响之前,应先了解其对相图的影响。

(1)对奥氏体相区的影响

1)扩大奥氏体相区

合金元素 Ni、Co、Mn、N、Cu 等与 Fe 相互作用,使 A_1、A_3、A_{cm} 温度下降导致奥氏体相区扩大。其中,Ni 和 Mn 的作用最明显,当 $w_{Mn}>13\%$ 或 $w_{Ni}>9\%$ 时,A_3 温度降至 0 ℃以下,室温可形成单相奥氏体钢。

2)缩小奥氏体相区

合金元素 Cr、Mo、W、V、Ti、Si、Al 等与 Fe 相互作用,使 A_1、A_3、A_{cm} 温度上升导致奥氏体相区缩小。当这类元素含量足够高时,如 $w_{Cr}>13\%$,奥氏体相区消失,室温可形成单相铁素体钢。

(2)对 S 点和 E 点位置的影响

绝大部分合金元素均能使 S、E 点位置左移。扩大奥氏体相区的元素,使 S、E 点向左下方移动;缩小奥氏体相区的元素,使 S、E 点向左上方移动。S 点左移,表明共析钢碳含量减小 ($w_C<0.8\%$),如碳含量 0.4% 的亚共析钢加入 4% 的 Mn 就会变为共析钢。E 点左移,碳含量低于 2.06% 的合金钢中会出现共晶组织莱氏体而成为莱氏体钢,如 W18Cr4V,即使其碳含量只有 0.7%~0.8%,在铸态中也会出现莱氏体组织。

4.1.3 合金元素对钢热处理中相变的影响

(1)对钢加热中奥氏体化过程及晶粒度的影响

绝大多数合金元素,尤其是强和中强碳化物形成元素会阻碍 Fe、C 原子扩散,减缓奥氏体化过程。同时,由于形成的合金渗碳体和碳化物难溶入奥氏体中,弥散分布在奥氏体晶界上,阻碍晶界移动和晶粒长大,可以起到细化晶粒的作用。因此,与相同碳含量的碳钢相比,合金钢的奥氏体化温度更高,保温时间更长,合金元素可以充分溶入奥氏体中,提高材料的淬透性、优化热处理后材料的力学性能。

有些元素对奥氏体化过程的影响较为特殊。当 Al、Si 含量极少时,以夹杂物形式存在,可以阻止奥氏体晶粒粗化;当其含量足够高,作为合金元素溶入固溶体时,会促使奥氏体晶粒粗化。Cr、Mn 对奥氏体晶粒度的影响与碳含量相关,当钢的碳含量为中等以上时,Cr 对奥氏体晶粒有细化作用,而 Mn 却较明显地促使晶粒长大;但在低碳钢中,Mn 却可以细化奥氏体晶粒。

(2)对钢冷却时过冷奥氏体转变的影响

1)改变 C 曲线位置和形状

大多数合金元素溶入奥氏体后,均可影响过冷奥氏体的稳定性,对 C 曲线形状、位置产生影响。合金元素 Ni、Si、Cu 增大过冷奥氏体的稳定性,使 C 曲线右移;合金元素 Co 和 Al 降低过冷奥氏体的稳定性,使 C 曲线左移;合金元素 Cr、Mo、W、V 等加入一定量(如 $w_{Cr} = 4.2\%$)后,在使 C 曲线位置右移的同时,还会改变其形状,出现两个鼻温,甚至使珠光体转变区域与贝氏体转变区域完全分开,形成一个过冷奥氏体极度稳定的温度区间(见图 4.2)。

C 曲线右移,意味着临界冷却速度 v_K 减小,能提高钢的渗透性,有利于降低淬火应力,减小变形开裂倾向。实践证明,多种合金元素同时加入钢中,对提高渗透性的作用比单纯加一种合金元素更为显著,故淬透性好的钢,大多采用多元等量的合金化原则。

2)降低 M_s、M_f 温度,增加残余奥氏体量

大多数合金元素溶入奥氏体后,均使 M_s 和 M_f 温度降低,与合金元素相比,碳的影响最大。Co 和 Al 会引起 M_s、M_f 轻微上升。合金元素对马氏体转变温度的影响,可用 1% 质量分数元素加入后 M_s 的下降量来表征(见表 4.2)。M_s 和 M_f 降低,使淬火钢中残余奥氏体量增加。为消除残留奥氏体带来的不利影响,通常需要进行深冷处理或多次回火处理。

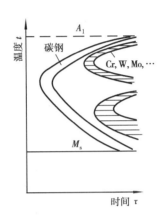

图 4.2 合金元素对 C 曲线的影响

表 4.2 合金元素对 M_s 温度的影响

合金元素	C	Mn	Cr	Mo	Ni	Si	Co	Al
每 1% 含量的元素使 M_s 下降量/℃	−474	−33	−17	−21	−16	−11	12	18

(3)对回火转变的影响

回火是使钢获得预期性能的关键工序。合金元素在淬火时固溶于马氏体中,能不同程度地阻碍马氏体分解,提高淬火钢的耐回火性,使回火过程各个阶段的转变速度大大减慢,转变温度提高,并使某些高合金钢产生二次硬化和回火脆性。

1)提高耐回火性

耐回火性(又称回火稳定性)是指淬火钢在回火时抵抗软化的能力。大多数合金元素(尤其是 V、W、Mo、Si)淬火时固溶于马氏体中,会阻碍原子扩散,延缓马氏体的分解,使淬火合金钢回火时的硬度和强度下降速度比相同碳含量的碳钢更缓慢,从而提高钢的耐回火性。如图 4.3 所示,相同回火温度下,合金钢比碳钢的回火硬度要高,耐回火性更好。

2)产生二次硬化,提高热硬性

热硬性(又称红硬性)是指钢在高温下保持高硬度的能力。W、Mo、V 含量较高的合金钢在回火时,当回火温度升高至 500～600 ℃时,硬度出现回升的现象,称为"二次硬化"(见图 4.4)。二次硬化产生的主要原因是大量 W、Mo、V 等强碳化物形成元素淬火时固溶于马氏体中,强烈阻碍原子扩散,使马氏体的分解需要在较高温度下方能充分进行,析出大量高硬度、高弥散的稳定合金碳化物(如 W_2C、Mo_2C、VC),产生强烈的弥散析出强化,使淬火钢的硬度在某个回火温度区间不降反升,获得高的热硬性。

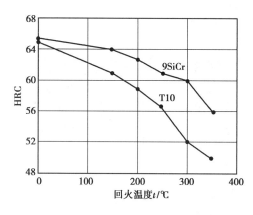

图 4.3　9SiCr 和 T10 硬度与
回火温度的关系

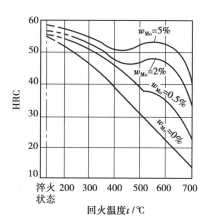

图 4.4　Mo 对钢($w_C = 0.35\%$)
回火硬度的影响

3)出现回火脆性

中、低碳钢在 250～400 ℃回火时,由于碳化物析出影响马氏体的连续性,使其韧性降低、脆性增加,从而产生不可逆回火脆性,即第一类回火脆性。不在此温度范围回火可避免其产生。含 Cr、Mn、Ni、Si 等元素的合金结构钢在 500～650 ℃高温回火后慢冷时,合金元素在晶界处偏聚使钢的韧性降低,产生高温回火脆性,又称第二类回火脆性。第二类回火脆性可通过回火后快冷(水冷或油冷)消除,故为可逆回火脆性。对大截面、快冷易产生开裂危险的工件可加入适量 Mo、W 来防止其产生。

4.1.4　常存杂质元素对钢性能的影响

碳钢的主要成分是 Fe 和 C,合金钢既有 Fe 和 C,还含有合金元素;除此之外,钢在冶炼过程中不可避免地会带入一些其他元素(即杂质元素)。杂质元素虽然含量不高,但对钢的性能及质量有很大影响。

(1)Si、Mn 的影响

炼钢时加入硅铁、锰铁脱氧剂而使少量 Si、Mn 残存于钢中。Si 可以消除 FeO 夹杂对钢的不良影响;Mn 可脱氧而使钢材更致密,并能置换 FeS 中的 Fe,形成熔点高达 1 620 ℃的 MnS,防止 S 在钢中产生热脆。Si、Mn 均可溶入铁素体,起固溶强化铁素体的作用,在不降低塑韧性的同时,提高钢的强度和硬度。Mn 还可以溶入渗碳体中形成合金渗碳体,提高强度。因此,Si、Mn 在一定含量范围内是有益的杂质元素。

（2）S、P 的影响

S 和 P 由炼钢原料与燃料带入。S 不溶于 Fe,在固态下形成 FeS,FeS 与 Fe 生成低熔点共晶体分布在奥氏体晶界上。当钢在高于 1 000 ℃ 进行淬火加热或变形加工时,低熔点的共晶体溶解,将导致钢沿晶界生成热裂纹,产生热脆性。P 在固态下可溶入铁素体起固溶强化作用,提高钢的强度和硬度,并改善铁液的流动性。但 P 在低温下易生成脆性磷化物,致使钢产生冷脆性。因此,S 和 P 在钢中的含量应严加控制。其含量的高低是区分优质钢和普通钢的重要指标。

综上可知,与碳钢相比,合金钢具有以下性能优点:

1)具有更好的强韧性

由于合金元素能强化铁素体,细化奥氏体晶粒,提高淬透性和耐回火性,使合金结构钢热处理后比碳素结构钢具有高的强度和更好的韧性。

2)具有更高的耐磨性和热硬性

因合金工具钢含有硬度很高的合金碳化物,故具有比碳素工具钢更高的耐磨性,且钢中合金碳化物越多,其耐磨性越高。由于合金元素能阻碍马氏体分解,提高钢的耐回火性及产生二次硬化,使合金工具钢(尤其含 W、Mo、V 较多的钢)具有比碳素工具钢更高的热硬性。

3)具有更好的热处理工艺性能

由于合金元素能稳定奥氏体,提高钢的淬透性,并在淬火时常采用油淬或分级淬火,以减小淬火应力,从而降低钢件的淬火变形与淬火开裂倾向。因此,合金钢具有比碳钢更好的热处理工艺性能。

此外,某些合金钢还具有特殊的物理、化学性能(如耐蚀性、耐磨性、耐热性等)。

4.2　钢的分类和牌号表示法

生产中使用的钢材种类繁多,性能也各有不同,为了便于管理、使用和研究,就需要对钢材进行适当分类并编制清晰、适用的牌号或代号。根据不同的标准,有不同的分类方法,常见的有按化学成分分类、按质量分类、按用途分类等方式。其中,按用途进行分类是应用最广泛的分类方式。国家相关标准一般也是按照用途进行分类编制的。

4.2.1　钢的分类

（1）按化学成分分类

按照化学成分,钢可分为碳素钢与合金钢两大类。

1)碳素钢

①低碳钢:$w_C < 0.25\%$。

②中碳钢:$w_C = 0.25\% \sim 0.60\%$。

③高碳钢:$w_C > 0.60\%$。

2)合金钢

①低合金钢:$w_{Me} < 5\%$。

②中合金钢:$w_{Me} = 5\% \sim 10\%$。

③高合金钢:$w_{Me} > 10\%$。

(2)按质量分类

按照钢中 S 和 P 的含量,钢可分为普通钢、优质钢与高级优质钢 3 大类。

1)普通钢

钢中 S 和 P 含量较高($w_S \leqslant 0.050\%$,$w_P \leqslant 0.045\%$)。

2)优质钢

钢中 S 和 P 含量较低($w_S \leqslant 0.035\%$,$w_P \leqslant 0.035\%$)。

3)高级优质钢

钢中 S 和 P 含量很低($w_S \leqslant 0.020\%$,$w_P \leqslant 0.030\%$)。

(3)按用途分类

按其主要用途,钢可分为结构钢、工具钢和特殊钢 3 大类。

(4)按脱氧程度分类

1)镇静钢

钢液脱氧充分,在锭模内能平静凝固的钢。镇静钢化学成分与性能较均匀,组织较致密,质量较好,生产成本较高。机械制造所用钢多为镇静钢。

2)沸腾钢

钢液脱氧不完全,会产生沸腾现象的钢。沸腾钢的质量不如镇静钢,但生产成本较低。

3)半镇静钢

脱氧程度和生产成本介于镇静钢与沸腾钢之间的钢。

4.2.2 钢的牌号表示法

(1)碳钢的牌号表示法

1)碳素结构钢的牌号

碳素结构钢含 S、P 和杂质较多,强度较低,但价格便宜,一般不进行热处理。其牌号由代表屈服极限的符号、数值及质量等级和脱氧方法 4 部分组成。例如,Q215-C.F 代表 $\sigma_s \geqslant$ 215 MPa、C 级质量的沸腾碳素结构钢。

2)优质碳素结构钢的牌号

优质碳素结构钢中有害杂质 S、P 含量低,非金属夹杂物较少,塑性及韧性较好,价格较低,广泛应用于机械制造,可通过热处理进行强化。其牌号一般以两位数字表示,数字为钢中平均碳含量的万分数。如果 Mn 含量在 0.8% ~ 1.2%时,在数字后加写元素符号 Mn。例如,45

代表平均 $w_C = 0.45\%$ 的优质碳素结构钢;08F 代表平均 $w_C = 0.08\%$ 的沸腾优质碳素结构钢;65Mn 代表平均 $w_C = 0.65\%$ 且有较高锰含量的优质碳素结构钢。

3)碳素工具钢的牌号

碳素工具钢都是优质或者高级优质钢,碳含量均较高($w_C = 0.65\% \sim 1.35\%$)。其牌号用 T 和一位或两位数字表示。T 是"碳"的汉语拼音字首,数字为钢平均碳含量的千倍数;高级优质碳素工具钢的牌号后加字母 A 表示。例如,T8 表示平均 $w_C = 0.8\%$ 的优质碳素工具钢;T10A 表示平均 $w_C = 1.0\%$ 的高级优质碳素工具钢。

(2)合金钢的牌号表示法

合金钢的牌号均采用"数字+元素符号+数字"的格式来表示。

1)合金结构钢的牌号

合金结构钢的牌号依次用两位数字、元素符号和数字表示。两位数字表示钢中平均碳含量的万分数,元素符号表示钢中所含合金元素,元素符号后面的数字表示该合金元素平均含量的百分数。当合金元素平均含量小于 1.5% 时,元素符号后面不标数字,平均含量为 1.5% ~ 2.49%,2.5% ~ 3.49%,… 时,则在相应元素符号后标注 2,3,…。例如,40Cr 代表平均 $w_C = 0.40\%$,$w_{Cr} < 1.5\%$ 的合金结构钢。

2)合金工具钢的牌号

合金工具钢的牌号表示方法与合金结构钢相似。最前面的数字通常只有一位,表示钢中平均碳含量的千分数。当平均碳含量 $w_C \geqslant 1\%$ 时,牌号前面不标数字。例如,9Mn2V 表示平均 $w_C = 0.90\%$、$w_{Mn} = 2\%$、$w_V < 1.5\%$ 的合金工具钢;CrWMn 表示平均 $w_C \geqslant 1\%$ 的合金工具钢。

3)其他合金钢的牌号

①滚动轴承钢的牌号

汉语拼音字母 G+主加元素符号 Cr+数字。G 为"滚"的汉语拼音字首,Cr 为滚动轴承钢主加元素,数字为平均铬含量的千分数。例如,GCr15 表示平均铬含量为 1.5% 的滚动轴承钢。

②高速钢的牌号

高速钢的牌号标注中一般不标注碳含量,只标出合金元素平均含量的百分数。例如,W18Gr4V 表示平均 $w_W = 18\%$、$w_{Cr} = 4\%$、$w_V < 1.5\%$ 的高速钢。

钢铁材料国内外牌号对照参见附录Ⅱ。

4.3　结构钢

结构钢是制造各种工程构件和机器零件的用钢。制造工程构件的钢称为工程结构钢,常用的有碳素结构钢和低合金高强度结构钢;制造机器零件的钢称为机器结构钢,按热处理方法不同和用途特点,主要分为渗碳钢、调质钢、弹簧钢和滚动轴承钢等几类。

4.3.1　工程结构钢

工程结构钢主要用于制作大型工程构件(如桥梁、船舶、屋架、容器等)或承受中等静拉力为主的联接件(如螺栓、拉杆、连杆、销钉、铆钉等)。大型工程构件的工作特点是不作相对运动,承受长期静载荷,有一定的环境温度使用要求,且尺寸较大、结构复杂(多采用焊接方法连接)。因此,要求钢材具备较好的冷变形和焊接性能。

(1)碳素结构钢

碳素结构钢 S、P 含量较高,碳含量较低($w_C = 0.06\% \sim 0.38\%$),塑性高、焊接性好,通常以热轧空冷状态供应。主要用于普通工程构件和要求不高的机械零件,经焊接、铆接或机械加工后直接使用。常用碳素结构钢的成分、力学性能及用途见表4.3。

表 4.3　常用碳素结构钢的化学成分和力学性能(摘自 GB/T 700—2006)

牌号	质量等级	化学成分×100		脱氧方法	力学性能			应用举例
		w_C	w_{Mn}		σ_s/MPa	σ_b/MPa	δ_5/%	
Q195	—	0.06~0.12	0.25~0.50	F、B、Z	≥195	315~390	≥33	小载荷的结构件(如铆钉、地脚螺栓)、冲压件、焊接件等
Q215	A	0.09~0.15	0.25~0.55	F、B、Z	≥215	335~410	≥31	
	B							
Q235	A	0.14~0.22	0.30~0.65	F、B、Z	≥235	375~460	≥26	螺栓、螺母、铆钉、拉杆、齿轮等
	B	0.12~0.20	0.30~0.70					
	C	≤0.18	0.35~0.80	Z		375~460		
	D	≤0.18		TZ				
Q255	A	0.18~0.28	0.40~0.70	Z	≥255	410~510	≥24	承受中等载荷的零件,如键、拉杆、螺栓等
	B							
Q275	—	0.28~0.38	0.50~0.80	Z	≥275	490~610	≥20	

(2)低合金高强度结构钢

低合金高强度结构钢是在碳素结构钢基础上加入少量合金元素,经合金化强化而形成的钢种。其成分特点是以较低的碳含量($w_C \leq 0.20\%$)保证材料具有良好的塑性、韧性和焊接性能,含有少量合金元素(Si、Mn、Ti、V、Nb 等)以提高钢的强韧性。与碳素结构钢相比,低合金高强度结构钢的强度高、塑性和韧性好,有良好的焊接性、冷成形性和耐蚀性。广泛用于桥梁、车辆、船舶、锅炉、压力容器、输油管等的制造。

低合金高强度结构钢大多在热轧、正火状态下供应,经冷变形或焊接成形后,一般不再进行热处理。其牌号表示方法与碳素结构钢相同。

常用低合金高强度结构钢的成分、性能和用途见表4.4,其新旧牌号对照见表4.5。

表 4.4　常用低合金高强度结构钢的成分、性能及用途（摘自 GB/T 1591—2008）

牌号	质量等级	主要化学成分×100			力学性能			应用举例
		C	Mn	Si	σ_s/MPa	σ_b/MPa	δ_5/%	
Q295	A	≤0.16	0.80~1.50	≤0.55	≥295	390~570	≥23	低中压化工容器,低压锅炉,车辆冲压件,建筑金属构件,输油管等及低温工作的金属构件
	B							
Q345	A	≤0.20	1.00~1.60	≤0.55	≥345	490~660	≥22	大型船舶,铁路车辆,桥梁,管道,储油罐,锅炉,起重及矿山机械、厂房钢架等承受动载荷的焊接结构件
	B							
	C							
	D	≤0.18						
	E							
Q390	A	≤0.20	1.00~1.60	≤0.55	≥390	510~680	≥20	高中压锅炉、石油化工容器,大型船舶、桥梁、车辆,其他承受较高载荷的焊接结构件
	B							
	C							
	D							
	E							
Q420	A	≤0.20	1.00~1.70	≤0.55	≥420	530~720	≥19	高压容器、重型机械、桥梁、船舶、机车及其他大型焊接结构件
	B							
	C							
	D							
	E							

表 4.5　低合金高强度结构钢新旧牌号对照表（摘自 GB/T 1591—2008）

GB/T 1591—94	GB 1591—88
Q295	09MnV、09MnNb、09Mn2、12Mn
Q345	12MnV、14MnNb、16Mn（16MnCu）、16MnRE、18Nb
Q390	15MnV（15MnVCu）、15MnTi（15MnTiCu）、16MnNb
Q420	15MnVN、14MnVTiRE

4.3.2　渗碳钢

渗碳钢是指经渗碳处理后使用的钢种，主要用于制造表面要求高硬度、高耐磨性，心部具有足够强韧性的零件。

（1）**成分特点**

为保证渗碳件心部具有足够的韧性，渗碳钢的碳含量均为低碳（$w_C = 0.10\% \sim 0.25\%$）；为保证渗碳件心部具有足够的强度，渗碳钢中常加入 Cr、Mn、Ni 等元素，以提高淬透性；为细化晶粒，进一步提高强韧性，还可加入少量 Ti、V、W、Mo 等元素。

（2）**热处理特点**

1）渗碳后直接淬火及低温回火

碳素渗碳钢与低合金渗碳钢一般采用渗碳后直接淬火。其典型热处理工艺为：930 ℃渗碳，渗后预冷至 870 ℃，然后直接淬火，最后低温回火。渗后预冷可减小淬火变形，有利于稳定零件的形状和尺寸。最终，表层获得渗碳体（或合金渗碳体）、高碳回火马氏体和少量残余奥氏体组织（60~64 HRC）；心部淬透时获得低碳回火马氏体（40~48 HRC），未淬透时获得托氏体、少量低碳回火马氏体和铁素体组织（25~40 HRC）。

2）渗碳后一次淬火

某些碳素钢和低合金钢因合金元素含量少，在渗碳温度下容易过热，不能采用直接预冷后淬火的热处理工艺，而需要渗碳后先缓冷至室温，再重新加热淬火并低温回火，以获得所需组织和性能。

3）渗碳后两次淬火

高合金渗碳钢由于含有较多的合金元素，渗碳层表面含碳量又高，会导致马氏体转变温度大幅下降。若渗碳后直接淬火，渗碳层中将保留大量残余奥氏体，使表面硬度下降，同时影响零件形状和尺寸精度。因此，对高合金渗碳钢，热处理的目的之一是设法降低渗碳层的残余奥氏体量，以保证获得所需的性能。采用的方法主要有 3 种：

①渗碳后缓冷至室温，重新加热淬火后进行深冷处理（$-100 \sim -60$ ℃），使残余奥氏体继续转变为马氏体。

②渗碳后空冷至室温（即正火），再进行一次高温回火（600~620 ℃），从马氏体和残余奥氏体中析出碳化物，随后再加热到较低温度（$A_{c1}+30\sim50$ ℃）淬火，在该温度区间淬火时，高温回火析出的碳化物不再溶入奥氏体，从而降低奥氏体中的碳及合金含量，使马氏体转变温度提高，达到减少淬火后的残余奥氏体量的目的，随后再低温回火，消除内应力并提高渗碳层的强度；上述两种方法同时使用，效果更好。

③渗碳后进行喷丸处理，也可有效促使渗碳层中的残余奥氏体转变为马氏体。

（3）**常用渗碳钢**

1）碳素渗碳钢

常用碳素渗碳钢有 15、20 钢。碳素渗碳钢不含合金元素，淬透性差、淬火变形大；缺少合金元素对铁素体的固溶强化作用，零件心部强度较低；渗碳时不能形成合金碳化物，零件表面耐磨性低。因此，碳素渗碳钢主要用作受力不大、截面尺寸小于 10 mm、形状简单的一般渗碳零件。

2）合金渗碳钢

常用合金渗碳钢有 20Cr、20MnV、20CrMnTi、20MnVB、20Cr2Ni4、18Cr2Ni4WA。合金渗碳钢含有合金元素,淬透性好、淬火变形小;合金元素对铁素体的固溶强化作用,使零件心部具备较高的强韧性;渗碳层在渗碳时能形成合金碳化物,使零件表面有高的耐磨性。

常用渗碳钢的牌号、成分、热处理及应用见表 4.6。

表 4.6　常用渗碳钢的牌号、成分、热处理和用途(摘自 GB/T 3077—1999)

类　别	牌　号	热处理		力学性能			应　用
		淬火 /℃	回火 /℃	σ_b /MPa	σ_s /MPa	$\psi \times 100$	
碳素 渗碳钢	15	920/水	200	≥490	≥294	—	形状简单、受力小、截面尺寸小的渗碳件
	20	900/水	200				
低淬透性	20Cr	880/水、油	200	835	540	47	截面尺寸≤20 mm、中等受力、心部较高强度渗碳件
	20MnV	880/水、油	200	785	590	47	
中淬透性	20CrMnTi	880/水、油	200	1 080	835	55	截面尺寸 20~35 mm、受力大、形状复杂的渗碳件
	20MnVB	880/油	200	1 080	885	55	
高淬透性	18Cr2Ni4WA	950/空气	200	1 175	835	78	截面尺寸>35 mm、受力很大、要求高强韧性的渗碳件
	20Cr2Ni4	880/油	200	1 175	1 080	63	

4.3.3　调质钢

经调质处理后使用的钢称为调质钢。许多机器设备上的重要零件如机床主轴、发动机曲轴、高强度螺栓等,在多种应力负荷下工作,受力情况复杂,要求材料在具备一定强度的同时,还要有较好的塑性、韧性。调质钢调质处理后的抗拉强度、塑性、冲击韧性等性能指标均较好,可以满足机器零件对使用性能的综合要求。

（1）成分特点

为保证调质件心部具有良好的综合力学性能,调质钢的碳含量为中碳（$w_C = 0.25\% \sim 0.45\%$）;为保证截面尺寸较大的调质件被淬透,调质钢中常加入 Cr、Mn、Ni 等元素,以提高淬透性,减小淬火变形;为防止产生高温回火脆性,细化晶粒以提高韧性及耐回火性,调质钢中还可加入少量 Ti、V、W、Mo 等元素。

（2）热处理特点

1）调质

调质处理后获得回火索氏体组织（220~320 HBS）,具有良好的综合力学性能。

2）调质后表面淬火

表面要求较高硬度和耐磨性,心部要求综合力学性能的调质零件,采用调质+表面淬火+低温回火。表面获得回火马氏体组织(54~58 HRC),心部为回火索氏体组织(22~32 HRC)。

3)调质后渗氮处理

表面要求更高硬度(68 HRC 以上)和耐磨性,心部要求综合力学性能的调质零件,采用调质+渗氮处理。

另外,调质钢也可以采用中温或低温回火工艺。工程实践中,调质钢制作的锻锤锤杆常采用中温回火,凿岩机活塞、混凝土振动器的振动头常采用低温回火。

(3)**常用调质钢**

1)碳素调质钢

常用碳素调质钢有 40、45 钢。碳素调质钢不含合金元素,淬透性差,淬火变形大;缺少合金元素对铁素体的固溶强化,零件强度不高。碳素调质钢主要用作受力不大、截面尺寸小于 20 mm、形状简单的调质零件。

2)合金调质钢

常用合金调质钢有 40Cr、40Mn2、40MnVB、38CrMoAlA、40CrNiMo、40CrMnMo。合金调质钢淬透性好,淬火变形小;合金元素的固溶强化作用使零件具有较高的强度。

常用调质钢的牌号、成分、热处理及应用见表4.7。

4.3.4　弹簧钢

用于制造弹簧的钢称为弹簧钢。弹簧是机器、仪表中常用的重要零件,工作时在交变载荷或冲击载荷下,利用弹性变形吸收能量、减小振动起到减振作用,或利用储存的弹性能驱动机械零件。弹簧钢的应用条件决定了其具有"三高一好"的性能特点:弹性极限高,以保证弹性变形能力;屈强比($\sigma_{0.2}/\sigma_b$)高,以保证承受大载荷的安全;疲劳强度高,以防止疲劳断裂;韧性和塑性好,以防止冲击断裂和脆性断裂。

(1)**成分特点**

1)碳含量为中、高碳

弹簧钢的含碳量较高,以满足材料所需的强度要求。通常碳素弹簧钢碳含量 0.6%~0.9%,合金弹簧钢碳含量 0.5%~0.6%。

2)加入提高淬透性和细化晶粒的合金元素

合金弹簧钢常加入 Si、Mn、Cr 等合金元素,以固溶强化铁素体和提高钢的淬透性,使大截面弹簧淬火回火后获得高而均匀的弹性极限。Si 还可提高材料的屈强比。加入少量的 Mo、V、W,以防止淬火加热时奥氏体晶粒长大,起到细化晶粒作用,保证钢在高温下仍有较高的弹性极限和屈服极限;同时还可避免出现高温回火脆性。

(2)**热处理特点**

弹簧钢的热处理与弹簧的成形工艺有关。

1)热成形弹簧

制造截面尺寸大于 8 mm 的大型弹簧,采用热轧钢板或圆钢高温形变热处理方法,即将弹簧钢加热至正常淬火温度以上 50~80 ℃进行热卷成形,随后利用余热淬火并中温回火,得到回火托氏体组织(45~52 HRC),使弹簧获得较高的弹性极限、疲劳强度和一定的韧性与塑性。

表 4.7　常用调质钢的牌号、成分、热处理和用途(摘自 GB/T 3077—1999)

牌号	化学成分×100			热处理 淬火/℃	力学性能				用途
	w_C	w_{Mn}	w_{Cr}		σ_b /MPa	σ_s /MPa	$\Psi×100$	α_k / $(J·cm^{-2})$	
40	0.37~0.45	0.50~0.80	—	840	≥570	≥335	≥45	≥47	形状简单、受力不大、截面尺寸≤20 mm 的调质件或表面淬火件
45	0.42~0.50	0.50~0.80	—	水淬	≥600	≥335	≥40	≥39	
40Cr	0.37~0.44	0.50~0.80	0.8~1.1	850 油淬	≥980	≥785	≥45	≥47	截面尺寸 20~40 mm,力学性能要求较高、形状较复杂的调质件或表面淬火件
40Mn2	0.39~0.45	1.40~1.80	—		≥885	≥735	≥45	≥47	
40MnVB	0.37~0.44	1.10~1.40	—		≥980	≥785	≥45	≥47	
38CrMoAlA	0.35~0.42	0.30~0.60	1.35~1.65	940 油淬	≥980	≥835	≥50	≥71	表面硬度大于 900 HV 精密渗氮件
40CrNiMo	0.37~0.45	0.50~0.80	0.60~0.90	850 油淬	≥980	≥835	≥55	≥78	截面尺寸大于 60 mm,冲击力较大、要求高韧性、高强度的重要调质件或表面淬火件
40CrMnMo	0.37~0.45	0.90~1.20	0.90~1.20		≥980	≥785	≥45	≥63	

注:表中 38CrMoAlA 试样尺寸为 φ30 mm,其余调质钢试样尺寸均为 φ25 mm。

弹簧钢也可采用等温淬火,得到下贝氏体,获得所需的韧性。注意等温淬火后需在等温温度范围作补充回火,以进一步提高其综合力学性能。

2)冷成形弹簧

制造截面尺寸小于 8~12 mm 的小型弹簧,根据原材料供应状态不同,冷卷成形后分别采用两种不同的热处理方法。原材料为退火状态的冷拉弹簧钢丝或冷轧弹簧钢带,冷卷成形后,必须进行淬火和中温回火;原材料为高强度($\sigma_b = 1\ 300 \sim 2\ 500$ MPa)弹簧钢丝或钢带,冷卷成形后,只需在 250~280 ℃进行定形处理,消除冷变形残余内应力后直接使用。

弹簧的表面质量对使用寿命影响很大,表面微小的缺陷如脱碳、裂纹、夹杂、斑痕等,会降低弹簧疲劳强度。因此,弹簧热处理后一般还需通过喷丸处理来进行表面强化,使表层产生残余压应力,提高疲劳强度。如 60Si2Mn 钢制作的汽车板簧经喷丸处理后,疲劳强度显著提高,使用寿命可增加 5~6 倍。

(3)常用弹簧钢牌号、分类及用途

1)碳素弹簧钢

常用碳素弹簧钢有 65Mn、70 钢。因其淬透性差,缺少合金元素对铁素体的固溶强化,较大截面的弹簧淬火回火后的强度相对较低,故主要用于强度要求不太高、截面尺寸小于 8~12 mm 的小型弹簧。

2)合金弹簧钢

常用合金弹簧钢有 60Si2Mn、50CrVA 钢。因合金弹簧钢淬透性好及合金元素对铁素体的固溶强化作用,使较大截面弹簧淬火中温回火后具有高而均匀的强度,故常用于强度高、截面尺寸大于 8~12 mm 的弹簧。

常用弹簧钢的牌号、成分、热处理及应用见表4.8。

4.3.5 滚动轴承钢

用于制造滚动轴承滚动体和滚圈等的专用合金钢称为滚动轴承钢。某些滚动轴承钢还可用于制造精密丝杠、机床导轨等。滚动轴承工作条件非常复杂和苛刻,性能要求非常严格。

(1)性能要求

1)高的强度和硬度

滚动轴承元件多在点接触(滚珠与套圈)或线接触(滚柱与套圈)条件下工作,承受的压应力高达 1 500~5 000 MPa。因此,滚动轴承钢应具有高的强度和硬度(62~64 HRC)。

2)高的接触疲劳强度

滚动轴承工作时,滚动体在套圈中高速运动,应力交变次数每分钟可达数万次甚至更高,容易造成接触疲劳破坏(如麻点剥落等)。因此,滚动轴承钢应具有高的接触疲劳强度。

3)高的耐磨性

滚动轴承工作中,滚动体和套圈不仅有滚动摩擦,还有滑动摩擦。因此,滚动轴承钢应具备高的耐磨性。

表 4.8 常用弹簧钢的牌号、成分、热处理、性能及用途（摘自 GB/T 1200—2007）

牌号	主要化学成分×100				热处理 (淬火/℃)	力学性能			应 用
	w_C	w_{Si}	w_{Mn}	其 他		σ_b/MPa	σ_s/MPa	$\Psi×100$	
65Mn	0.62~0.70	0.17~0.37	0.90~1.20	—	830 油	≥1 000	≥800	≥30	截面尺寸小于 12 mm 的汽车、拖拉机的一般用途弹簧
70	0.65~0.74	0.17~0.37	0.50~0.80	—	840 油	≥1 000	≥800	≥35	
55Si2Mn	0.52~0.60	1.50~2.00	0.60~0.90	—	870 油	≥1 275	≥1 175	≥30	截面尺寸为 12~25 mm 的各种弹簧。如汽车、拖拉机的减振板簧或螺旋弹簧
60Si2Mn	0.56~0.64	1.50~2.00	0.60~0.90	—	870 油	≥1 275	≥1 175	≥25	
50CrVA	0.46~0.54	0.17~0.37	0.50~0.80	Cr: 0.80~1.10 V: 0.10~0.20	850 油	≥1 300	≥1 150	≥40	截面尺寸不大于 40 mm 的高载荷重要弹簧，以及工作温度低于 350 ℃ 的阀门弹簧等

（2）**成分特点**

1）碳含量高

滚动轴承钢的碳含量高（$w_C = 0.95\% \sim 1.05\%$），以保证高的强度、硬度和耐磨性。

2）含 Cr、Si、Mn、Mo 等合金元素

滚动轴承钢以 Cr 为主要合金元素。Cr 可以显著提高钢的淬透性，并与碳形成合金渗碳体，大大提高其耐磨性和接触疲劳强度；但 Cr 含量超过 1.65% 时，会导致残余奥氏体量增加，降低其硬度和尺寸稳定性。大型滚动轴承还可加入合金元素 Si 和 Mn，以进一步提高钢的淬透性和强度。此外，应严格控制钢中有害杂质（S、P 和非金属夹杂物）含量，通常硫含量小于 0.02%，磷含量小于 0.027%，以保证滚动轴承钢具有较高的接触疲劳寿命。

（3）**热处理特点**

1）预备热处理

滚动轴承钢预备热处理主要采用球化退火，退火组织为铁素体和均匀分布的细粒状碳化物。目的是降低钢的硬度（180~207 HBS），以利于切削加工，并为淬火做好组织上的准备。滚动轴承钢因碳含量高，原始组织中易出现网状碳化物和粗大片状珠光体，常需在退火前先进行正火处理，以破碎网状物。

2）最终热处理

滚动轴承钢最终热处理一般采用淬火+低温回火，回火组织为回火马氏体、均匀分布的细粒状碳化物及少量残余奥氏体，硬度为 61~65 HRC。对于精密滚动轴承，为保证其尺寸的稳定性，最终热处理采用淬火+深冷处理（低于−60 ℃）+低温回火。

（4）**常用滚动轴承钢牌号、分类及用途**

常用滚动轴承钢的成分、热处理及用途见表 4.9。

表 4.9　常用滚动轴承钢的牌号、成分、热处理及用途（摘自 GB/T 18254—2002）

牌　号	主要化学成分×100			热处理		用　途
	w_C	w_{Cr}	w_{Mn}	淬火 /℃	硬度 /HRC	
GCr9	1.0~1.1	0.9~1.2	0.25~0.45	810~830	≥62	$\phi 10 \sim 20$ mm 滚珠
GCr15	0.95~1.05	1.4~1.65	0.25~0.45	825~845	≥62	壁厚接近 20 mm 的中小型套圈，直径小于 50 mm 的钢球
GCr15SiMn	0.95~1.05	1.4~1.65	0.95~1.25 Si：0.45~0.75	820~840	≥62	壁厚大于 30 mm 的大型套圈，$\phi 50 \sim 100$ mm 钢球
GSiMnV	0.95~1.10	—	1.30~1.80 Si：0.55~0.80	780~810	≥62	可代替 GCr15 钢

4.4　工具钢

工具钢是制造各种加工工具的钢种。根据用途不同,可分为刃具钢、模具钢和量具钢;根据化学成分差异,可分为碳素工具钢、合金工具钢和高速钢;根据合金元素含量多少,可分为低合金工具钢、中合金工具钢和高合金工具钢。

4.4.1　刃具钢

刃具钢是用来制造各种切削加工刀具(如车刀、铣刀、刨刀、钻头和钳工刀具等)的钢种。刀具在切削过程中受到高负荷、复杂切削力作用,高速切削的刀具工作时还要承受刃部 $500 \sim 600 \ ℃$ 的高温。因此,刃具钢必须具有高的硬度($\geqslant 60 \ HRC$)、高的耐磨性、相应的热硬性和足够的强韧性。

不同的刀具因工作条件和性能要求不同,可采用不同的材料制造。常用的刀具材料有刃具钢(碳素工具钢、低合金刃具钢、高速钢)和硬质合金等。

(1)碳素工具钢

碳素工具钢碳含量高($w_C = 0.65\% \sim 1.35\%$),经淬火+低温回火后,具有较高的硬度($58 \sim 62 \ HRC$)和耐磨性;因无合金元素,其热硬性和淬透性低,淬火变形大。因此,碳素工具钢主要用作切削速度很低的手工刀具。

常用碳素工具钢的成分、热处理、性能和用途见表 4.10。

表 4.10　常用碳素工具钢的成分、性能和用途(摘自 GB/T 1298—2008)

牌　号	化学成分 $\times 100$	热处理/淬火			临界淬透直径	用　途
	w_C	淬火温度 /℃	冷却	硬度 /HRC	D_C 水 /mm	
T7 T7A	$0.65 \sim 0.74$	$800 \sim 820$	水	$\geqslant 62$	—	受冲击,韧性较好的木工刀具
T8 T8A	$0.75 \sim 0.84$	$780 \sim 800$		$\geqslant 62$	$13 \sim 19$	受冲击,硬度较高的木工刀具
T10 T10A	$0.95 \sim 1.04$	$760 \sim 780$		$\geqslant 62$	$22 \sim 26$	不受剧烈冲击,耐磨的手用丝锥、手用锯条等
T12 T12A	$1.15 \sim 1.24$	$760 \sim 780$		$\geqslant 62$	$28 \sim 33$	不受冲击,耐磨的锉刀、刮刀、手用丝锥等

（2）**低合金刃具钢**

1）成分特点

低合金刃具钢是在碳素工具钢基础上加入少量合金元素发展起来的钢种。其碳含量为 0.80%~1.05%，用以保证足够的硬度和耐磨性；加入合金元素 Cr、Mn、Si 提高淬透性，加入 W、V 等形成合金碳化物，淬火加热时能阻碍奥氏体晶粒长大，细化晶粒，提高钢的硬度、韧性和耐磨性；加入 Mn 能增加钢中残余奥氏体量，减少淬火变形。

2）热处理特点

低合金刃具钢的最终热处理采用淬火+低温回火，获得回火马氏体加未溶碳化物组织。因其淬火后存在一定量的残余奥氏体，若用作尺寸稳定性要求高的量具，淬火后需进行深冷处理，使残余奥氏体转变为马氏体；因其碳含量高、存在合金碳化物，故需反复锻造或轧制，以破碎碳化物网，使碳化物均匀分布，防止粗大碳化物存在于刀刃处，避免淬火时产生应力集中形成微裂纹，使用时发生崩刃。

3）常用牌号与用途

低合金刃具钢因耐磨性和淬透性高于碳素工具钢，而低于高速钢，常用作切削软材料、切削速度较低的机用刀具。

常用低合金刃具钢的成分、热处理、性能和用途见表 4.11。

表 4.11　常用低合金刃具钢的成分、性能和用途（摘自 GB/T 1298—2008）

牌　号	化学成分×100				热处理		临界淬透直径	用　途
	w_C	w_{Mn}	w_{Si}	w_{Cr}	淬火/℃	硬度/HRC	D_c油/mm	
9SiCr	0.85~0.95	0.30~0.60	1.20~1.60	0.95~1.25	830~860 油	≥62	36~39	薄刃口刀具，如丝锥、板牙、铰刀、低速钻头等
Cr2	0.95~1.10	—	—	1.30~1.65	830~860 油	≥62	40	低速切削车刀、插刀、铰刀等
9MnSi	0.85~0.95	0.80~1.10	0.30~0.60	—	800~820 油	≥60	—	长铰刀、长丝锥、木工凿子、手用锯条等
CrWMn	1.30~1.50	0.45~0.75	—	1.30~1.60	840~860 油	≥62	—	长丝锥、拉刀等

（3）高合金刃具钢（高速钢）

1）成分特点

碳含量高（$w_C = 0.70\% \sim 1.25\%$），以保证较高的硬度和耐磨性。

合金含量高（$w_{Me} > 10\%$）。主加元素 W、Mo、V 主要是形成 VC、W_2C、Mo_2C 等高硬度合金碳化物，回火时弥散析出，产生二次硬化效应，显著提高钢的硬度、热硬性和耐磨性；VC 还能阻碍奥氏体晶粒长大，细化晶粒。元素 Cr 用以提高钢的淬透性，当 $w_{Cr} = 4\%$ 时，空冷即可得到马氏体组织，故高速钢又称"风钢"。Co 不能形成碳化物，但可以提高高速钢的熔点，进而提高淬火温度，使淬火加热时奥氏体中溶入更多的 W、Mo、V 等元素，促进回火时合金碳化物析出，提高钢的硬度与耐磨性；Co 还可提高钢的热硬性。

2）热处理特点

高速钢需通过正确的热处理获得合金马氏体组织，才具有高的硬度、热硬性和耐磨性。其热处理工艺特点为高温淬火、高温多次回火。

高速钢中 W、Mo、Cr、V 等大量碳化物形成元素只有尽量多地溶解到奥氏体中，淬火后获得高碳高合金马氏体，回火时才能析出合金碳化物，从而保证高速钢获得高的淬透性、淬硬性和热硬性。而这些合金碳化物稳定性很高，需加热到很高的淬火温度，才能使其溶入奥氏体。因此，为使合金碳化物尽量多地溶入奥氏体，其淬火加热温度必须很高（见图 4.5）。

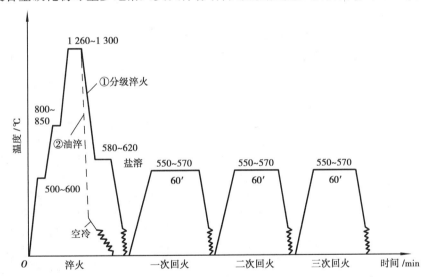

图 4.5　高速钢的淬火、回火工艺曲线

高速钢中合金元素多，热导性差，若直接由室温加热至很高的淬火温度，易产生较大内应力，引起变形甚至开裂。因此，高速钢淬火加热时必须进行预热。形状简单、尺寸较小的刀具在 800~850 ℃一次预热即可；大件或形状复杂的刀具，通常采用 500~650 ℃及 800~850 ℃两次预热，预热时间等于或 2 倍于淬火加热时间。

高速钢淬透性好，空冷也能获得马氏体，但为防止其空冷时发生氧化、脱碳等不良现象，小型或形状简单的刀具实际采用油淬+空冷的淬火方法；形状复杂或淬火变形要求很严的刀具可采用分级淬火方法；对于变形要求极微的精密刀具可采用 260~280 ℃等温淬火。

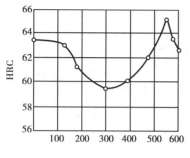

图 4.6 W18Cr4V 硬度与
回火温度的关系

高速钢淬火后都要在 540~570 ℃进行高温回火。高速钢在 540~570 ℃进行高温回火时,由于细小碳化物从马氏体中析出,产生明显的二次硬化效应,出现硬度高点(见图 4.6),使高速钢获得很高的硬度、热硬性和耐磨性。

高速钢淬火加热后的奥氏体中含有大量的碳与合金元素,使马氏体转变的 M_s 和 M_f 温度显著降低,导致淬火后钢中保留大量残余奥氏体(占总量 20%~30%),影响尺寸稳定性。因此,高速钢淬火后必须经过多次回火,以促使残余奥氏体转变为马氏体。通常工艺是在 540~570 ℃温度进行 3 次回火,使残余奥氏体量降至 1%~2%。

高速钢还可根据需要进行渗碳等表面强化处理。渗碳处理后的高速钢,既可提高硬度(1 000~1 100 HV),又能降低刀具与工件间的摩擦因数和咬合性,提高其耐磨性和热硬性,使刀具寿命增加 0.5~2 倍。此外,还可通过蒸汽处理在刀具表面形成一层硬而多孔的 Fe_3O 薄膜,或者应用物理气相沉积法在刀具表面沉积 TiC 覆层,进一步提高刀具硬度、耐磨性和使用寿命。

3)常用高速钢

常用高速钢牌号、化学成分、热处理及硬度见表 4.12。

表 4.12 常用高速钢牌号、成分、热处理及硬度(摘自 GB/T 3080—2001,GB/T 9943—1988)

牌 号	化学成分/%					热处理/℃		硬度/HRC
	w_C	w_{Cr}	w_W	w_{Mo}	w_V	淬火	回火	
W18Cr4V	0.7~0.8	3.8~4.4	17.5~19	≤0.3	1.0~1.4	1 270~1 285	550~570	≥63
W6Mo5Cr4V2	0.8~0.9	3.8~4.4	5.0~6.75	4.5~5.5	1.75~2.2	1 210~1 230	540~560	≥63
W6Mo5Cr4V3	1.0~1.1	3.75~4.5	5.0~6.75	4.75~6.5	2.25~2.75	1 200~1 220	540~560	≥64
W9Mo3Cr4V	0.77~0.87	3.8~4.4	8.5~9.5	2.7~3.3	1.3~1.7	1 220~1 240	540~560	≥63
W18Cr4V2Co5	0.7~0.8	3.75~4.5	17.5~19	0.4~1.0	0.8~1.2	1 280~1 300	540~560	≥63
W6Mo5Cr4V2Al	1.05~1.2	3.8~4.4	5.5~6.75	4.5~5.5	1.75~2.2	1 230~1 240	540~560	≥65

高速钢主要有钨系高速钢(如 W18Cr4V)、钨钼系高速钢(如 W6Mo5Cr4V2)和超硬高速钢(如 W18Cr4VCo5、W6Mo5Cr4V2Al)等 3 大类。

W18Cr4V 是发展最早的钨系高速钢。其热硬性高、耐磨性好、过热与脱碳倾向小,但存在碳化物不均匀度大、脆性大及热塑性差的缺点,故目前较少使用。

W6Mo5Cr4V2 是目前应用广泛的典型钨钼系高速钢。其热硬性、耐磨性与 W18Cr4V 相近;由于合金总量减少且 Mo_2C 均匀细小,碳化物不均匀度得到改善,其强度和韧性高于 W18Cr4V;高温(950~1 100 ℃)热塑性好。因此,W6Mo5Cr4V2 除可制作刀具外,还可用作热扭成形的麻花钻以及强韧性较好的冷作模具。

W18Cr4V2Co5 和 W6Mo5Cr4V2Al 是典型的超硬高速钢,其硬度(67~69 HRC)、耐磨性和热硬性均超过 W6Mo5Cr4V2,主要用作加工硬度高于 32 HRC 的高强度钢、难加工的耐热钢以及特种合金的切削刀具。

除上述高速钢外,为改善高速钢的塑性、韧性,在 W6Mo5Cr4V2 高速钢基础上,发展形成了中碳高速钢(如 6W6Mo5Cr4V2)和基体钢(如 65Cr4W3Mo2VNb)。

(4)硬质合金

硬质合金是以难溶碳化物(如 WC、TiC 等)粉末为主要成分,以金属钴粉末为黏结剂,用粉末冶金法制得的一种粉末冶金材料。

1)硬质合金的性能

由于硬质合金含有大量高硬度的难溶碳化物,故具有很高的硬度(常温 86~93 HRA)、很高的热硬性(1 000 ℃时硬度保持 60 HRC)和很高的耐磨性。因此,硬质合金比高速钢具有更优良的切削性能和更高的使用寿命(寿命提高 5~8 倍)。

2)硬质合金的分类、成分和牌号

按成分不同,硬质合金分为钨钴类、钨钛钴类和钨钛钽(铌)类。

①钨钴类硬质合金

该类合金由 WC 和 Co 组成,其牌号由"YG"("硬钴"的汉语拼音字首)和数字(Co 平均含量的百分数)组成。如 YG6 代表平均 $w_{Co} = 6\%$ 的钨钴类硬质合金。

②钨钛钴类硬质合金

该类合金由 WC、TiC 和 Co 组成,其牌号用"YT"("硬钛"的汉语拼音字首)和数字(TiC 平均含量的百分数)组成。如 YT14 代表平均 $w_{TiC} = 14\%$ 的钨钛钴类硬质合金。

③钨钛钽(铌)类硬质合金

该类合金又称通用硬质合金或万能硬质合金,它由 WC、TiC、TaC(或 NbC)和 Co 组成,其牌号用"YW"("硬万"的汉语拼音字首)与数字(序号)组成。如 YW1 代表 1 号万能硬质合金。

3)硬质合金的应用

硬质合金主要用作切削速度高或加工硬材料及难加工材料的切削刀具。

由于 TiC 的硬度和热稳定性高于 WC,故钨钛钴类硬质合金的硬度、热硬性及耐磨性高于钨钴类硬质合金,而抗弯强度和韧性低于钨钴类硬质合金。因此,钨钴类硬质合金主要用作加工铸铁、铸造有色合金、胶木等脆性材料的高速切削(切削速度 100~300 m/min)刀具;钨钛钴类硬质合金主要用作加工钢、有色合金型材等韧性材料的高速切削(切削速度为 100～300 m/min)刀具,或用作加工较高硬度钢(33～40 HRC)、奥氏体不锈钢等的切削刀具;钨钛钽(铌)类硬质合金因以 TaC(或 NbC)取代钨钛钴类硬质合金中的部分 TiC,其强度和韧性有所改善,既可切削脆性材料,也可切削韧性材料。

由于钴具有较高的韧性,故在同类硬质合金中,钴含量越高,其韧性越高。因此,钴含量较高的硬质合金适宜制造承受冲击较大的粗加工刀具;钴含量较低的硬质合金适宜制造承受冲击较小的精加工刀具。

此外,钨钴类硬质合金还可用作要求高寿命的各类模具(如拉丝模、冷冲模等)、量具和其他耐磨零件(如车床顶尖、无心磨床的导杆等)。

常用硬质合金的牌号、成分和性能见表 4.13。

表 4.13　常用硬质合金的牌号、成分和性能(摘自 GB/T 1348—2009)

类　别	牌　号	化学成分/%				力学性能	
		WC	TiC	TaC	Co	硬度/HRA	抗弯强度/MPa
钨钴类合金	YG3X	96.5	—	<0.5	3	≥91.5	≥1 100
	YG6	94	—	—	6	≥89.5	≥1 450
	YG6X	93.5	—	<0.5	6	≥91	≥1 400
	YG8	92	—	—	8	≥89	≥1 500
	YG8C	92	—	—	8	≥88	≥1 750
	YG11C	89	—	—	11	≥86.5	≥2 100
	YG15	85	—	—	15	≥87	≥2 100
	YG20C	80	—	—	20	82～84	≥2 200
钨钛钴类合金	YT5	85	5	—	10	≥89	≥1 400
	YT15	79	15	—	6	≥91	≥1 150
	YT30	66	30	—	4	≥92.5	≥900
通用合金	YW1	84	6	4	6	≥91.5	≥1 200
	YW2	82	6	4	8	≥90.5	≥1 300

注:牌号中"X"表示该合金是细颗粒;"C"表示该合金是粗颗粒。

4.4.2　模具钢

模具钢是制造各种锻造、冲压或压铸成形工件模具的钢种。根据工作条件和模具种类不同,主要分为冷作模具钢、热作模具钢和塑料模具钢。

(1)冷作模具钢

用于制造冷作模具主要工作零件(如凸模、凹模等)的钢,称为冷作模具钢。冷作模具凸模与凹模工作时,其工作条件与刀具相似,即承受很大的剪切力、冲击力和剧烈摩擦。因此,冷作模具要求较高的强度、硬度(58~64 HRC)、耐磨性和足够的韧性。

1)成分特点

冷作模具钢碳含量高($w_C \geq 0.8\%$),以保证高硬度和高耐磨性。

冷作模具钢中加入 W、Mo、V 等碳化物形成元素,经过适当的热处理可产生二次硬化效应,进一步提高钢的硬度和耐磨性;且能阻止奥氏体晶粒在淬火加热时长大,起到细化晶粒、优化性能的作用。加入 Cr、Mn 用以提高钢的淬透性,减小淬火变形。加入 Si 能显著提高钢的变形抗力和冲击疲劳抗力。

2)热处理特点

碳素工具钢、低合金冷作模具钢因不含合金元素或合金含量低,其最终热处理选用淬火+低温回火,获得回火马氏体和未溶碳化物组织,即可满足硬度和耐磨性要求。

高合金冷作模具钢最终热处理采用淬火后 250~275 ℃回火。因合金含量较高,导热不均匀,为减少热应力,淬火加热可在 550~650 ℃和 820~850 ℃进行两次预热;淬火温度控制在1 000 ℃左右,冷却方式采用油冷;热处理后硬度约为 60 HRC。

3)常用冷作模具钢

尺寸小、形状简单、受力小的冷作模具(如冲裁软材料的冲裁模),可选用碳素工具钢(T7A、T8A、T10A、T12A 等)。

尺寸较大、形状较复杂、淬透性要求较高的冷作模具,一般选用 9SiCr、9Mn2V、CrWMn或 GCr15。

尺寸大、形状复杂、受力大、变形要求小的冷作模具,选用高合金冷作模具钢(Cr12、Cr12MoV、Cr4W2MoV、6W6Mo5Cr4V2 等)。

常用冷作模具钢的成分、热处理、性能和用途见表4.14。

(2)**热作模具钢**

热作模具钢是成形热态金属或液态金属的模具用钢。热作模具主要包括热锻模、热挤压模和压铸模 3 类。

热作模具工作时,模具型腔表面因受热导致温度升高(热锻模 300~400 ℃、热挤压模820~850 ℃、压铸模 1 000 ℃以上),因此热作模具应具有良好的高温强度和硬度(即高的耐回火性)。热作模具工作时,其型腔表面因承受温度循环而产生循环热应力,易出现热疲劳,因此热作模具应具有良好的抗热疲劳性。另外,热作模具还要承受很大的冲击力和摩擦力,应具有足够的高温韧性和较好的耐磨性。

1)成分特点

$w_C = 0.3\% \sim 0.6\%$,确保热作模具钢既有塑性、韧性,又有一定的强度、硬度和耐磨性。加入一定量的 Cr、Ni、W、Mo、V 等,以提高钢的淬透性,减小淬火变形;形成稳定的合金碳化物,增加钢的热耐磨性和高温强度;提高钢的临界点 A_{c1},避免模具在受热或冷却过程中发生相变,产生组织应力,有助于提高钢的抗热疲劳性。

表 4.14　常用冷作模具钢的成分、热处理、性能和用途（摘自 GB 1299—2000）

牌　号	主要化学成分×100			热处理			用　途
	C	Cr	其　他	淬火/℃	回火/℃	硬度/HRC	
T10、T10A	0.95~1.05	—	—	760~780	160~180	≥60	冲裁铝板等软材料，形状简单的小截面冲裁模
CrWMn	0.90~1.05	0.90~1.20	W:0.20~1.60 Mn:0.80~1.10	800~830	160~200	≥62	淬火变形小、形状较复杂、高精度，冲裁铜合金的冷冲模以及铝、铜合金的引深模
9Mn2V	0.85~0.94	—	Mn:1.70~2.00 V:0.10~0.25	780~810	160~200	≥60	替代 CrWMn 钢制作冲裁模及引深模
Cr12MoV	1.45~1.70	11.0~12.50	Mo:0.40~0.60 V:0.15~0.30	950~1 000	160~200	≥58	形状复杂、大截面冲裁钢及硅钢片的冷冲模；软钢、奥氏体不锈钢的引深模；铜、铝合金的冷挤模等
Cr12	2.0~2.3	11.5~13.0	—	950~1 000	160~200	≥60	耐磨性高、较大截面的冷冲模、冲头、螺纹滚丝模、拉丝模、冷剪刀等
Cr4W2MoV	1.12~1.25	3.5~4.0	W:1.80~2.60 Mo:0.80~1.20 V:0.80~1.10	960~980	160~200	≥62	替代 Cr12MoV 钢及 Cr12 钢制作冷冲模、冷挤模、搓丝板等
6W6Mo5Cr4V2	0.55~0.65	3.7~4.3	W:6.0~7.0 Mo:4.5~5.5 V:0.7~1.1	1 180~1 200	550	≥60	铜合金、软钢的冷挤模以及冲头、凹模等

2）热处理特点

热作模具钢锻造后,应采用退火消除锻造应力与缺陷,并调整硬度至 197~241 HBS,以满足切削加工及组织性能的要求。硬度对热作模具钢的高温性能影响较大,硬度越高,热作模具钢的高温强度和热耐磨性越高,但高温韧性和热疲劳抗力越低,综合考量,热作模具钢的硬度宜为 37~52 HRC。其最终热处理采用淬火+中温回火或淬火+高温回火,回火后的组织为回火托氏体或回火索氏体。

3）常用热作模具钢

低合金热作模具钢 5CrMnMo、5CrNiMo 具有较好的高温韧性,可用作小型锤锻模;5CrMnMoSiV、4Cr2NiMoVSi 不仅具有较好的高温韧性,还具有较高的高温强度,常用作压力机锻模或大型锤锻模。中合金热作模具钢 4Cr5MoSiV、4Cr5MoSiV1、4Cr5W2Si 具有高的高温强度,较高的高温韧性,主要用作成形铝合金、铜合金的热挤模和压铸模,也可用作大型压力机锻模。高合金热作模具钢 3Cr2W8V、4Cr3Mo3W2V 具有高的高温强度和热耐磨性,常用作成形低碳钢的热挤模或成形铝合金、铜合金的热挤模和压铸模。

常用热作模具钢的成分、性能和用途见表 4.15。

（3）**塑料模具钢**

用于成型塑料制件和制品的模具称为塑料模具(如注塑模、挤塑模、吹塑模和压塑模等)。用于制造塑料模具主要工作零件的钢称为塑料模具钢。

塑料模具承载不大(如注塑模承受的锁模力为 200~450 MPa),流动的塑料熔体对模腔表面有一定的摩擦作用,某些塑料还会释放腐蚀性气体而产生腐蚀作用。另外,塑料制品一般要求有较高的尺寸精度和较低的粗糙度。因此,塑料模具应具有较高的硬度(>45 HRC),以保证模腔表面有良好的耐磨性和抛光性;应有小的淬火变形,以保证模腔的尺寸精度;对于成型可能释放腐蚀性气体的塑料制品以及成型温度较高的塑料制品,塑料模具还应有良好的耐蚀性和足够的耐热性。

我国尚未形成独立的塑料模具钢系列,通常可根据塑料模具的加工方法,塑料的特性,塑件的尺寸、精度和产量等因素,选用符合要求的其他钢种。

4.4.3　量具钢

量具钢是用以制造卡尺、千分尺、块规等度量工具的钢种,应具有高硬度、高耐磨性和高尺寸稳定性。

（1）**成分特点**

量具钢成分特点与低合金刃具钢相似,含碳量为 0.9%~1.5%,以保证足够的硬度和耐磨性。钢中加入 Cr、W、V 等元素,以提高淬透性,减少淬火变形,同时形成合金碳化物,增加耐磨性、提高耐回火性,并使马氏体或残余奥氏体稳定性增加,在常温时不发生转变,以保证量具的尺寸稳定性。

（2）**热处理特点**

量具的使用要求决定了量具钢的热处理工艺上应采取一些特殊措施,以保证量具的尺寸精度和尺寸稳定性。

表 4.15　常用热作模具钢的成分、性能及用途（摘自 GB/T 1299—2006）

牌号	主要化学成分×100			热处理	高温性能（650 ℃）					用途
	C	Cr	其他	硬度/HRC	σ_b/MPa	σ_s/MPa	δ/%	ψ/%	A_k/J	
5CrMnMo	0.5~0.6	0.6~0.9	Mo:0.15~0.30 Mn:1.20~1.60	—	—	—	—	—	—	小型锤锻模
5CrNiMo	0.5~0.6	0.5~0.8	Mo:0.15~0.3 Ni:1.40~1.80	41	177	142	101	96	36.3	
4CrMnMoSiV	0.35~0.45	1.3~1.5	Mo:0.40~0.60 Mn:1.20~1.60 Si:0.80~1.00 V:0.20~0.60	41	262	204	71.6	96.4	68	大型锤锻模、压力机锻模
4Cr5MoSiV	0.32~0.42	4.5~5.5	Mo:1.20~1.50 Si:0.80~1.20 V:0.30~0.50	50	471	402	33	85.5	36	大型压力机锻模，铝合金、铜合金热挤模，铝合金压铸模
4Cr5MoSiV1	0.32~0.42	4.5~5.5	Mo:1.20~1.50 Si:0.80~1.20 V:0.80~1.10	48	620	556	24	83	66.1	
4Cr5W2VSi	0.32~0.42	4.5~5.5	W:1.60~2.40 Si:0.80~1.20 V:0.60~1.00	49	605	530	21	71	47.1	

牌号									应用
4Cr2NiMoVSi	0.32~0.42	1.54~2.0	Ni:0.80~1.20 Mo:0.80~1.20 Si:0.80~1.20 V:0.30~0.50	40	469	400	38.4	92.5	9.2	大型压力机锻模
3Cr8W2V	0.3~0.4	2.2~2.7	W:7.50~9.00 V:0.20~0.50	43	535	471	11	17.1	27.4	铝、铜合金压铸模，低碳钢热挤模
4Cr3Mo3W2V	0.32~0.42	2.8~3.3	Mo:2.50~3.00 W:1.20~1.80 V:0.80~1.20	44	662	587	21.3	67	31.4	

①在保证高硬度、高耐磨条件下,尽量降低淬火加热温度,减少热应力;淬火加热时要进行预热,减小加热和冷却过程中的温差和淬火应力。淬火冷却采用油冷而不宜采用分级或等温淬火,以降低残余奥氏体含量。低温回火时间长一些,以提高组织稳定性,保证量具的尺寸精度。

②精度要求较高的量具淬火后要进行深冷处理,促使残余奥氏体转变为马氏体,深冷处理温度-80~-70 ℃;精度要求特别高的量具,在回火后还要再进行一次冷处理,以进一步消除残余奥氏体,并相应地再增加一次低温回火。

③量具最后一道工序一般是磨削加工,在该工序后,再进行一次去应力回火,消除残余应力,使量具尺寸进一步稳定。

(3)常用量具钢

①形状简单、精度要求不高的量具(如卡尺、样板等),选用碳素工具钢。

②形状简单、精度不高、承受冲击的量具及大型量具,选用渗碳钢。

③精度要求较高的量具(如块规、塞尺等),选用高碳低合金工具钢(如 Cr2、GCr15、CrMn、CrWMn 等)。

4.5　特殊性能钢

具有特殊物理、化学和使用性能的钢称为特殊性能钢,简称特殊钢。常用特殊钢有不锈钢、耐热钢和耐磨钢。

4.5.1　不锈钢

在自然环境或一定工业介质中具有耐腐蚀性、不易锈蚀的钢称为不锈钢。不锈钢在石油、化工、市政建设、广告装潢和家庭装修等行业应用广泛。不锈钢按成分特点分为铬不锈钢和铬镍不锈钢;按组织特点分为铁素体不锈钢、马氏体不锈钢和奥氏体不锈钢。

(1)金属腐蚀概念

金属的腐蚀形式主要有化学腐蚀和电化学腐蚀两种。化学腐蚀是金属直接与周围介质(非电解质)发生化学反应形成的腐蚀;电化学腐蚀是金属在酸、碱、盐等电解质溶液中由于原电池作用而产生的腐蚀。

钢中不同的相或微小区域具有不同的电极电位,如铁素体的电极电位比碳化物的低,晶界处、塑性变形区和温度较高区的电极电位比晶内、未塑性变形区和温度较低区的低。处在自然环境中的钢,其表面吸附大气中的水分形成一层薄薄的水膜而成为电解质溶液,钢表面两个相邻不同电极电位的部分与电解质溶液可形成微电池,电位低的区域为阳极,电位高的区域为阴极。微电池在阳极发生氧化反应,铁原子变成离子进入溶液,在阳极区留下价电子,在阴极发生还原反应,电子和氢原子生成氢气。在反应中,电位高的阴极区没有铁原子参与反应而受到保护,电位低的阳极区因铁原子不断变成离子而被腐蚀,即产生了电化学腐蚀。发生在晶界处的电化学腐蚀称为晶间腐蚀,晶间腐蚀是钢电化学腐蚀的主要形式。

钢的腐蚀主要是电化学腐蚀,且钢中各相或微区间的电极电位差越大,其腐蚀速度越快。

（2）钢防腐蚀的合金化原理

从钢腐蚀的基本原理可知,防止腐蚀的方法大致分为两类:一类是阻隔钢表面与大气的接触,防止钢表面吸附空气中的水分,阻止微电池的形成和产生化学腐蚀（如表面镀金属、涂覆非金属层等）。另一类是通过合金化,提高基体钢的电极电位,降低钢表面各相或各微区之间的电极电位差,甚至形成单一相,减缓电化学腐蚀速度,提高材料的耐腐蚀能力。

加入合金元素 Cr、Ni、Si 等可提高基体金属的电极电位,能有效提高钢的耐蚀性。当 Cr 加入铁碳合金中形成固溶体时,固溶体的电极电位随其含量的增加呈跳跃式升高,因此一般不锈钢中的 Cr 含量均超过 13%。Si 的加入虽然可以提高基体金属电极电位,但当其含量超过 4% 时,会增加钢的脆性。

合金元素的加入会引起 A_1、A_3 温度变化,改变相区形状,使钢在室温下获得单相固溶体组织。如加入 Ni、Mn 等元素可扩大奥氏体相区,室温下得到单相奥氏体组织,Cr 含量超过 13% 时,可得到单相铁素体组织。单相组织的钢内部微区间电极电位差极小,可以显著减缓电化学腐蚀速度。

钢中的合金元素还可使钢表面形成结构致密、不溶于腐蚀介质的氧化保护膜,阻断钢与电解质溶液的接触。如在钢中加入 Cr 可在表面很快形成一层致密、稳定并与基体金属牢固结合的 Cr_2O_3 钝化膜,有效防止或减轻钢的腐蚀。

不锈钢的碳含量一般不宜太高,因为碳含量较高时,碳会以碳化物形式析出,增加微电池数量,同时由于碳与 Cr 生成合金碳化物而降低 Cr 含量,导致基体金属电极电位降低,对提高金属的耐蚀性不利。因此,不锈钢的理想碳含量一般为 0.1%～0.2%。要求高硬度、高耐磨性的不锈钢,其碳含量才会增加到 0.85%～0.95%,但会相应地提高 Cr 的含量,以均衡其力学性能与耐蚀性的要求。

（3）铬不锈钢

铬不锈钢的 C 含量为 0.1%～1.0%,Cr 含量为 13%～18%。高 Cr 使其淬透性能良好,易形成马氏体,故又称马氏体不锈钢;高 Cr 使钢的电极电位显著升高,并在钢表面形成 Cr_2O_3 保护膜,从而提高耐蚀性。铬不锈钢中碳含量远高于耐蚀性要求的理想含量,虽然其硬度、强度、耐磨性显著提高,但耐蚀性能受到影响。因此,铬不锈钢多用于制造力学性能要求较高、耐蚀性要求相对较低的产品,如手术刀片、医疗器械、汽轮机叶片、水压机阀、螺栓等。

常用铬不锈钢的成分、热处理、性能和用途见表 4.16。

（4）铬镍不锈钢

铬镍不锈钢的碳含量一般低于 0.15%,Cr 含量为 17%～20%,Ni 含量为 8%～11%。其中,最常见的是 $w_{Cr}=18\%$、$w_{Ni}=9\%$ 的 18-8 型不锈钢（如 0Cr18Ni9、1Cr18Ni9、1Cr18Ni9Ti 等）。

合金元素 Ni 使钢的 A_1 和 M_s 温度降至室温以下,经固溶处理后获得单相奥氏体组织,故又称奥氏体不锈钢。Cr 的作用是提高奥氏体的电极电位,并在钢表面形成 Cr_2O_3 保护膜。Ti、Nb 能形成稳定碳化物（TiC、NbC）,避免在晶界上沉淀析出 $Cr_{23}C_6$ 形成贫 Cr 区,从而防止晶间腐蚀。

表 4.16 常用铬不锈钢的成分、热处理、性能和用途（摘自 GB/T 1220—2007）

牌号	主要化学成分×100			热处理		力学性能				用途
	C	Cr	其他	淬火/℃	回火/℃	σ_b/MPa	δ×100	Ψ×100	HRC	
1Cr13	≤0.15	11.5~13.5	—	1 000~1 050	700~750	≥540	≥52	≥55	—	耐弱腐蚀介质、受冲击、高韧性的零件，如汽轮机叶片、水压机阀、机载雷达齿轮等
2Cr13	0.16~0.25	12.0~14.0	—	1 000~1 050	600~750	≥635	≥20	≥50	—	
3Cr13	0.26~0.40	12.0~14.0	—	1 000~1 050	200~300	≥735	≥12	≥40	≥48	热油泵轴、阀门、弹簧、手术刀片及医疗器械等
4Cr13	0.35~0.45	12.0~14.0	—	1 000~1 050	200~300	—	—	—	≥50	
9Cr18	0.90~1.00	17.0~19.0	—	1 000~1 050	200~300	—	—	—	≥56	不锈切片刀具、手术刀片、耐蚀工具、耐蚀轴承、耐磨零件等
Cr18MoV	0.95~1.05	17.0~19.0	Mo:0.8~1.2 V:0.5~0.8	10 00~1 050	150~200	—	—	—	≥59	

表 4.17　部分常用铬镍不锈钢的成分、热处理和性能（摘自 GB/T 1220—2007）

牌　号	主要化学成分×100				固溶处理	力学性能				
	w_C	w_{Cr}	w_{Ni}	w_{Ti}	温度／℃	σ_b /MPa	$\sigma_{0.2}$ /MPa	$\delta×100$	$\Psi×100$	HRC
0Cr19Ni9	≤0.08	18.0~20.0	8.0~10.5	—	1 010~1 150	≥520	≥205	≥40	≥60	≤187
1Cr19Ni9	≤0.15	17.0~19.0	8.0~10.5	—	1 010~1 150	≥520	≥205	≥40	≥60	≤187
1Cr18Ni9Ti	≤0.12	17.0~19.0	8.0~11.0	≤0.42	1 030~1 100	≥520	≥205	≥40	≥60	≤187

铬镍不锈钢常用的热处理工艺有固溶处理、稳定化处理和去应力退火。固溶处理是将铬镍不锈钢加热到 1 100 ℃ 左右保温,使碳化物全部溶于奥氏体后,快速冷却获得单相奥氏体组织的热处理工艺。稳定化处理是将含 Ti、Nb 的奥氏体不锈钢固溶处理后,再加热到 850～900 ℃ 保温 1～4 h 后空冷的处理工艺,目的是使 $Cr_{23}C_6$ 溶解,而 Ti、Nb 碳化物部分保留,从而防止晶间腐蚀。去应力退火是将经冷加工或焊接后的铬镍不锈钢加热至 300～350 ℃ 回火,以消除残余应力。

部分常用铬镍不锈钢的成分、热处理和性能见表 4.17。

4.5.2 耐磨钢

耐磨钢又称高锰钢,是指在巨大压力和高冲击载荷作用下能产生表面硬化、具有高耐磨性的钢。

高锰耐磨钢的主要成分为 C 和 Mn。高碳(w_C = 0.9%～1.5%)保证其有足够强度、硬度和耐磨性,但碳含量过高会影响钢的韧性,故一般不超过 1.3%。高锰(w_{Mn} = 11.0%～14.0%)可扩大奥氏体相区,得到奥氏体组织,增加其加工硬化率并提高韧性,但锰含量过高会增大冷却时的收缩量,易形成热裂缝,降低钢的硬度和韧性。故高锰耐磨钢中 C 与 Mn 的含量比例取 1:10 为宜。

高锰耐磨钢的机械加工性能差,通常都是铸造成形。铸造成形的高锰钢(如 ZGMn13)铸态组织基本上是奥氏体和残余碳化物 $(Fe,Mn)_3C$。由于碳化物主要沿晶界析出,使钢的脆性增加、韧性下降,并影响耐磨性。因此,高锰耐磨钢必须进行"水韧处理",即加热至 1 000～1 100 ℃ 高温保温一段时间,使碳化物充分溶于奥氏体,然后水冷。水韧处理可获得均匀的、具有很高冲击韧性的高碳过饱和单相奥氏体。当其受到强烈冲击、巨大压力或剧烈摩擦时,迅速产生加工硬化,硬度可从 20 HRC 左右提高到 50～56 HRC,硬化层深度一般为 10～20 mm,硬化层下仍为高韧性的奥氏体组织。即使表面硬化层被逐渐磨损掉,由于强大压力和冲击载荷的作用,加工硬化产生的硬化层也会不断向内发展,保证耐磨钢工作面的高硬度和耐磨性能。

高锰耐磨钢主要用作承受高压力、高冲击及强烈摩擦的耐磨零件,如锤式破碎机的锤头、球磨机衬板、挖掘机斗齿、坦克和拖拉机履带板等。

对于工作压力不大而主要要求耐磨的零件,一般不选用高锰钢。而通常采用中碳低合金钢(如 41Mn2SiRE、55SiMnCuRE 等)。41Mn2SiRE 经 850 ℃ 淬火、400～450 ℃ 回火,硬度可达 38～45 HRC,具有较好的耐磨性,可制作拖拉机等农机器具履带;55SiMnCuRE 经 780～820 ℃ 淬火、200～250 ℃ 低温回火,硬度可达 50 HRC,具有较好的耐磨性、耐蚀性和韧性,可用于制作推土机铲刀和犁铧等。

4.5.3 耐热钢

耐热钢是指具有高温化学稳定性和热强性,能在高温下持续工作的钢。耐热钢常用于制造蒸汽锅炉、燃气涡轮、喷气发动机等构件和零件,工作环境温度一般在 450 ℃ 以上。

高温化学稳定性又称高温抗氧化性,是指钢在高温下长期工作时抵抗氧化的能力。在钢中加入 Cr、Al、Si 等元素,能在钢的表面生成稳定而致密的氧化膜,以提高钢的抗氧化能力。C 对钢的抗氧化性不利,因为 C 易与 Cr 形成 Cr 的碳化物,减少基体中含铬量,从而产生晶间腐蚀,故耐热钢的碳含量一般为 0.1%~0.2%。

热强性是指钢在高温静载荷作用下抵抗缓慢塑性变形(称为"蠕变")的能力。在钢中加入 Cr、Mo、W、Ni 等元素,通过合金元素对固溶体的固溶强化、对晶界的强化,以及合金碳化物的弥散析出强化,能提高钢的热强性。

耐热钢按其组织特点分为珠光体耐热钢、马氏体耐热钢、铁素体耐热钢和奥氏体耐热钢等 4 类,后 3 类是在铬不锈钢、铬镍不锈钢基础上发展起来的。常用珠光体耐热钢有 15CrMo、12CrMoV、25Cr2MoVA、35CrMoV 等,主要用作工作温度低于 600 ℃的耐热零件,如锅炉炉管、热紧固件、汽轮机转子、叶轮等。常用马氏体耐热钢有 1Cr13、1Cr11MoV、4Cr9Si2 等,主要用作承载较大、工作温度低于 650 ℃的耐热零件,如汽轮机叶片、内燃机进气阀、发动机排气阀等。常用奥氏体耐热钢有 1Cr18Ni9Ti、4Cr14Ni14W2Mo 等,主要用作工作温度为 650~700 ℃的耐热零件,如加热炉炉管、退火炉炉罩及汽轮机零件等。常用铁素体耐热钢有 1Cr17、2Cr25N 等,主要用作工作温度低于 900 ℃的耐热零件,如散热器、喷嘴、燃烧室等。

4.6　铸　铁

铸铁是 $w_C>2.06\%$,以铁和碳为基本组元并含有较多硅、锰、磷、硫等杂质元素的合金。铸铁因具有良好的铸造性能,熔炼方便,价格便宜,在工业生产中应用广泛。

铸铁中的碳主要以渗碳体(Fe_3C)或石墨(G)的形式存在。根据碳的存在形式不同,铸铁可分为 3 大类。

1)白口铸铁

白口铸铁是指碳全部形成渗碳体的铸铁,断口呈银白色。白口铸铁硬度高,塑性、韧性差,难以切削加工,一般不直接用于制造机械零件。

2)灰口铸铁

灰口铸铁是指碳主要以石墨形式存在的铸铁,断口呈灰色。根据铸铁中石墨形态的不同,灰口铸铁又分为灰铸铁、球墨铸铁和可锻铸铁等。灰铸铁是机械制造中最常用的铸铁。

3)麻口铸铁

麻口铸铁中的一部分碳形成石墨,另一部分碳形成渗碳体,断口呈麻灰色。因麻口铸铁中渗碳体较多,故其性质与白口铸铁相似,一般也不用于制造零件。

4.6.1　铸铁中碳的石墨化

铸铁中的碳以石墨形式析出的现象称为铸铁的石墨化。石墨是一种简单六方晶体,其强度、硬度和塑性均极低($\sigma_b\approx20$ MPa,3~5 HBS,$\delta\approx0\%$)。与铸铁基体组织相比,石墨的力学性能几乎为零。

(1)铸铁的石墨化过程

铸铁自高温液态冷却时,碳可形成渗碳体,也可形成石墨。因此,反映铸铁结晶过程的铁碳状态图可有两种形式:Fe-FeC 状态图和 Fe-G 状态图,如图 4.7 所示。

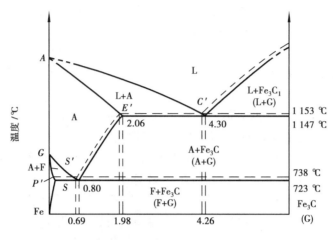

图 4.7 铁碳合金双重相图

图 4.7 中实线表示 Fe-FeC 状态图,虚线表示 Fe-G 状态图,重合部分只标实线。

由图 4.7 可知,铸铁的石墨化过程可分为 3 个阶段:从液相中结晶出一次石墨和在共晶温度形成共晶石墨;由共晶温度冷至共析温度时,从奥氏体中析出二次石墨;在共析温度形成共析石墨。

上述 3 个阶段的石墨化程度不同,则铸铁的组织不同,铸铁石墨化程度与组织的关系见表 4.18。

表 4.18 铸铁石墨化程度与组织的关系

铸铁名称	石墨化进行程度			铸铁的显微组织
	第一阶段	第二阶段	第三阶段	
灰口铸铁	完全石墨化		完全石墨化	铁素体(F)+石墨(G)
			部分石墨化	铁素体(F)+珠光体(P)+石墨(G)
			未石墨化	珠光体(P)+石墨(G)
白口铸铁	未石墨化		未石墨化	珠光体(P)+莱氏体(Ld)

(2)铸铁石墨化的影响因素

影响铸铁石墨化的因素很多,最主要的是铸铁的化学成分和结晶时的冷却速度。

1)化学成分的影响

铸铁主要由 Fe、C、Si、Mn、S、P 等元素组成。C 和 Si 是强烈促进石墨化的元素,铸铁中碳含量和硅含量越高,石墨化越充分;Mn、S 是阻碍石墨化的元素,易使 C 形成渗碳体,促使铸铁白口化;P 对石墨化影响不大。要使 C 主要以石墨形式存在,获得灰口铸铁,可适当提高铸铁中 C 和 Si 的含量,限制 Mn、S、P 的含量。

2)冷却速度的影响

一定成分的铸铁,其石墨化程度决定于冷却速度。铸铁的冷却速度越慢,越有利于石墨化;反之,则易于得到白口铸铁。生产中,适当增加铸件壁厚及使用保温能力较好的造型材料,均有利于防止铸件出现白口铸铁组织。铸铁的 C 和 Si 含量(成分)、铸件壁厚(冷速)对铸铁组织的综合影响如图 4.8 所示。

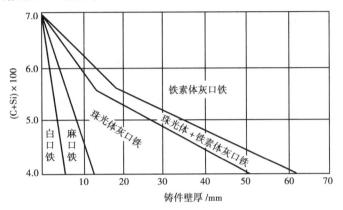

图 4.8　铸铁成分和冷却速度(铸件壁厚)对铸铁组织的影响

4.6.2　灰铸铁

石墨呈片状分布的铸铁称为灰铸铁。

(1)灰铸铁的成分、组织与性能

1)灰铸铁的成分与组织

灰铸铁的成分一般是 $w_C = 2.5\% \sim 4.0\%$, $w_{Si} = 1.0\% \sim 2.5\%$, $w_{Mn} = 0.6\% \sim 1.2\%$, $w_P \leqslant 0.30\%$, $w_S \leqslant 0.15\%$ 。

灰铸铁的组织由基体和片状石墨组成。因第三阶段石墨化程度不同,基体可分为铁素体、珠光体、铁素体加珠光体 3 种。故灰铸铁有 3 种不同的组织:铁素体基体上分布着片状石墨,珠光体基体上分布着片状石墨,铁素体和珠光体基体上分布着片状石墨(见图 4.9)。

(a)F灰铸铁(200×)　　　(b)F-P灰铸铁(250×)　　　(c)P灰铸铁(250×)

图 4.9　灰铸铁的显微组织

2)灰铸铁的性能

灰铸铁的力学性能与其组织密切相关。灰铸铁的组织可视为在钢或工业纯铁的基体上分布着片状石墨。力学性能极差的片状石墨相当于裂缝,对基体起割裂作用而使其抗拉强度、塑性和韧性显著下降,但对抗压强度和硬度影响不大。因此,与钢或工业纯铁相比,灰铸铁的抗拉强度、塑性和韧性很低,而抗压强度和硬度变化不大。而且片状石墨越粗大、数量越多,灰铸铁的抗拉强度、塑性和韧性越低;基体中珠光体越多,灰铸铁的抗压强度和硬度越高。由此可知,改善灰铸铁抗拉强度、塑性和韧性的有效途径是细化石墨。其方法是孕育处理,即在浇注前向铁水中加入少量孕育剂(常用硅铁和硅钙合金),以细化组织中的片状石墨。经孕育处理后的铸铁称为孕育铸铁。

由于灰铸铁中石墨的作用,使灰铸铁具有钢所不及的以下其他性能:

①良好的铸造性能

由于熔点较低、流动性好;凝固和冷却时析出比容较大的石墨,使铸铁的收缩率小,故铸造性能好。

②良好的切削加工性

由于石墨使切屑易脆断,铸铁切屑呈碎粒状而便于排屑;石墨可起到一定的润滑作用,降低刀具磨损,使铸铁表现出良好的切削加工性。

③良好的减摩性

由于石墨的自润滑作用,能有效减少零件之间的摩擦和磨损。

④良好的减振性

由于石墨割裂基体,能阻止振动的传播,而具有吸收振动能的作用。

(2)**灰铸铁的牌号和应用**

灰铸铁的牌号用"灰铁"的汉语拼音首字母"HT"和表示抗拉强度的一组数字组成。例如,HT200 中 HT 表示灰铸铁,200 表示 $\sigma_b \geqslant 200$ MPa。

常用灰铸铁的牌号、性能及主要用途见表4.19。

表4.19 常用灰铸铁的牌号、性能及主要用途

牌　号	σ_b/MPa	旧牌号(GB 976—67)	主要用途
HT100	≥100	HT10-26	受力很小、不重要的铸件,如盖、手轮、重锤等
HT150	≥150	HT15-33	受力不大的铸件,如底座、罩壳、刀架座、普通机器座子等
HT200 HT250	≥200 ≥250	HT20-40 HT25-47	较重要的铸件,如机床床身、齿轮、划线平板、冷冲模上托、底座等
HT300 HT350	≥300 ≥350	HT30-54 HT35-61	要求高强度、高耐磨性、高度气密性的重要零件,如重型机床床身、机架、高压油缸、泵体等

鉴于灰铸铁的性能特点,灰铸铁主要用于受力不大或主要受压、形状复杂而需要铸造成型的薄壁空腔零件,如各种手轮、支座、机床床身、机架及冷冲模模架等。

(3)**灰铸铁的热处理**

灰铸铁的力学性能主要与片状石墨的形态和大小有关,而片状石墨的形态与大小主要在结晶时形成,故热处理只能改变基体组织,不能改变石墨的形态与大小。因此,热处理对改善

灰铸铁的抗拉强度、塑性和韧性等作用不大。热处理的主要目的是消除铸造应力和提高铸铁表面硬度与耐磨性。

1）低温退火

将灰铸铁件加热至 530~550 ℃，保温后缓慢冷却的方式，称为低温退火。其作用是消除铸件的铸造内应力，防止铸件变形，稳定尺寸。

实际生产中，当条件（主要是时间）允许时，常将铸铁件在露天长期放置（数月乃至数年），以达到减小铸造应力的目的，这种处理称为天然稳定化处理，又称"天然时效"。

2）表面淬火

将灰铸铁件的局部表面快速加热到 900~1 000 ℃高温，然后进行快冷（如喷水）淬火，使零件表面获得一层马氏体加石墨的淬硬层，以提高灰铸铁件表面硬度和耐磨性，提高疲劳抗力。

另外，灰铸铁还可根据需要进行正火或高温退火消除少量白口组织、改善切削性能。

4.6.3　球墨铸铁

石墨呈球状分布的铸铁称为球墨铸铁，简称球铁。

（1）球墨铸铁的成分、组织与性能

在铸铁液中加入球化剂进行球化处理后可得到球墨铸铁，常用的球化剂是镁和稀土硅铁镁合金两种。与灰铸铁相比，球墨铸铁的成分特点是碳、硅含量更高，对杂质元素限制较严，其成分范围为 $w_C = 3.7\% \sim 4.0\%$，$w_{Si} = 2.0\% \sim 2.8\%$，$w_{Mn} = 0.6\% \sim 0.8\%$，$w_S \leqslant 0.04\%$，$w_P \leqslant 0.1\%$，$w_{Mg} = 0.03\% \sim 0.05\%$，$w_{RE} = 0.03\% \sim 0.05\%$。

球墨铸铁的组织由基体组织和球状石墨组成。其基体组织有铁素体、珠光体、铁素体加珠光体以及下贝氏体等多种（见图 4.10）。

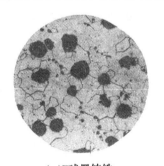 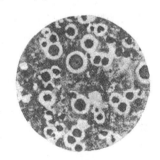 

(a)F球墨铸铁　　　　　　(b)F-P球墨铸铁　　　　　　(c)P球墨铸铁

图 4.10　球墨铸铁的显微组织

与片状石墨相比，球状石墨对基体的割裂作用大为减弱，基体组织的性能可较充分地发挥作用。因此，球墨铸铁的抗拉强度与某些钢相近，塑性和韧性大为改善（但仍低于钢），同时也具有较好的铸造性、良好的切削加工性、良好的耐磨性和减振性。

（2）球墨铸铁的牌号和应用

球墨铸铁的牌号由"球铁"的汉语拼音首字母"QT"和两组数字组成。第一组数字表示最低抗拉强度,第二组数字代表最小伸长率。

常用球墨铸铁的牌号、组织和性能见表4.20。

表4.20　球墨铸铁的牌号、组织和性能(GB 1348—88)

牌　号	基体组织	σ_b/MPa	$\sigma_{0.2}$/MPa	$\delta \times 100$	硬度/HBS
		≥			
QT400-18	铁素体	400	250	18	130~180
QT400-15	铁素体	400	250	15	130~180
QT450-10	铁素体	450	310	10	160~210
QT500-7	铁素体+珠光体	500	320	7	170~230
QT600-3	铁素体+珠光体	600	370	3	190~270
QT700-2	珠光体	700	420	2	225~305
QT800-2	珠光体或回火组织	800	480	2	245~335
QT900-2	贝氏体或回火马氏体	900	600	2	280~360

由于球墨铸铁的强度高,有一定的塑性和韧性,而且可通过热处理来调整基体组织、改善性能。因此,球墨铸铁有时被用来代替45钢生产受力较大、受冲击与振动、形状复杂的较重要零件和耐磨零件,如柴油机曲轴、压缩机气缸、连杆、齿轮、凸轮轴、锻锤座等,也可代替灰铸铁生产要求更高的箱体类零件及压力容器。

(3)球墨铸铁的热处理

因为球墨铸铁的力学性能与基体组织有关,通过热处理可改变球墨铸铁的基体组织,从而改善其力学性能。球墨铸铁的热处理与钢相似,其常用的热处理如下:

1)去应力退火

去应力退火是指将球墨铸铁加热至550~650 ℃,保温后缓冷至200~250 ℃出炉空冷的方法。其目的是消除铸造应力。由于球墨铸铁铸造后产生残余应力的倾向比灰铸铁大,故对形状复杂、壁厚不均匀的铸件,应及时进行去应力退火。

2)正火

球墨铸铁正火的目的是增加基体组织中珠光体的数量和减小珠光体的层间距,提高强度、硬度和耐磨性。正火分为高温正火和低温正火两种。

①高温正火

将铸铁加热至900~950 ℃,保温1~3 h,使基体组织全部奥氏体化,然后空冷、风冷或喷雾冷却,以获得层间距较细的珠光体基体。

②低温正火

将铸铁加热至820~860 ℃,保温1~4 h,使基体组织部分奥氏体化,然后空冷,以获得珠光体+铁素体的基体组织,从而提高铸件的韧性和塑性。

3）等温淬火

等温淬火是发挥球墨铸铁性能潜力最有效的工艺方法。通过等温淬火，获得下贝氏体基体，使球墨铸铁具有高强度、高硬度和较高韧性的良好配合，可满足高速、大功率、复杂受力等工作条件下零件力学性能的要求，但等温淬火工艺目前只适用于截面尺寸不大的零件。

4）调质

球墨铸铁调质后，可获得回火索氏体基体加球状石墨的调质组织，具有较好的综合力学性能。调质主要适用于受力复杂的重要零件，如连杆、曲轴等。

5）软氮化

对球墨铸铁进行软氮化，可在球墨铸铁表面形成较高硬度的渗氮层，从而提高铸件的疲劳抗力、表面硬度和耐磨性。

4.6.4　其他铸铁

（1）可锻铸铁

石墨呈团絮状分布的铸铁称为可锻铸铁。由白口铸铁经石墨化退火可获得可锻铸铁。

可锻铸铁的组织由基体和团絮状石墨组成。根据基体组织不同，可锻铸铁主要有铁素体可锻铸铁和珠光体可锻铸铁。

由于团絮状石墨对基体的割裂作用比片状石墨小，故可锻铸铁的强度和韧性好于灰铸铁，但并不可锻。

可锻铸铁主要用于制造承受冲击和振动的零件，如农用机械、汽车及机床零件、管道配件、柴油机曲轴、连杆、凸轮轴等。由于可锻铸铁的石墨化退火时间较长、能耗高、生产率低、力学性能不如球墨铸铁，故其应用正逐步减少。

（2）蠕墨铸铁

蠕墨铸铁是指石墨呈蠕虫状形态的铸铁，它是近 20 年来发展起来的一种新型铸铁。

在铁水中加入蠕化剂后可得到蠕墨铸铁。常用的蠕化剂有稀土镁钛和稀土镁钙合金。

由于蠕虫状石墨对基体的割裂作用小于片状石墨而大于球状石墨，因此蠕墨铸铁的力学性能介于灰铸铁与球墨铸铁之间。

蠕墨铸铁已在机械制造中推广应用，主要用于代替灰铸铁或铸钢生产汽车底盘零件、变速箱箱体、汽缸盖、汽缸套、钢锭模和液压阀等。

（3）合金铸铁

合金铸铁是指含有合金元素并具有某些特殊性能的铸铁。

根据加入的合金元素不同，合金铸铁可具有不同的物理、化学或力学性能。常用的合金铸铁有以下两种：

1）耐蚀铸铁

在铸铁中加入硅、铝、铬等合金元素使其表面形成致密的保护膜，或在铸铁中加入铜、镍、钼等元素以提高基体的电极电位，均能使铸铁获得良好的耐蚀性。应用较普遍的耐蚀铸铁有高铝耐蚀铸铁、高铬耐蚀铸铁和高硅耐蚀铸铁，主要用于化工行业中的泵体、蒸馏塔、耐酸管道等。

2）耐磨铸铁

在铸铁中加入铬、钼、磷、锰等合金元素，可使铸铁基体组织中铁素体减少，珠光体或马氏体增加，并形成一些高硬度化合物，使铸铁获得良好的耐磨性。常用的耐磨铸铁有磷铬钼铸铁、磷铬钼铜铸铁、稀土镁钒钛铸铁、稀土镁锰铸铁等，主要用于制造发动机汽缸套、球磨机衬板、磨球以及拖拉机配件等耐磨零件。

思考题

1.合金元素主要以什么形式存在于钢中？

2.合金钢淬火变形倾向较小的原因是什么？

3.何谓二次硬化？何谓高温回火脆性？

4.试从表4.21所列的几个方面，小结对比几类结构钢的主要特点。

表4.21　合金结构钢的主要特点

钢的种类	$w_C \times 100$	常用牌号	最终热处理	主要性能及用途
合金渗碳钢				
合金调质钢				
合金弹簧钢				
滚动轴承钢				

5.W18Cr4V 和 W6Mo5Cr4V2 是什么钢？简要分析两个钢的性能特点及其成分、性能的差异。

6.试从表4.22所列的几个方面，小结对比几类工具钢的主要特点。

表4.22　工具钢的主要特点

材料种类	常用牌号	淬火硬度/HRC	主要特点对比			
			淬透性	热硬性/℃	耐磨性	强　度
碳素工具钢						
低合金刃具钢						
冷作模具钢						
高速钢						

7."高速钢因含大量合金元素，淬火硬度高于其他工具钢，故适于作现代高速切削刀具。"此说法对不对？为什么？

8.钳工用废的锯条（T8、T10A），烧红（600 ℃ 或 800 ℃）后空冷，即可变软，而机用锯条

（W18Cr4V、W6Mo5Cr4V2），烧红（900 ℃）后空冷，却仍然相当硬，为什么？

9.何谓不锈钢？合金钢都耐腐蚀吗？

10.铸铁分为哪几类？分类的主要依据是什么？

11.影响石墨化的主要因素有哪些？

12.灰铸铁的组织、性能有何特点？其热处理和主要用途是什么？

13.球墨铸铁的组织、性能有何特点？其热处理和主要用途是什么？

14.灰铸铁和球墨铸铁的牌号怎样表示？

第 **5** 章

有色金属材料

有色金属材料又称非铁金属,是指除钢铁材料以外的各种金属材料。有色金属及合金具有许多有别于钢铁材料的特殊性能,如耐蚀性好、比强度(强度与密度之比)高、导电性好及耐热性高等。因此,有色金属材料广泛应用于电器、电子、仪表、机电等行业,特别在航空、航海及航天工业中具有举足轻重的作用。本章主要介绍机械工程中常用的铝及其合金、铜及其合金的成分、组织和性能。

粉末冶金材料是指用粉末冶金法制取的金属材料。粉末冶金材料具有独特性能,在机械、家电、电子等行业得到广泛应用。

5.1 铝及铝合金

铝及铝合金是当前使用量最多的有色金属,铝的资源十分丰富,其矿藏储量占地壳构成物质的8%以上。铝具有许多优良的特性,如密度小、熔点低、导电性好、导热性好、耐腐蚀、塑性好等。因此,广泛应用于生活中的各个方面,成为人类应用的第二大金属。

5.1.1 纯铝

纯铝的熔点低(660.4 ℃)、密度小(仅为钢的 1/3 左右)、导电性和导热性好(仅次于铜和银);对大气和淡水具有良好的耐腐蚀性,但对酸、碱、盐的耐蚀性较差;铝具有面心立方晶格,故塑性好,但抗拉强度较低。纯铝的具体性能见表 5.1。

表 5.1 工业纯铝的室温力学性能

纯度/%	$\sigma_{0.2}$/MPa	σ_b/MPa	δ_5/%	硬度/HBW
99.99	10	45	50	10
99.80	20	60	45	13
99.70	26	65	—	—

续表

纯度/%	$\sigma_{0.2}$/MPa	σ_b/MPa	δ_5/%	硬度/HBW
99.60	30	70	43	19
99.50	30	85	30	—

纯铝可分为高纯铝和工业纯铝。高纯铝(w_{Al}>99.85%)根据纯度不同,可分为 LG1,LG2,LG3,LG4,LG5 这 5 个代号。其中,代号中 LG 是"铝高"的汉语拼音字首,数字代表序号(数字越大代表纯度越高)。由于高纯铝具有很好的导电性、可塑性、光反射性、延展性和耐蚀性等性能,广泛应用于电子、能源、交通、计算机、航天和化工等领域,如制造电子铝箔、铝反射镜、磁悬浮体材料、集成电路用键合线等。工业纯铝的纯度为 99%~99.85%,常以丝、线、箔、片、棒、管等各种规格的压力加工产品供用户使用。工业纯铝按纯度不同,有 L1,L2,L3,…,L7 这 7 个代号。其中,代号中的字母 L 是"铝"的汉语拼音字首,数字代表序号(数字越大代表纯度越低)。工业纯铝主要用作导电体、导热体、耐大气腐蚀且强度要求不高的用品和制件,如导线、散热片等。

5.1.2　铝合金

为了改善铝的性能,在铝中加入某些合金元素所形成的合金,称为铝合金。铝合金因加工硬化,而具有较高的强度;某些铝合金还可通过热处理强化进一步提高强度。因此,铝合金的比强度高,可用作质量轻的受力构件。

(1)铝合金的分类

根据成分和工艺特点不同,铝合金可分为变形铝合金和铸造铝合金。变形铝合金又可分为可热处理强化铝合金和不可热处理强化铝合金。

常用铝合金状态图一般为共晶状态图。如图 5.1 所示,成分位于 D 点以右的铝合金,因产生不同程度的共晶结晶,流动性较好而适宜于铸造,称为铸造铝合金;成分位于 D 点以左的铝合金,因固态下可形成单相 α 固溶体,塑性较好而适宜于塑性变形加工,称为变形铝合金。变形铝合金中成分位于 F 点与 D 点之间的合金,因 α 固溶体的溶解度随温度变化而变化,从而引起组织变化,故可进行热处理强化,称为可热处理强化的铝合金;而成分位于 F 点以左的合金,其固溶度不因温度变化而改变,故不可进行热处理强化,称为不可热处理强化的铝合金。

(2)铝合金的热处理

铝合金的热处理强化方法主要是固溶热处理和时效。其中,固溶热处理(俗称淬火)的目的是获得单相过饱和固溶体,为后续的时效强化作准备,并提高合金的塑性以利于塑性变形加工;时效强化是将经固溶热处理后的铝合金置于室温下或通过加热,使过饱和固溶体弥散析出第二相,产生弥散强化效果,以提高合金强度。在室温下进行的时效,称为自然时效;通过人工加热进行的时效,称为人工时效。

由图 5.2 可知,铝合金在自然时效处理的开始阶段(孕育期,<2 h),强化效果尚不明显,仍保持高的塑性,易于进行塑性变形加工,故在固溶热处理之后,要及时进行塑形变形加工。

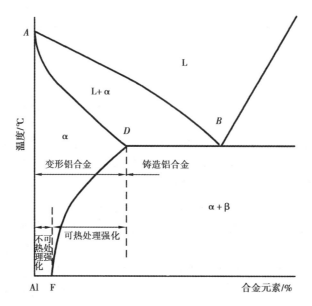

图 5.1　铝合金状态图

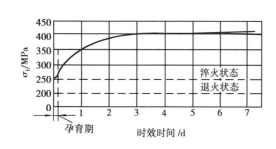

图 5.2　铝铜合金（$w_{Cu}=4\%$）自然时效强化曲线

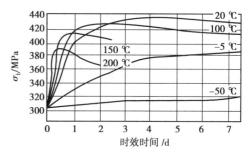

图 5.3　人工时效温度对时效强化的影响

经过孕育期后，随时间推移，因第二相的弥散析出，使其强度增高、塑性降低，并在 4~5 d 后达到稳定的强度最大值。

由图 5.3 可知，铝合金的人工时效温度对强化效果影响很大。在 −50 ℃ 进行时效几乎不产生时效强化；随时效温度升高，合金时效强化加快，但其强度最大值有所降低。因时效温度过高或时间过长，使合金强度降低的现象，称为过时效。过时效虽然强度有些降低，但其塑性和稳定性更好，在某些特定条件下需采用过时效。由此可知，人工时效分为以下 3 类：

①不完全人工时效。以较低的时效温度或较短的保温时间，获得优良的综合力学性能（较高的强度、良好的塑性和韧性）。

②完全人工时效。采用较高的时效温度或较长的保温时间，获得高的强度和硬度。

③过时效。采用更高的时效温度或更长的保温时间，以提高合金的抗应力腐蚀性，并保持较高强度。

（3）**变形铝合金**

变形铝合金主要有防锈铝合金、硬铝合金、超硬铝合金和锻铝合金 4 种。它们的牌号、成分、性能特点及用途见表 5.2。

表 5.2　常用变形铝合金的牌号、化学成分、性能及用途（摘自 GB/T 16474—1996）

类别	代号	牌号	主要化学成分×100			状态	力学性能			用途
			Cu	Mg	其他		σ_b/MPa	δ×100	HBS	
防锈铝合金	LF5	5A05	—	4.0~5.5	—	M	280	20	70	焊件、冲压件、铆钉、耐蚀零件、电子仪器外壳等
	LF21	3A21	—	—	—	M	130	20	30	焊接油箱、油管、铆钉及轻载零件
硬铝合金	LY1	2A01	2.2~3.0	0.2~0.5	—	CZ	300	24	70	工作温度不超过 100 ℃ 的铆钉
	LY12	2A12	3.8~4.9	1.2~1.8	—	CZ	470	17	105	用于较高强度结构件，如飞机蒙皮、螺旋桨叶片、电子设备框架等
超硬铝合金	LC4	7A04	1.4~2.0	1.8~2.8	Zn: 5.0~7.0	CS	600	12	150	质量轻、受力大的构件，如飞机桁架、蒙皮接头、起落架部件等
	LC6	7A06	2.2~2.8	2.5~3.2	Zn: 7.6~8.6	CS	680	7	190	主要受力构件，如飞机大梁、桁架、起落架等
锻铝合金	LD5	2A05	1.8~2.0	0.4~0.8	Si: 0.7~1.2	CS	420	13	105	形状复杂、中等强度的锻件
	LD10	2A10	3.9~4.8	0.4~0.8	Si: 0.5~1.2	CS	480	19	135	重载锻件，如发动机风扇叶片等

1）防锈铝合金

防锈铝合金简称防锈铝,主要是 Al-Mn 或 Al-Mg 系合金。防锈铝具有良好的耐蚀性、塑性和焊接性能;但因不能热处理强化而强度较低($\sigma_b \leqslant 180$ MPa),常采用加工硬化提高其强度。防锈铝主要用作耐蚀容器及轻载、耐蚀结构件。防锈铝的代号由符号 LF("铝防"的汉语拼音字首)和序号组成。

2）硬铝合金

硬铝合金简称硬铝,主要是 Al-Cu-Mg 系合金。硬铝在退火或固溶处理状态具有良好的塑性,易于塑性变形加工;经固溶处理与自然时效后具有较高的强度(σ_b 可达 470 MPa)。硬铝主要用作形状复杂、受力不大的轻型结构件。硬铝的代号由符号 LY("硬铝"的汉语拼音字首)和序号组成。

3）超硬铝合金

超硬铝合金简称超硬铝,是在硬铝合金基础上加入合金元素锌形成的 Al-Cu-Mg-Zn 系合金。超硬铝经固溶处理与人工时效后具有高的强度(σ_b 可达 680 MPa)。超硬铝主要用作受力较大的轻型结构件。超硬铝的代号由符号 LC("铝超"的汉语拼音字首)和序号组成。

4）锻铝合金

锻铝合金简称锻铝,人多为 Al-Cu-Mg-Si 系合金。锻铝的力学性能与硬铝相近,其热塑性和耐蚀性较好,适于锻造。锻铝主要用作形状复杂、比强度较高的锻件以及在 200~300 ℃ 以下工作的结构件。锻铝的代号由符号 LD("铝锻"的汉语拼音字首)和序号组成。

变形铝合金的加工产品(板、带、型材等)一般以不同的状态供应用户,其状态用规定符号标注在牌号或代号后。根据用户的需求不同,目前有新、旧两套符号并行使用。变形铝合金的加工产品状态及其新旧符号对照见表 5.3。

表 5.3　变形铝合金的加工产品状态及其新旧符号对照表(摘自 GB/T 16475—1996)

加工产品状态	旧符号	新符号	加工产品状态	旧符号	新符号
退火	M	O	固溶+冷变形+人工时效	CYS	T8
硬化状态	Y	HX8	固溶+自然时效+冷变形	CZY	T0
3/4 硬化状态	Y1	HX6	固溶+人工时效+冷变形	CSY	T9
1/2 硬化状态	Y2	HX4	自由加工+固溶+人工时效	MCS	T62
1/4 硬化状态	Y4	HX2	自由加工+固溶+自然时效	MCZ	T42
特硬状态	T	HX9	固溶+完全过时效	CGS1	T73
固溶+自然时效	CZ	T4	固溶+中级过时效	CGS2	T76
固溶+人工时效	CS	T6	固溶+中级过时效	CGS3	T74

（4）**铸造铝合金**

按成分不同,铸造铝合金可分为 Al-Si 系、Al-Cu 系、Al-Mg 系、Al-Zn 系 4 类。铸造铝合金的代号由符号 ZL("铸铝"的汉语拼音字首)与 3 位数字组成,第一位数字表示合金的类别(1 代表 Al-Si 系、2 代表 Al-Cu 系、3 代表 Al-Mg 系、4 代表 Al-Zn 系),后两位数字为序号。如 ZL102,代表序号为 02 的铸造铝硅合金。部分常用铸造铝合金的代号、牌号、成分、热处理、力学性能及用途见表 5.4。

表 5.4　常用铸造铝合金牌号、成分、热处理、性能及用途（摘自 GB/T 1173—1995）

类别	代号	牌号	主要化学成分×100				热处理	力学性能			用途
			Si	Cu	Mg	其他		σ_b /MPa	δ /%	硬度 /HBS	
铝硅合金	ZL101	ZAlSi7Mg	6.5~7.5	—	0.25~0.45	Ti:0.08~0.20	T4 T6	190 230	4 1	50 70	飞机、仪器零件
铝硅合金	ZL102	ZAlSi12	10~13	—	—	—	F T2	143 153	2 4	50 50	仪表、抽水机壳体等外形复杂件
铝硅合金	ZL104	ZAlSi9Mg	8~10	—	0.17~0.30	Mn:0.20~0.50	T1 T6	195 235	1.5 2	65 70	电动机壳体、汽缸体等
铝硅合金	ZL105	ZAlSi5Cu1Mg	4.5~5.5	1.0~1.5	0.4~0.6	—	T5 T6	235 225	0.5 0.5	70 70	风冷发动机汽缸头、油泵壳体
铝铜合金	ZL201	ZAlCu5Mn	—	4.5~5.3	—	Mn:0.6~1.0 Ti:0.15~0.35	T4 T5	295 335	8 4	70 90	内燃机汽缸头、活塞等
铝铜合金	ZL203	ZAlCu4	—	—	—	—	T4 T5	205 225	— —	60 70	高温下工作不受冲击的零件
铝镁合金	ZL301	ZAlMg10	—	—	9.5~11	—	T4	280	10	60	舰船配件
铝镁合金	ZL303	ZAlMg5Si	0.8~1.3	—	4.5~5.5	Mn:0.1~0.4	F	145	1	55	氨用泵体
铝锌合金	ZL401	ZAlZn11Si7	6~8	—	0.1~0.3	—	T1	245	1.5	90	结构、形状复杂的汽车、飞机仪器仪表零件
铝锌合金	ZL402	ZAlZn6Mg	—	—	0.5~0.6	Ti:0.15~0.25	T1	235	4	70	同上

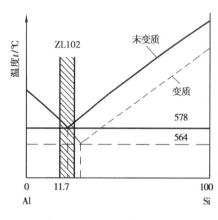

图 5.4　铝硅二元合金状态图

与其他铸造铝合金相比,铸造铝硅合金具有良好的铸造性能、耐蚀性和足够的强度,且密度小,故应用最为广泛。常用作各种质量轻、形状复杂的结构零件,如航空、仪表产品中的壳体、支架、汽车、摩托车中的活塞、汽缸盖等。

最常用的铝硅铸造合金是 $w_{Si}=10\%\sim13\%$ 的铝硅二元合金。由 Al-Si 二元合金相图(见图 5.4)可知,ZL102 的合金成分在共晶点附近,其组织为粗大针状硅晶体与 α 固溶体组成的共晶体(见图 5.5(a))。它具有良好的铸造性能和耐蚀性,但力学性能较低($\sigma_b<140$ MPa, $\delta<3\%$),且不能热处理强化,只能通过变质处理改善其组织和性能。变质处理就是往浇注前的合金液中,加入一定量的变质剂,使共晶点移至右下方(见图 5.4 虚线所示),铸造后得到亚共晶组织,并使共晶体细化(见图 5.5(b)),从而改善其力学性能($\sigma_b\approx180$ MPa, $\delta\approx8\%$)。

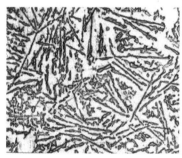

(a)变质前的铸态组织

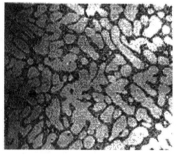

(b)变质后的铸态组织

图 5.5　ZL102 铸态组织

在铝硅合金中加入铜、镁等合金元素组成多元合金,如 ZL101、ZL105 等,它们能通过固溶热处理+时效显著提高强度。

铝铜铸造合金具有较高的强度和耐热性,铝镁铸造合金具有较高的强度和耐蚀性,但它们的铸造性能较差。铝锌铸造合金实际上是以锌为主要成分的合金,密度大且耐蚀性差。因此,它们的应用不如铝硅铸造合金广泛。

铸造铝合金的铸造方法和热处理状态代号见表 5.5。

表 5.5　铸造铝合金的铸造方法和热处理状态代号(摘自 GB/T 1173—1995)

代号	铸造方法	代号	热处理状态	代号	热处理状态
S	砂型铸造	F	铸态	T6	固溶热处理+完全人工时效
J	金属型铸造	T1	人工时效	T7	固溶热处理+稳定化处理
R	熔模铸造	T2	退火	T8	固溶热处理+软化处理
K	壳型铸造	T4	固溶热处理+自然时效		
S	变质处理	T5	固溶热处理+不完全人工时效		

5.2　铜及铜合金

铜是面心立方晶格的非铁磁性有色金属材料,具有塑性高($\Psi = 70\%$);电导性和热导性好(仅次于银);对大气、淡水和海水有良好的耐蚀性;铜离子具有抑制细菌和某些水生生物生长的作用;经过合金化之后,还具有某些特殊性能(如形状记忆效应、超弹性等)。因此,铜及铜合金主要用作导电体、导热体、饮用水管道和有特殊要求的零件等。

5.2.1　工业纯铜

工业纯铜又称紫铜,其纯度为 99.9% ~ 99.5%。按纯度不同有 T1、T2 和 T3 这 3 个代号,代号中的 T 是"铜"的汉语拼音字首,数字表示序号(数字越大纯度越低)。工业纯铜主要用作导电体、导热体和特殊要求的零件,如导线、电刷、热交换器和抗磁干扰的仪表零件等。

5.2.2　铜合金

在铜中加入某些合金元素所形成的合金称为铜合金。按主加合金元素不同,铜合金可分为黄铜、青铜和白铜,黄铜和青铜最为常用。

(1)黄铜

黄铜是以锌为主要添加元素的铜合金。按其是否添加其他合金元素,黄铜可分为普通黄铜和特殊黄铜;按加工特点不同,黄铜可分为压力加工黄铜和铸造黄铜。

1)普通黄铜

普通黄铜是 Cu-Zn 二元合金。具有优良的电导性、热导性,良好的耐蚀性,因 Zn 的强化作用而具有较高的强度。Zn 对普通黄铜力学性能的影响如图 5.6 所示,$w_{Zn} < 32\%$ 时,其室温组织为单相 α 固溶体,随 Zn 含量增加,其强度增加,塑性改善,适于冷变形加工;$32\% < w_{Zn} < 45\%$ 时,其室温组织为 α 固溶体和硬而脆的 β' 相组成的两相组织,随锌含量增加,其强度继续增加而塑性开始下降,适于热变形加工;$w_{Zn} > 45\%$ 时,其组织全部为 β' 相,甚至出现极脆的 γ' 相,强度和塑性均急剧下降而无使用价值。

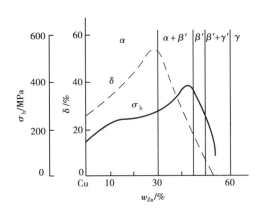

图 5.6　w_{Zn} 对普通黄铜力学性能的影响

普通黄铜不能进行热处理强化,其热处理主要是去应力退火和再结晶退火。如 $w_{Zn} > 7\%$,且存在冷变形加工残余应力的黄铜,在海水或潮湿大气中(尤其是含氨氛围中),易发生应力腐蚀而开裂(称为季裂或自裂),需在冷变形加工后进行去应力退火。

压力加工普通黄铜的牌号由符号 H("黄"的汉语拼音字首)和数字组成,其数字代表铜平均含量的百分数。例如,H68 表示平均 $w_{Cu} = 68\%$ 的普通黄铜。常用压力加工普通黄铜的牌号、力学性能及用途见表 5.6。

表 5.6 常用压力加工黄铜成分、性能和用途（摘自 GB/T 5231—2012）

类别	牌号	主要化学成分×100		性能及用途
		Cu	其他	
普通黄铜	H95	94~96	0.40	导热性、导电性好，在大气中有较高的耐蚀性；良好的塑性，易于冷、热压力加工；无应力腐蚀倾向。用作导管、冷凝管、散热片及导热片等
	H90	89~91	0.40	性能和H95相似。用作供水及排水管、奖章、艺术品等
	H80	78.5~81.5	0.40	强度较高，塑性较好，在大气、淡水及海水中有较高的耐蚀性。用作造纸网、薄壁管、波纹管及房屋建筑等
	H70	68.5~71.5	0.43	塑性极好，强度较高，切削加工性、焊接性好，耐一般腐蚀，但易于开裂。用作复杂的冷冲件，如散热器外壳、导管、波纹管、弹壳等
	H68	67~70	0.43	塑性极好，强度较高，切削加工性、焊接性好，耐一般腐蚀，但易于开裂。用作复杂的冷冲件，如散热器外壳、导管、波纹管、弹壳等
	H62	60.5~63.5	0.73	良好的力学性能，热态下塑性好，冷态下塑性一般，切削性能好，易产生腐蚀破裂，但价格便宜。用于各种深度引伸和弯折制造的受力零件，如销钉、铆钉、垫圈、螺母、导管、筛网、散热片等
	H59	57~60	1.80	强度、硬度高而塑性差，耐腐蚀性一般，但价格便宜。用作一般机械零件、焊接件、热压冲及热轧件
特殊黄铜（锡黄铜）	HSn90-1	88~91	Sn：0.25~0.75	性能与H90相似，有高的耐蚀性和减摩性。用作汽车、拖拉机弹套管及其他耐蚀减摩零件
	HSn70-1	69~71	Sn：0.80~1.30	较高的耐大气、蒸汽、油和海水腐蚀性能，良好的力学性能，切削性能较差，易于焊接、冷、热压力加工性较好；有腐蚀破裂倾向。用作海轮上的耐蚀零件；与海水、蒸汽、油类接触的导管等
	HSn62-1	61~63	Sn：0.70~1.10	较高的耐海水腐蚀性，良好的力学性能，冷加工时有冷脆性，适于热压力加工，切削性能好，易于焊接，有腐蚀破裂倾向。用作海水或汽油接触的船舶零件或其他零件

类别		牌号	Cu	其他元素	特性及用途
特殊黄铜	铅黄铜	HPb59-1	57~60	Pb: 0.80~1.90	切削性能好，易于焊接；良好的力学性能，能承受冷、热压力加工；耐一般腐蚀性良好，有腐蚀破裂的倾向。适于以热冲压和切削加工制作各种结构零件，如螺钉、垫圈、垫片、衬套、螺母、喷嘴等
		HPb61-1	58~62	Pb: 0.60~1.20	较好的切削性能，热加工工性好
		HPb63-3	62~65	Pb: 2.40~3.00	含铅较高，不能热态加工，切削性能极为优良，具有较高的减摩性，其他性能与HPb59-1相似。主要用作自动切削零件、汽车、拖拉机零件
	锰黄铜	HMn58-2	57~60	Mn: 1.00~2.00	在海水和蒸汽、氯化物中有较高的耐蚀性，但有腐蚀破裂倾向；力学性能良好；导热性、导电性低；易于热压力加工。用作腐蚀条件下工作的重要零件和弱电流工业用零件
		HMn57-3-1	55~58	Mn: 2.50~3.50	强度、硬度高，塑性低；适于热态压力加工，但有腐蚀破裂倾向。用作耐腐蚀结构零件、一般黄铜中的耐蚀性比一般黄铜好
	铝黄铜	HAl59-3-2	57~60	Al: 2.5~3.5 Ni: 2.0~3.0	具有高的强度；耐蚀性是所有黄铜中最好的，冷态下塑性低，热态下压力加工性较好。用于发动机和船舶以及其他常温下工作的高强度耐蚀件
		HAl67-2.5	66~68	Al: 2.0~3.0	冷、热态压力加工性较好，耐磨性好，对腐蚀破裂敏感，焊接性较差。用于船舶抗腐蚀零件
		HAl77-2	76~79	Al:1.8~2.5	较高的强度和硬度，塑性良好，可在冷、热态下进行压力加工。对海水有良好的耐蚀性，并耐冲击腐蚀。在船舶和海滨热电站中用作冷凝管及其他耐蚀零件

2）特殊黄铜

特殊黄铜是在普通黄铜基础上加入其他合金元素所形成的铜合金。加入的合金元素除能提高黄铜的强度外，还能提高其耐蚀性、降低"季裂"倾向（如 Si、Al、Mn），改善其铸造性能（如 Si）和切削性能（如 Pb、Mn）。因此，特殊黄铜既具有较高的力学性能，还具有不同的其他性能。

压力加工特殊黄铜的牌号由 H（"黄"的汉语拼音字首）、主加合金元素符号、铜的平均含量百分数、合金元素平均含量的百分数组成。例如，HPb59-1 代表平均 $w_{Cu}=59\%$、$w_{Pb}=1\%$ 的铅黄铜。常用压力加工特殊黄铜的牌号、力学性能和用途见表 5.6。

此外，黄铜也可用作铸件。用作铸件的黄铜称为铸造黄铜，其牌号由符号 Z（"铸"的汉语拼音字首）、元素符号 Cu、元素符号 Zn 及平均含量的百分数、其他元素符号及其平均含量的百分数组成。例如，ZCuZn38（即 H62）是常用的铸造普通黄铜，主要用作一般结构件和耐蚀件；ZCuZn23Al6Fe3Mn2（即 HAl66-6-3-2）是铸造特殊黄铜，主要用作强度要求较高的零件和耐磨零件。

（2）青铜

青铜是指除黄铜和白铜（Cu-Ni 合金）外的其他铜合金。含元素 Sn 的青铜，称为锡青铜；不含元素 Sn 的青铜，称为无锡青铜（又称特殊青铜），如铝青铜、铍青铜等。

青铜按工艺特点不同，可分为压力加工青铜和铸造青铜。压力加工青铜的牌号由符号 Q（"青"的汉语拼音字首）、主加元素符号及平均含量的百分数、其他合金元素平均含量的百分数组成。例如，QSn6.5-0.1 代表平均 $w_{Sn}=6.5\%$、$w_{P}=0.1\%$ 的锡青铜。铸造青铜的牌号与铸造黄铜相似，如 ZCuSn6Zn6Pb3 代表平均 $w_{Sn}=6\%$、$w_{Zn}=6\%$、$w_{Pb}=3\%$ 的铸造锡青铜。

1）锡青铜

锡青铜是指在铜中主要加入元素 Sn 所形成的铜合金。锡青铜具有较高的强度，在大气、淡水、海水和水蒸气中具有较好的耐蚀性。锡青铜的力学性能与锡含量有关（见图 5.7），$w_{Sn}<7\%$ 时，其室温组织为单相 α 固溶体，具有良好的塑性而适于压力加工，为压力加工锡青铜；$7\%<w_{Sn}<20\%$ 时，因组织中出现硬而脆的 δ 相，塑性急剧下降而适于铸造，为铸造锡青铜。当 $w_{Sn}>20\%$ 时，由于 δ 相过多，使锡青铜变脆而无实用价值。因此，常用锡青铜的 w_{Sn} 一般为 3% ~16%。

锡青铜不能通过热处理强化，需通过冷变形来提高强度。其所用热处理主要是完全退火（保证后续大变形量加工工序的塑性要求）、不完全退火（保证弹性零件后续一定变形量加工工序的塑性要求）、去应力退火（弹性零件的定形处理，以消除内应力，稳定其外形尺寸）。

压力加工锡青铜主要用作仪表的导电弹性零件及耐蚀、耐磨零件；铸造锡青铜一般用作

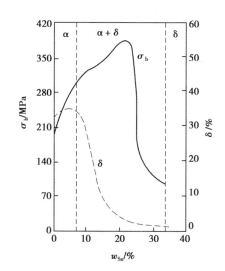

图 5.7 锡青铜力学性能与 w_{Sn} 的关系

致密性要求不高的耐磨、耐蚀铸件及工艺品等。常用锡青铜的牌号、成分、性能和用途见表5.7。

表 5.7 　常用锡青铜的成分、性能和用途（摘自 GB/T 5231—2012）

类别	牌号	主要化学成分×100		性能及用途
		Sn	其他	
压力加工锡青铜	QSn4-3	3.5~4.5	Zn:2.7~3.3	较高的耐磨性、弹性，良好的抗磁性，较好的压力加工性能，较好的切削性能，易于焊接；在大气、淡水和海水中耐蚀性好。用作弹性零件、化工设备的耐蚀零件及耐磨零件等
	QSn6.5-0.1	6.0~7.0	P:0.1~0.25	高的强度、弹性、耐磨性和抗磁性，压力加工性能、切削性能和焊接性能良好，在大气和淡水中耐腐蚀。用作弹簧和导电性好的弹簧触片，精密仪器的耐磨件和抗磁零件
	QSn4-4-2.5	3.0~5.0	Zn:3.0~5.0 Pb:1.5~3.5	强度较高、耐磨性和耐蚀性好。用作航空、汽车和其他工业用轴承、轴套和衬套等
铸造锡青铜	ZCuSn10Pb1	9.0~11.5	Pb:0.5~1.0	铸造性能、耐磨性和耐蚀性好，用作轴瓦、轴套、齿轮、蜗轮等
	ZCuSn6Zn6Pb3	5.0~7.0	Zn:5.0~7.0 Pb:2.0~4.0	

2）铝青铜

铝青铜是指在铜中主要加入元素 Al 所形成的铜合金。铝青铜可进行热处理强化，其热处理方法是固溶处理+人工时效。铝青铜具有比黄铜和锡青铜更高的强度、硬度、耐磨性及更好的耐蚀性。其中，$w_{Al}=5\%\sim7\%$ 的铝青铜，塑性好而适于压力加工（如 QAl5 和 QAl7），主要用作仪器、仪表中的耐蚀弹性零件；$7\%<w_{Al}<20\%$ 的铝青铜，强度高、塑性低、铸造性能较好而适于铸造（如 ZCuAl9Mn2），常用作要求强度和耐磨性较高的摩擦零件（如齿轮、蜗轮、轴套等）。若加入合金元素 Mn、Fe，可进一步提高铝青铜的强度和耐磨性。

3）铍青铜

铍青铜是指在铜中加入合金元素铍（$w_{Be}=1.7\%\sim2.5\%$）所形成的铜合金。铍青铜具有良好的耐蚀性、电导性、热导性以及受冲击不产生火花的优点，经固溶处理+人工时效后具有高的强度、硬度和弹性极限。例如，QBe2 经固溶处理和 $300\sim320\ ℃$ 人工时效后，其 σ_b 可达1 250 MPa，硬度可达330 HV 以上。铍青铜主要用作仪器、仪表中的重要弹性零件和耐磨、耐蚀零件，如钟表齿轮、轴承、航海罗盘、电焊机电极、防爆工具等。

思考题

1.铝合金如何分类?

2.铝合金的热处理强化与钢的热处理有何异同?

3.铝合金热处理中的过时效与普通时效的区别在哪里? 有什么特殊用处?

4.铜合金如何分类?

5.简述纯铜、黄铜、青铜主要性能及主要热处理工艺特点。

6.什么叫粉末冶金材料? 如何分类?

7.常用硬质合金有哪些?

8.解释下列牌号及状态的含义:

LY12-CZ	2A11-T4	LF21-M	LD5-CS	2A14-T6
7A04-T62	LC6-CGS	ZL102	T2-M	H68-M
ZCuZn38	QBe2-CS	YC8	YT15	

第 **6** 章
非金属材料与复合材料

非金属材料是指除金属材料以为的其他固体材料,包括高分子材料和陶瓷材料。自 19 世纪以来,随着生产和科学技术的进步,尤其是无机与有机化学工业的发展,人类以天然的矿物、植物、石油等为原料,制造、合成了许多新型非金属材料(如人造石墨、特种陶瓷、合成橡胶、合成树脂、合成纤维等)。复合材料不仅克服了单一材料的缺点,还能获得单一材料通常不具备的特性。非金属材料与复合材料因具有各种优异的性能,广泛应用于现代工业工程,且发展迅速。

6.1 高分子材料

6.1.1 高分子材料基础知识

以高分子化合物(也称聚合物或高聚物)为主要组分的材料称为高分子材料。工业工程中使用的主要是有机合成高分子材料。

(1)高分子化合物

由许多有机低分子化合物经人工聚合而成,具有链状大分子结构的化合物(分子质量 $> 10^4$),称为高分子化合物。例如,聚乙烯是由许多乙烯分子聚合而成,其聚合反应式为

$$n[\mathrm{CH_2}=\mathrm{CH_2}] \rightarrow [\mathrm{CH_2}-\mathrm{CH_2}]_n$$

组成聚合物的低分子化合物,称为单体。大分子链中的重复结构单元,称为链节。链节的重复次数 n,称为聚合度。聚合度越高,高分子化合物的相对分子量越大,其强度、刚度和弹性也相对较高。

高分子化合物的分子链结构,根据其几何特征不同分为线型结构和体型结构。分子链呈线型长链或带有支链的结构为线型结构(见图 6.1(a)、(b))。线型分子链一般呈卷曲状,受拉时分子链伸展为直线,去除外力则恢复卷曲状态;分子链间无交联,受力时彼此易于滑动。故由线型分子链组成的高分子材料具有良好的弹性和塑性;加热时可软化或熔融,可重复加

热塑制成型,具有热塑性。分子链的链节相互交联而呈三维网状则为体型结构(见图6.1(c))。体型分子链结构稳定,具有较高的强度、硬度和耐热性,但脆性大;经塑制成型后再加热,不能软化或熔融,具有热固性。

(a)线型　　　　　　(b)支链型　　　　　　(c)体型

图6.1　高分子链结构

(2)高分子材料的聚集态结构

高分子材料内部大分子链之间的几何排列或堆砌方式称为高分子材料的聚集态结构。成型后的高分子材料按其大分子排列是否有序,可分为晶态和非晶态两大结构。晶态结构由晶区(分子呈规则紧密排列的区域)和非晶区(分子呈无序排列的区域)组成(见图6.2),晶区的密度、强度、硬度、刚度、熔点和耐热性较高,而弹性、塑性和韧性较低。线型高分子材料的聚集态结构有晶态结构和非晶态结构,体型高分子材料的聚集态结构均为非晶态结构,故无一定的熔点。

(3)高分子材料的力学状态

1)线型高分子材料的力学状态

如图6.3所示为线型非晶态高分子材料在恒应力作用下变形量与温度的关系曲线。由图6.3可知,线型非晶态高分子材料在不同温度范围内因其分子链运动方式不同而表现为玻璃态、高弹态和粘流态3种不同的力学状态。

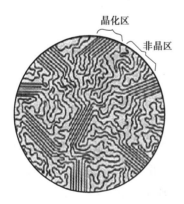

图6.2　晶态结构的晶区
与非晶区示意图

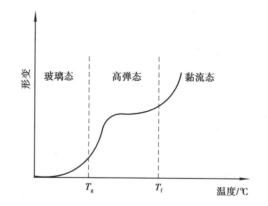

图6.3　线型非晶态高分子材料
的温度-变形曲线

①玻璃态

当温度低于T_g(玻璃化温度)时,在外力作用下,大分子链不能移动,只有链节中的原子可作微小振动而产生微小塑性变形。其弹性变形量小(<1%),强度、硬度和刚度相对较高。在此状态下使用的高分子材料有塑料和纤维。

②高弹态

当温度超过 T_g 而小于 T_f(粘流化温度)时,在外力作用下,大分子链通过链段(若干链节连接而成)的运动可产生较大的弹性变形。其弹性变形量大(100%~1 000%)而弹性模量小(10 MPa)。在此状态下使用的高分子材料,称为橡胶。

③粘流态

当温度超过 T_f 时,在外力作用下,整个大分子链可相对移动而产生很大的塑性变形。粘流态是高分子材料成型的工艺状态,经成型和固化后可制得各种制品。在此状态下使用的高分子材料有胶粘剂和涂料。

2)体型高分子材料的力学状态

体型高分子材料只有玻璃态和高弹态。

(4)高分子材料的分类

①按用途和工艺性质,高分子材料可分为塑料、橡胶、纤维、胶黏剂与涂料等。

②按原料来源,高分子材料可分为天然与合成高分子材料。

③按热行为特点,高分子材料可分为热塑性与热固性高分子材料。

6.1.2　塑料

塑料是以某些高分子化合物(树脂)为基料,加入各种添加剂经塑制成型后在玻璃态下使用的高分子材料。它是高分子材料中应用最广的工程材料之一。

(1)塑料的组成

1)树脂

树脂是塑料的基本组成部分,并决定塑料的主要性能。绝大多数塑料以所用树脂的名称命名。

2)添加剂

为改善塑料的使用性能和工艺性能而加入的其他物质,称为添加剂。添加剂主要有填料(又称填充剂,主要用以提高塑料强度、减少树脂用量)、增塑剂(用于提高树脂的可塑性和柔软性)、固化剂(成型时使树脂分子链发生交联,由线型结构转变为体型结构而固化的物质)等。此外,根据塑料的不同要求,还可加入稳定剂、润滑剂、着色剂、发泡剂、阻燃剂、抗静电剂等。

(2)塑料的特性

1)密度小

密度约为钢的 1/6,铝的 1/2。这对减轻车辆、舰船、飞机和航天器等的自重具有重要意义。

2)耐蚀性好

大多数塑料化学稳定性好,对大气、水、油、酸、碱和盐等介质有良好的耐蚀性,广泛用作在腐蚀条件下工件的零件和化工设备。

3)减摩性、耐磨性好

大多数塑料的摩擦系数小,并具有自润滑能力,可在无润滑条件下工作。

4)电绝缘性好

大多数塑料具有良好的电绝缘性和较小的介电损耗,是理想的电绝缘材料。

5)消声减振性好

塑料制作的摩擦传动零件,可减小噪声,降低振动,提高运转速度。

6)成型性好

绝大多数塑料可直接采用注塑、挤塑或压塑成型而无须切削加工,故生产效率高,成本低。

塑料的不足之处是强度低、硬度低、刚性差(为钢铁材料的1/100~1/10)、耐热性差、热膨胀系数大(是钢铁材料的10倍)、导热系数小(只有金属的1/600~1/200)、蠕变温度低、易老化。

(3)塑料的分类与常用塑料

1)塑料的分类

①按应用范围分类

塑料可分为通用塑料、工程塑料和特种塑料。通用塑料是指产量大、价格低、用途广的常用塑料,多用作生活日用品、包装材料或性能要求不高的工程制品;工程塑料是指具有较高的强度、刚度、韧性和耐热性,主要用作机械零件和工程构件;特种塑料是指具有某些特殊性能(如耐高温、耐腐蚀)的塑料,这类塑料产量少、价格贵,只用于特殊需要的场合。

②按树脂的热行为分类

塑料可分为热塑性塑料和热固性塑料。热塑性塑料属线型结构,可重复塑制成型,其制品的强度、刚度和耐热性较差,但韧性较高;热固性塑料属体型结构,不能重复成型,其制件的强度、刚度和耐热性相对较高,但脆性较大。

2)常用塑料

①常用热塑性塑料

常用热塑性塑料的名称、特性和用途见表6.1。

表6.1 常用热塑性塑料的名称、特性和用途

类别	名 称	主要特性	主要用途
通用塑料	聚乙烯 (PE)	高压低密度 PE:强度低(σ_b = 7 ~ 15 MPa)、柔软、耐热性差	薄膜、软管、塑料瓶等包装材料
		中低压高密度 PE:强度较高(σ_b = 21 ~ 37 MPa)、柔软、耐热性较好	低承载的结构件,如插座、高频绝缘件、化工耐蚀管道、阀件等
	聚苯乙烯 (PS)	电绝缘性、透明性好、强度高(σ_b = 42 ~ 56 MPa)、质硬,但耐热性、耐磨性差,易裂	仪表外壳、灯罩、高频插座、其他绝缘件,以及玩具、日用器皿等
	聚氯乙烯 (PVC)	硬 PVC:强度高(σ_b = 35 ~ 63 MPa)、耐蚀性好、绝缘性好、耐热性差	化工用耐蚀构件,如管道、弯头、三通阀、泵件等

续表

类别	名 称	主要特性	主要用途
通用塑料	聚氯乙烯（PVC）	软 PVC:强度低($\sigma_b = 10$ MPa)、柔软、高弹性、耐蚀性好、耐热性差	农业和工业包装用薄膜、人造革、电绝缘材料
	聚丙烯（PP）	强度较高($\sigma_b = 30 \sim 39$ MPa)、耐热性好,是通用塑料中唯一能用至 100 ℃的无毒塑料,优良的耐蚀性和绝缘性,但不耐磨、低温呈脆性	继电器小型骨架、插座、外罩、外壳、法兰盘、接头、化工管道、容器、药品和食品的包装薄膜
工程塑料	聚酰胺（PA）	又称尼龙或绵纶,强度高($\sigma_b = 56 \sim 83$ MPa),突出的耐磨性和自润滑性,耐热性不高,但芳香尼龙有高的耐热性	尼龙 6、66、610、1010 用于小型耐磨机件,如齿轮、凸轮、轴承、衬套等。铸造尼龙(MC)用于大型机件,芳香尼龙用于耐热机件和绝缘件
	聚甲醛（POM）	强度高($\sigma_b = 53 \sim 68$ MPa)、刚度、硬度和耐磨性较好,摩擦系数小、耐疲劳性好,但耐热性差、易老化	用于汽车、机床、化工、仪表等耐疲劳、耐磨机件和弹性零件,如齿轮、凸轮、轴承、叶轮等
	聚碳酸酯（PC）	强度高($\sigma_b = 66 \sim 70$ MPa)、韧性和尺寸稳定性好,耐热性、透明性好,但化学稳定性差、易裂	高精度构件及耐冲击构件,如齿轮、蜗轮、防弹玻璃、飞机挡风罩、座舱盖,以及作为高绝缘材料
	ABS 塑料	兼有三者优点。还有可电镀性;改变组成比例,可调节性能,适应范围广	广泛用于机械、电器、汽车、飞机、化工等行业,如齿轮、轴承、仪表盘、机壳机罩、机舱内装饰板和窗框等
	聚砜（PSU）	良好的综合力学性能,突出的耐热性和抗蠕变性,还有可电镀性,但耐有机溶剂差,易裂	用于较高温度的结构件,如齿轮、叶轮、仪表外壳,以及电子器件中的骨架、管座、积分电路板等
	有机玻璃（PMMA）	透光好、强度较高($\sigma_b = 60 \sim 70$ MPa),不耐磨	用于具有透明和较高强度的零件、装饰件,如光学镜片、标牌、飞机与汽车的座窗等
	聚四氟乙烯（FTFE）	卓越的耐热、耐寒性。极强的耐蚀性,又称"塑料王"。但强度低($\sigma_b = 15$ MPa)、刚性差、成型性差	用于化工、电器、国防等方面,如超高频绝缘材料、液氢输送管道的垫圈、软管等

②常用热固性塑料

常用热固性塑料的名称、特性和用途见表6.2。

表6.2　常用热固性塑料的名称、特性和用途

名　称	主要特性	主要用途
酚醛塑料（PF）	又称电木,固化成型后硬而脆,刚度大,耐热性高,耐蚀性、绝缘性较高	广泛用于开关、插座、骨架、壳罩等电器零件
氨基塑料	又称电玉,力学性能、耐热性和绝缘性接近电木,色彩鲜艳	开关、插头、插座、旋钮等电器零件
环氧树脂塑料（EP）	高的强度和韧性,尺寸稳定,耐热、耐寒性好,易于成型,胶接力强,但价高,有一定毒性	用于浇铸模具、电缆头、电容器、高频设备等电器零件

6.1.3　橡胶

橡胶是以某些线型非晶态高分子化合物(生胶)为基料,加入各种配合剂制成的在高弹态使用的高分子材料。

（1）橡胶的组成与特性

生胶是橡胶的基本组成部分。但生胶属塑性胶,强度低而稳定性差,故常加入硫化剂、填充剂、增塑剂和防老化剂等配合剂改善橡胶的性能。其中,硫化剂的作用是使生胶的线型分子链适度交联成网状结构,提高橡胶的强度、刚度和耐磨性,并使其性能在很宽的温度范围内具有较高的稳定性。

橡胶的主要特性是具有高弹性,即极小的弹性模量和极大的弹性变形量,卸载后能很快恢复原状,故橡胶具有优异的吸振和储能能力。此外,橡胶还具有较高的强度、耐磨性、密封和电绝缘性能,使之成为广泛应用的重要工业原料。

（2）常用橡胶

按生胶来源不同,橡胶分为天然橡胶与合成橡胶;按应用范围不同,橡胶分为通用橡胶和特种橡胶。通用橡胶产量大、用途广,主要用于制造汽车轮胎、胶带、胶管和一般工程构件;特种橡胶则能在特殊条件(高温、低温、酸、碱、油、辐射等)下使用。常用橡胶的种类、性能和用途见表6.3。

6.1.4　合成胶黏剂

在胶接过程中,将两个物体连接在一起的一种非金属材料,称为胶黏剂。胶黏剂能胶接各种金属材料,还能胶接木材、皮革、塑料和陶瓷等非金属材料。与焊接、铆接和螺纹联接相比,胶接接头应力分布均匀、疲劳抗力较高、密封性好,且工艺简单、成本低,但接头不耐高温、易老化。目前,工程上应用最广泛的是合成胶黏剂。

表 6.3 常用橡胶的种类、性能和用途

类别	种类	代号	σ_b/MPa	$\delta \times 100$	使用温度/℃	耐磨性	耐有机酸能力	耐无机酸能力	耐碱性	耐油和汽油能力	使用性能特点	用途
通用橡胶	天然橡胶	NR	20~30	650~900	-50~+120	中	差	差	好	显著溶胀	高强度、绝缘、防振	通用制品、轮胎
	丁苯橡胶	SBR	15~20	500~800	-50~+140	好	差	差	好	同上	耐磨	通用制品、轮胎、胶板、胶布
	顺丁橡胶	BR	18~25	450~800	-73~+120	好	差	差	好	不适用	耐磨、耐寒	轮胎、耐寒运输带
	氯丁橡胶	CR	25~27	800~1 000	-35~+130	中	差~可	中	好	轻微~中等溶胀	耐酸、耐碱、耐汽油、耐燃	耐燃、耐汽油、耐化学腐蚀的管道、胶带、电线电缆的外皮、汽车门窗的嵌条
	丁腈橡胶	NBR	15~30	300~800	-50~+170	中	差~可	可	中	适用	耐油、耐汽油、耐水、气密	耐油密封垫圈、输油管、汽车配件及一般耐油制件
特种橡胶	聚氨酯橡胶	UR	20~35	300~800	-30~+80	好	差	差	差	适用	高强度、耐磨、耐油、耐汽油	实心轮胎、胶辊、耐磨件
	硅橡胶	—	4~10	50~500	-100~+300	差	中	可	—	显著溶胀	耐热、耐寒、抗老化、无毒	耐高、低温的制品和绝缘材料和人造血管
	氟橡胶	FPM	20~22	100~500	-50~+300	中	差	好	中~好	适用	耐蚀、耐酸碱、耐热	化工衬里、高级密封件、高真空胶件

（1）合成胶黏剂的组成

合成胶黏剂是以具有黏性的合成高分子化合物为基料,加入适量的添加剂组成的。其中,黏性基料应具有优异的黏附力和良好的耐热性、抗老化性等,它决定着胶黏剂的主要特性。根据胶黏剂的要求不同,常加入相应的固化剂、填料、增塑剂、稀释剂等添加剂。

（2）常用合成胶黏剂

合成胶黏剂可分为树脂胶黏剂、橡胶胶黏剂与混合胶黏剂3大类。其中,树脂胶黏剂又分为热固性与热塑性树脂胶黏剂。工程上常用合成胶黏剂的种类、特性及应用见表6.4。

表 6.4　常用合成胶黏剂的种类、性能和用途

类　别	种　类	特　性	应　用
热固性树脂胶黏剂	环氧树脂	性能全面,耐热、耐水	有"万能胶"之称,可用于金属-金属、塑料-(塑料、玻璃、陶瓷)、金属-非金属
	聚氨酯	耐低温,柔性好,黏结强度较高	耐低温金属-金属、塑料-塑料、金属-塑料
	有机硅树脂	耐高温,但韧性差	金属-金属、绝缘体
热塑性树脂胶黏剂	α-氰基丙烯酸酯	韧性好,常温快干、使用方便、可反复黏结,但耐热性、耐磨性差	金属、塑料、橡胶、木材、玻璃、陶瓷等
	聚醋酸乙烯酯		木材、织物、纸制品
	聚丙烯酸酯		金属、热固性塑料、玻璃、陶瓷、压敏胶
橡胶胶黏剂	氯丁橡胶	起始黏性高、柔性高,但耐热、耐寒性差,强度低	金属、橡胶、塑料
	丁腈橡胶		金属、织物、耐油橡胶件
	硅橡胶		密封金属件、热固性塑料、玻璃件
混合胶黏剂	酚醛-丁腈	耐热好、强度高、柔性好,用于-50~250 ℃	金属、金属-非金属
	酚醛-聚乙烯醇	强度高、韧性好、耐寒,用于-60~70 ℃	航空金属构件、塑料、陶瓷
	酚醛-缩醛-有机硅	比前者提高耐热性,用于200 ℃以下长期工作	合金钢、玻璃钢、金属-非金属、泡沫塑料-金属

6.2 陶 瓷

陶瓷是以金属或非金属的化合物为原料,经制粉、配料、成型和烧结而制成的无机非金属材料,它是现代工业中很有发展前途的一类材料。陶瓷在建筑、冶金、化工、机械、电子、宇航和核工业中得到广泛应用,成为与金属、高分子材料并列的 3 大支柱材料之一。

6.2.1 陶瓷的组成与结构

陶瓷主要由无机化合物组成,有时需加入适当的黏结剂或烧结助剂。无机化合物的种类及纯度决定着陶瓷的主要特性。由含 Al_2O_3、SiO_2 等成分的天然硅酸盐(如石英、长石、黏土等)为原料制成的普通陶瓷,因其纯度低而性能较差,多用于日用器皿及电气、化工、建筑领域;以人工合成的无机化合物(如 Si_3N_4、SiC、BN 等)为原料制成的特种陶瓷,因其纯度高而具有优良的力学、物理和化学性能,广泛用于化工、机械、电子、宇航等领域。

陶瓷为多晶多相结构,它由晶相、玻璃相和气相组成(见图 6.4)。晶相是陶瓷的主要组成相,并决定着陶瓷的基本特性。玻璃相是基料与杂质在烧结时形成的非晶态物质,起黏结晶相、填充气孔的作用,但其性能低于晶相,故工业陶瓷中玻璃相应控制为 20%~40%。气相是存在于陶瓷内部的分散孔隙,它使陶瓷性能大幅降低,故普通陶瓷的气孔率应控制在 5%~10%,特种陶瓷则控制在 5% 以下。

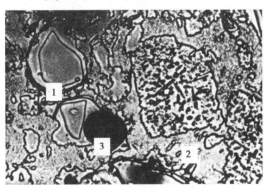

图 6.4 陶瓷的 3 种基本相

1—晶相;2—玻璃相;3—气相

6.2.2 陶瓷的性能特点

极高的硬度和弹性模量。陶瓷的硬度一般在 1 500 HV 以上,高于淬火钢的硬度;其弹性模量为 $10~10^3$ MPa,是金属的若干倍。

(1)很高的热硬性和高温强度

陶瓷是工程上常用的耐高温材料,某些陶瓷还是理想的高速切削刀具材料。

（2）**良好的耐蚀性和抗氧化性**

陶瓷的组织结构很稳定，能耐酸、碱、盐的腐蚀，且与许多高温金属熔体不发生作用，是极好的耐蚀材料和坩埚材料。

（3）**多样化的电性能**

大多数陶瓷为良好的电绝缘体，部分陶瓷为半导体，个别陶瓷为超导体。有的陶瓷还具有光-电、压-电等转换功能。

陶瓷的主要缺点是脆性大、抗热振性与抗拉强度低，但其抗压强度相对高得多。

6.2.3 陶瓷的分类

按化学成分，陶瓷可分为氧化物陶瓷、碳化物陶瓷、氮化物陶瓷及其他化合物陶瓷。

按原料来源，陶瓷可分为普通陶瓷和特种陶瓷。

按用途，陶瓷可分为日用陶瓷和工业陶瓷。其中，工业陶瓷又分为工程结构陶瓷和功能陶瓷。

6.2.4 常用陶瓷

（1）**普通陶瓷**

普通陶瓷是用黏土（$Al_2O_3 \cdot 2SiO_2 \cdot 2H_2O$）、长石（$K_2O \cdot Al_2O_3 \cdot 6SiO_2$、$Na_2O \cdot Al_2O_3 \cdot 6SiO_2$）和石英（$SiO_2$）为原料，经成型、烧结而成的陶瓷。其组织中主晶相为莫来石（$3Al_2O_3 \cdot 2SiO_2$），占 25%～30%，玻璃相占 35%～60%，气相占 1%～3%。普通陶瓷的成型性好、成本低、产量大，除用作日用陶瓷外，还大量用于电器、化工、建筑、纺织等领域。

（2）**新型结构陶瓷**

1）氧化铝陶瓷

氧化铝陶瓷以 Al_2O_3 为主要成分，含有少量 SiO_2 的陶瓷，又称高铝陶瓷。

根据 Al_2O_3 含量不同，可分为 75 瓷（含 75% Al_2O_3，又称刚玉-莫来石瓷）、95 瓷和 99 瓷。后两者又称刚玉瓷。氧化铝陶瓷耐高温性能好，可使用到 1 950 ℃，具有良好的电绝缘性能及耐磨性。微晶刚玉的硬度极高（仅次于金刚石）。氧化铝陶瓷被广泛用作耐火材料，如耐火砖、坩埚、热耦套管，淬火钢的切削刀具、金属拔丝模，内燃机的火花塞，火箭，以及导弹的导流罩及轴承等。

2）氮化硅陶瓷

氮化硅是由 Si_3N_4 四面体组成的共价键固体。氮化硅的制备工艺有工业硅直接氮化（$3Si+2N_2 \rightarrow Si_3N_4$）和二氧化硅还原氮化（$3SiO_2+6C+2N_2 \rightarrow Si_3N_4+6CO$）两种。

氮化硅的强度、比强度、比模量高；硬度仅次于金刚石、碳化硼等；摩擦系数仅为 0.1～0.2；热膨胀系数小；抗热振性大大高于其他陶瓷材料；化学稳定性高。热压烧结氮化硅用于形状简单、精度要求不高的零件，如切削刀具、高温轴承等。反应烧结氮化硅用于形状复杂、尺寸精度要求高的零件，如机械密封环等。

3）碳化硅（SiC）陶瓷

碳化硅是通过键能很高的共价键结合的晶体。碳化硅是用石英砂（SiO_2）加焦炭直接加

热至高温还原而成,即

$$SiO_2 + 3C \rightarrow SiC + 2CO$$

碳化硅的烧结工艺也有热压和反应烧结两种。由于碳化硅表面有一层薄氧化膜,因此很难烧结,需添加烧结助剂促进烧结,常加的助剂有硼、碳、铝等。碳化硅的最大特点是高温强度高,有很好的耐磨损、耐腐蚀、抗蠕变性能,其热传导能力很强,仅次于氧化铍陶瓷。

碳化硅陶瓷用于制造火箭喷嘴,浇注金属的喉管,热电耦套管,炉管,燃气轮机叶片,轴承、泵的密封圈,以及拉丝成形模具等。

4)氧化锆陶瓷

氧化锆的晶型转变:立方相、四方相、单斜相。四方相转变为单斜相非常迅速,引起很大的体积变化,易使制品开裂。在氧化锆中加入某些氧化物(如 CaO、MgO、Y_2O_3 等)能形成稳定立方固溶体,不再发生相变,具有这种结构的氧化锆称为完全稳定氧化锆(FSZ),其力学性能低,抗热冲击性差。减少加入的氧化物数量,使部分氧化物以四方相的形式存在。由于这种材料只使一部分氧化锆稳定,故称部分稳定氧化锆(PSZ)。氧化锆中四方相向单斜相的转变可通过应力诱发产生。当受到外力作用时,这种相变将吸收能量而使裂纹尖端的应力场松弛,增加裂纹扩展阻力,从而大幅度提高陶瓷材料的韧性。部分稳定氧化锆的导热率低,绝热性好;热膨胀系数大,接近于发动机中使用的金属,抗弯强度与断裂韧性高,除在常温下使用外,已成为绝热柴油机的主要候选材料,如发动机汽缸内衬、推杆、活塞帽、阀座、凸轮、轴承等。

6.3 复合材料

复合材料是由两种或两种以上化学性质或组织结构不同的材料组合而成的材料。复合材料是多相材料,主要包括基体相和增强相。基体相是一种连续相,它把改善性能的增强相材料固结成一体,并起传递应力的作用。增强相起承受应力(结构复合材料)和显示功能(功能复合材料)的作用。

6.3.1 复合材料的分类

按基体材料分类,可分为聚合物基、陶瓷基和金属基复合材料;按增强相形状分类,可分为纤维增强复合材料、粒子增强复合材料和层状复合材料;按复合材料的性能分类,可分为结构复合材料和功能复合材料。

6.3.2 复合材料的特点及性能

比强度和比模量高,其中纤维增强复合材料的最高;抗疲劳性能好,碳纤维增强材料 σ_{-1} 可达 σ_b 的 70%~80%,因纤维对疲劳裂纹扩展有阻碍作用;减振性能良好,复合材料中的大量界面对振动有反射吸收作用,不易产生共振;高温性能好。

6.3.3 常见复合材料

（1）粒子增强复合材料

粒子增强复合材料是将粒子高度弥散地分布在基体中，使其阻碍导致塑性变形的位错运动（金属基体）和分子链运动（聚合物基体）。这种复合材料是各向同性的。聚合物基粒子复合材料如酚醛树脂中掺入木粉的电木、碳酸钙粒子改性热塑性塑料的钙塑材料（合成木材）等。陶瓷基粒子复合材料如氧化锆增韧陶瓷等。金属基粒子复合材料又称金属陶瓷，是由钛、镍、钴、铬等金属与碳化物、氮化物、氧化物、硼化物等组成的非均质材料。

碳化物金属陶瓷作为工具材料已被广泛应用，称为硬质合金。硬质合金通常以 Co、Ni 作为黏结剂，WC、TiC 等作为强化相。硬质合金硬度极高，且热硬性、耐磨性好，一般制作成刀片镶在刀体上使用。

（2）层状复合材料

层状复合材料是指在基体中含有多重层片状高强高模量增强物的复合材料。这种材料是各向异性的，如碳化硼片增强钛、胶合板等，双金属、表面涂层等也是层状复合材料。结构层状材料根据材质不同，分别用于飞机制造、运输及包装等。

（3）纤维增强复合材料

1）纤维增强原则

纤维增强复合材料是指以各种金属和非金属作为基体，以各种纤维作为增强材料的复合材料。在纤维增强复合材料中，纤维是材料主要承载组分，其增强效果主要取决于纤维的特征、纤维与基体间的结合强度、纤维的体积分数、尺寸和分布（见图 6.5）。纤维增强复合材料的强度和刚性与纤维方向密切相关。纤维无规则排列时，能获得基本各向同性的复合材料；均一方向的纤维使材料具有明显的各向异性。纤维采用正交编织，相互垂直的方向均具有好的性能。纤维采用三维编织，可获得各方向力学性能均优的材料。

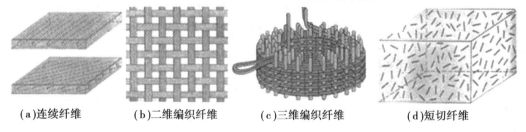

（a）连续纤维　　（b）二维编织纤维　　（c）三维编织纤维　　（d）短切纤维

图 6.5　纤维在基体中的分布方式

2）纤维的种类和性能

①玻璃纤维。用量最大，价格最便宜。

②碳纤维。化学性能与碳相似。

③硼纤维。耐高温，强度、弹性模量高。

④金属纤维。成丝容易，弹性模量高。

⑤陶瓷纤维。用于高温、高强复合材料。

⑥芳香族聚酰胺纤维。强度、弹性模量高，耐热。

⑦聚乙烯纤维。韧性极好,密度非常小。

⑧晶须。是直径小于 30 μm,长度只有几毫米的针状单晶体,断面呈多角形,是一种高强度材料。它可分为金属晶须和陶瓷晶须。金属晶须中,Fe 晶须已投入生产。工业生产的陶瓷晶须主要是 SiC 晶须。

3)纤维增强金属基复合材料

金属的熔点高,故高强度纤维增强后的金属基复合材料(MMC)可使用在较高温的工作环境之下。常用的基体金属材料有铝合金、钛合金和镁合金。作为增强体的连续纤维主要有硼纤维、SiC 和 C 纤维;Al_2O_3 纤维通常以短纤维的形式用于 MMC 中,MMC 虽强度和弹性模量(刚度)增加,但塑性和韧性因使用陶瓷纤维而有所降低。这在一定程度上限制了 MMC 的应用范围。

4)纤维增强陶瓷复合材料

陶瓷材料耐热、耐磨、耐蚀、抗氧化,但韧性低、难加工。在陶瓷材料中加入纤维增强(见图 6.6),能大幅度提高强度,改善韧性,并提高使用温度。陶瓷中增韧纤维受外力作用,因拔出而消耗能量,耗能越多材料韧性越好。

图 6.6　Si_3N_4 晶须自增韧陶瓷复合材料

思考题

1.简述高分子链的结构特点。它们对高聚物性能有何影响?

2.简述高分子材料的力学性能、物理性能和化学性能特点。

3.塑料与橡胶的本质区别是什么?

4.什么是胶黏剂?试述常用胶黏剂的性能特点及应用。

5.陶瓷有哪些特点?可分为哪几类?

6.什么是复合材料?它有哪些主要特点?

7.常见的复合材料基体有哪几种?增强相有哪几种?

第**7**章
新型材料

在人类发展的历史长河中,材料历来反映着生产力的高低,历史学家将材料作为划分人类历史进程的重要标志。大约在公元前 5000 年,人类从石器时代进入了铜器时代;在公元前1200年进入了铁器时代;19 世纪末到 20 世纪中叶,是合金钢等现代钢铁材料飞速发展时期,1910 年工具钢 W18Cr4V 的发明曾经震撼了世界,不锈钢的发明为化学工业的发展作出了重大贡献。半个多世纪以来,品种繁多的、比传统材料更具优异特性和特殊功能的新型材料日新月异、层出不穷。可以说,每一种新材料的发现,每一项新材料的应用,都给人类生活带来巨大改变,将人类文明推向前进。今天,我们正跨进一个新型材料的时代。

新型材料是在研究并掌握了物质结构、变化规律的基础上,根据人类的需要,通过对原子、分子等的选择、组合,得到的具有预期性能的人工合成物质。它们是发展信息、航天、生物、能源以及海洋开发等高新技术重要的物质基础。

7.1　新型金属材料

自然界已知的 100 余种化学元素中约有 3/4 是金属,几乎所有的金属都在为人类服务,自工业革命以来,钢铁一直是人类使用的最主要的结构材料,金属材料在人类生活和生产中处于主导地位。

但从 20 世纪中叶开始,金属材料的主导地位面临空前的挑战。一方面,许多新型材料迅速崛起,尤其高分子材料中的工程塑料在许多方面已能与传统的金属材料相抗衡,加上原料丰富、价格便宜,产量以惊人速度增长。与此同时,先进陶瓷也崭露头角,材料领域不知不觉地从金属材料的一统天下转变成金属、陶瓷、高分子材料三足鼎立的新格局。另一方面,金属材料历经近百年的大力发展,金属矿产资源日益紧张,金属工业也成为能源最重要的消耗者、严重的环境污染者。这些问题都对金属材料的发展提出了挑战,而挑战就是发展的动力。

7.1.1　新型工程结构钢

1997 年，日本开始了新世纪结构材料"超级钢"的研究，我国在 1998 年也启动了相应研究计划。超级钢的特征是：超细晶、高洁净和高均质，研发目标是在制造成本基本不增加、少用合金资源和能源、塑性和韧性基本不降低的条件下，强度翻番和使用寿命翻番。

超级钢需要大幅度提高钢材的洁净度和均匀度。杂质元素和夹杂物对钢的塑韧性、疲劳断裂性能、表面质量均有很大危害。显著降低钢中杂质元素含量、控制夹杂物最大尺寸及分布、控制和改善大颗粒碳化物或氮化物的形状与分布，提高钢显微组织的均匀性，是提高钢材性能的重要途径。目前，先进国家对杂质元素含量提出了相当严格的控制要求，如 O、H、N、S、P 的总含量不大于 100×10^{-6}，对疲劳寿命要求大于 10^7 的超高强度钢，则要求钢中夹杂物及碳化物尺寸不大于 4 μm。

超细晶(晶粒尺寸在 0.1~10 μm)是超级钢的核心理论和技术。细晶强化在普通结构钢中强化效果最明显，是唯一强度与韧性同时增加的强化机制。

研究发现，铁素体晶粒尺寸为 20 μm 时，普通钢材的屈服强度是 200 MPa 级，若细化至 2 μm 以下，强度就能翻番；具有回火马氏体的合金钢或贝/马复相钢，显微组织细化至 5 μm 以下，强度就能翻番。

我国研究项目的主要目标之一是将广泛应用的铁素体-珠光体钢的屈服强度提高 1 倍，即碳素结构钢屈服强度从 200 MPa 级提高到 400 MPa 级，低合金高强度钢的屈服强度从 400 MPa 级提高到 800 MPa 级。形成了以变形诱导铁素体相变(DIFT)为核心的超细晶粒形成理论和控制技术，并实现了工业化生产。DIFT 相变是由形变产生储存能提高相变驱动力的相变，是以形核为主而不是以长大为主的快速动态相变，伴随着产生铁素体的动态再结晶，因此，新生的铁素体具有超细晶特点。

日本新日铁公司采用先进"TMCP"工艺获得厚度为 25 mm，表层铁素体晶粒尺寸 2 μm、深度 4 mm 的表面超细晶粒厚钢板。该技术将微合金化、形变、加速冷却、形变热控制等技术相结合，通过多种强化机制(细晶强化、析出强化、相变强化、固溶强化、位错和亚结构强化等)和韧化机制(细化晶粒、改变相结构等)最终获得综合性能好的细晶组织钢。

微合金化是指所加入元素在钢中含量较低，通常质量分数低于 0.1%。这些微量元素是铌(Nb)、钒(V)、钛(Ti)、硼(B)等碳化物、氮化物形成元素，通过所形成化合物的第二相溶解和析出达到阻碍奥氏体晶粒长大、延长奥氏体再结晶以及产生沉淀强化等作用。为满足工程构件良好的焊接性，微合金化高强度钢必须降低含碳量，含碳量常低于 0.1%。显微组织具有大量的铁素体和少量的珠光体。低的含碳量将使钢强度下降，为此，需通过"TMCP"控制轧制技术来细化晶粒、提高强度。

我国科技工作者也利用现有设备，通过微合金化与 TMCP 技术相结合，自主研发了具有高洁净度、超细晶粒、高均匀度的微合金化低碳高强度钢。例如，汽车壳体用的超低碳深冲无间隙原子钢(IF 钢)，此钢含碳量为 0.005%~0.01%，加入 Nb、Ti 等元素获得无间隙原子的纯净铁素体组织，具有优良的深冲压性能，几乎可满足各种复杂的冷冲压成形件的性能要求，主要用于汽车、船舶及家用电器行业等；此外，用于桥梁的微合金钢 14 MnNbq 屈服强度可达

390 MPa 以上,成功建造了芜湖长江大桥、武汉长江二桥和南京长江二桥等;北京奥运会"鸟巢"用钢,其强度为普通钢材的2倍,在承受460 MPa的外力后,依然可恢复原状。这意味着,即使遭受20世纪唐山大地震一样的地震震级,"鸟巢"依然能保持原状。

7.1.2 形状记忆合金

在一次新材料研讨会上,一位教授手持一个盛有水的玻璃杯,杯里插有一只漂亮的用纸做的蝴蝶,他走上讲台掏出打火机把杯子加热,不一会儿,只见蝴蝶的翅膀飞舞起来。这一试验立刻引起了与会者的极大兴趣,原来在蝴蝶纸质的翅膀下面有一根"形状记忆"合金丝,它会随着杯中水温的升高和降低突然伸长或缩短,具有特殊的"形状记忆效应"。

形状记忆效应是指合金经变形后,在一定条件下,能恢复至原始状态的现象。现用一颗形状记忆合金制作的铆钉来说明(见图7.1)。

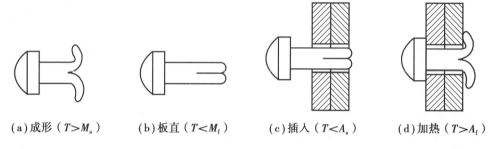

(a) 成形($T>M_s$) (b) 板直($T<M_f$) (c) 插入($T<A_s$) (d) 加热($T>A_f$)

图7.1 形状记忆铆钉工作过程

首先在较高温度下($T>M_s$)把铆钉制成铆接以后的形状(见图7.1(a));然后降温至M_f以下温度,将铆钉"两脚"板直(产生变形)(见图7.1(b));然后顺利地插入铆钉孔(见图7.1(c));再把温度回升至工作温度($T>A_f$),此时,铆钉会自动恢复到第一种形状,随即完成铆接程序(见图7.1(d))。显然这颗铆钉可用在手工和工具无法直接操作的铆接场合。

M_s:冷却时热膨胀马氏体开始转变温度。

M_f:冷却时转变终止温度。

A_s:升温时开始逆转温度。

A_f:逆转完成温度。

形状记忆效应来源于一种热膨胀马氏体相变。淬火强化中的一般马氏体相变在一定温度下一旦形成后随时间延长不再长大,为增加马氏体量,必须进一步降低温度产生新的马氏体。热膨胀马氏体则不同,一旦产生可随着温度降低而继续长大,当温度回升时,长大的马氏体又可缩小恢复到原来的状态,即马氏体随着温度的变化可以可逆地长大或缩小,表现出对其原始形状的"记忆力"。

这种形状记忆能力,从本质上说,是合金内部微观结构固有的变化规律所决定的。固态金属合金中,原子是按一定的规律有序排列的。有的合金随着环境温度的变化,内部原子的排列方式也会发生变化。当温度回到原来数值时,合金内部原子的排列又会恢复到原来的排列方式。内部结构的变化带来形状及性能的改变。

具有这种效应的金属,通常是由两种以上的金属元素构成的合金,称为形状记忆合金(简称 SMA)。1951 年美国人在一次实验中偶然发现了金-镉合金有形状记忆特性,现已发现的具有形状记忆效应的合金有钛基、金基、铜基、银基、镍基、钴基及部分铁基合金 7 个系列。

如图 7.1 所示的铆钉为单向形状记忆效应,后来还发现具有双向记忆效应的:合金在加热时恢复高温相形状,冷却时又能恢复低温相形状,即如果铆钉是用双向记忆合金制作时,把铆好的铆钉重新降温后,铆钉又会自动变直。正如前面提到的那只蝴蝶下面的合金丝,随温度的升降可以来回地伸长或缩短,看到蝴蝶翅膀上下翻飞的情景。

形状记忆合金在工业上具有很高的应用价值,最先报道的是应用在航天技术中用以制作月面天线。1969 年 7 月 20 日,"阿波罗" 11 号登月舱在月球着陆,实现了人类第一次登月旅行的梦想。宇航员登月后,在月球上放置了一个半球形的直径数米大的天线,用以向地球发送和接收信息。这么宽大的天线是如何装在小小的登月舱里被送上太空的呢? 天线就是用当时刚刚发明不久的 Ti-Ni 记忆合金制成的。先在正常使用情况下(在马氏体相变温度以上)用极薄的记忆合金按预定形状大小制成庞大的半球状天线,然后降低温度(在低于马氏体相变温度下),便变成了柔软、容易折叠压缩成团的天线,将天线装入运载火箭。当发射至月球后,在太阳光照射下,温度升高到转变温度时, 天线又"记"起了自己的本来面貌,回到原来的抛物面形状(见图 7.2)。

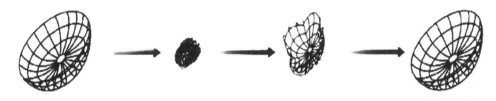

图 7.2　月面天线示意图

形状记忆合金还成功用在了医学上,作为牙科的齿形矫正器。在马氏体相变开始温度 M_s 以上把形状记忆合金制作成正常的形状,然后在马氏体相变终止温度 M_f 下变形并套在不正常的畸形牙上。当口腔温度使合金温度上升后,矫正器自动变成正常形状,将畸形牙矫正。

在生命工程方面,形状记忆合金也有多种应用,如形状记忆合金棒用于治疗脊柱侧弯,首先将与脊柱形状一致的 Ti-Ni 合金棒移植到脊柱上,然后从体外用高频装置对棒作局部加热,以此一点一点地进行矫正;还可用来作血栓过滤器,首先将 Ti-Ni 合金制成筛状过滤器,然后在低温时变形成直线状,通过导入管安置于心脏后,记忆合金依靠体温加热恢复成筛网状,起到过滤作用;另外还可作各种支架,经过预压缩变形安放到人体内一些狭窄部位后,支架扩展到预定形状,在人体腔内支撑起狭小的腔道。

形状记忆合金还可广泛地应用于各种自动调节和控制装置,形状记忆薄膜和细丝可能成为未来超微型机械手和机器人的理想材料。特别是它的质轻、高强度和耐蚀性使它备受青睐。形状记忆合金的发明及应用,开阔了人们对金属材料的特性与功能的认识,神秘地被人们称为智能材料。

7.1.3　储氢材料

20 世纪是石油的时代,人们毫无顾忌地开采石油,大量燃烧石油,世界因为石油的竞争而引起了战争。总有一天,石油时代终将结束,那么,新的能源又将从何而来?

从科学角度看,能源是无限的,风能水力不会终止,海水中蕴藏的能量也是无限的,氢是一种十分理想的能源,1 kg 氢气燃烧可放出 140 000 J 的热量,比 1 kg 石油放出的热量高 2 倍。氢燃烧产物是水,水不会产生任何污染,而水还可以产生氢,可以说氢是地球上取之不竭的清洁能源。但这就必须解决氢气如何储存和运输的问题,目前,人们主要靠把氢气变成高压液体,然后用高压气瓶存储和运输,由于氢气密度小,在标准状态下每升仅重 0.09 g,若将之加压到 15 MPa(150 个大气压)储存在高压瓶中,所装氢气质量也不到氢气瓶的 1%,还有爆炸的危险。

如用液态储氢,在常压条件下,氢气须降温至沸点-252.7 ℃才能变成液体,为了保持液态必须有极好的绝热保护,使用绝热材料的体积往往要比储氢设备体积还要大。例如,大型火箭常用液氢、液氧作燃料和氧化剂,储存它们的推进剂储箱往往要占整个火箭一半($1\ m^3$)以上的宝贵空间。

现在一种高效率的储氢金属材料被研制出来,给氢能源的利用带来了希望。储氢材料具有独特的晶体结构,使氢原子容易进入其晶体中的间隙位置并形成金属氢化物,一个金属原子可与两三个乃至更多氢原子结合,同时放出一定热量。此后,当把金属氢化物加热时,因氢气与金属原子结合力很弱,氢气又很容易地从储氢合金中释放出来。储氢合金储氢能力很大,单位体积中储氢密度是同温度、压力条件下氢气的 1 000 倍。一个液氢高压瓶中的氢,可放进一小块储氢合金中,既不需要高压氢气庞大沉重的钢制容器,也不需要液态氢所要求的极低温度,保存、运送起来非常方便。

燃氢汽车是储氢合金应用最适合的领域,每立方米氢的燃烧可以使车行驶 5~6 km,是一种完全无污染的能源。目前,燃氢发动机已研制成功,不久的将来,燃氢汽车必将展现在人们眼前。由于吸氢和放氢的过程分别为放热和吸热的过程,因此,储氢材料还可用作空调机、制冷器、热机械泵等。

储氢材料被称为未来能源材料之星,典型的储氢材料有 $Mg2NiH4$、$LaNi5H6$、$MnNiH6.3$、$TiFeH1.9$ 等。

7.1.4　非晶态金属

人类使用金属材料大约已有 8 000 年的历史,使用的都是具有晶体结构的金属材料。1960 年美国加州大学用快速冷却方法首次获得了非晶态的合金 $Au_{70}Si_{30}$,1967 年又得到了 $Fe_{86}P_{12.5}C_{7.5}$ 非晶合金。并发现非晶态金属具有许多常规晶态金属不可比拟的优越性能,它们是目前人们所知的强度最高、韧性最好、最耐腐蚀、最易磁化的金属材料,非晶态金属揭开了金属材料发展史上新的一页。

液态金属在低于理论熔点的温度将凝固结晶,通过形核和长大的过程形成晶体。如果液态金属以一个高于某一临界冷速 v_c 的冷速冷却时,可以完全阻止晶体的形成,把液态金属迅速"冻结"到低温,从而形成非晶态的固体金属。从理论上说,任何液体都可通过快冷获得非晶态固体材料,只不过不同的材料需要不同的冷却速度。例如,玻璃的临界冷速所对应的最短时间是几个小时或几天,因此,在正常的冷速下均得到非晶固体。但对于纯金属而言,临界冷速所对应的最短时间约为 10^{-6} s，这意味着纯金属必须以大于每秒 10^{10} k 的冷却速度才可能获得非晶态，因此在实际工程中，无法得到非晶态的金属。

为获得非晶态金属主要有两个途径：一是选取具有低的临界冷速 v_c 的合金；二是应用快速冷却技术。

非晶态合金的结构与晶体截然不同，不具有长程有序性，即原子排列不具备规则的周期的重复排列特性，但也与液态金属结构有一定的差别，非晶态合金的结构并非完全无序，在几个原子范围内，原子分布具有一定规律性，即具有短程有序性。

非晶态是一种亚稳态，在特定条件下，会通过形核和长大过程向稳定的晶态转变，称为晶化。因非晶态金属短程有序的特点，非晶态合金晶化时形核率很高，可以得到晶粒十分细小的多晶体。

非晶态合金中没有位错，没有晶界和相界，没有第二相，可以说是无晶体缺陷的固体，不会由于位错运动而产生滑移，因此某些非晶材料具有极高的强度，甚至比超高强度钢高出 1～2 倍。例如，4340 超高强度钢的断裂强度为 1.6 GPa，而 $Fe_{60}Cr_6Mo_6B_{28}$ 非晶态合金达到 4.5 GPa。对于晶态合金来说，超高强度钢已达到相当高水准，要想继续提高强度，困难是非常大的，而非晶态材料却能使金属的强度成倍增长。非晶态合金在具有高强度的同时，还常具有较高的硬度和耐磨性，很好的韧性及延展性，是一种具有优良的综合力学性能的结构材料。

非晶态合金原则上可得到任意成分的均质合金相，其中许多相在平衡条件下是不可能存在的。因此，非晶态合金不仅大大开阔了合金材料的范围，还因其成分、结构上具有高度的均匀性、没有各向异性的特点，在腐蚀性介质中不易形成微电池，具有更高的抗腐蚀能力，可用以制造潜水艇材料、中子反应堆的化学过滤器等。

7.2　纳米材料

在 20 世纪末到 21 世纪初的世纪之交，在全世界范围内，刮起了一阵强劲的"纳米"科技风暴。当普通老百姓还搞不清什么是"纳米"的情况下，"纳米冰箱""纳米洗衣机""纳米涂料""纳米保暖内衣"已随风暴铺天盖地而来。人们不禁要问：什么是纳米，什么是纳米科技，什么是纳米材料。

7.2.1　纳米及纳米技术

"纳米"是国际规定米制长度单位中的一个基本单位，1 纳米（nm）是 1 米（m）的十亿分之一（即 10^{-9} m）。1 nm 大概是 10 个氢原子紧密排列的长度，大约是一根头发丝的 6 万分之一 $\left(即 \dfrac{1}{6} \times 10^{-4}\right)$，只有上万倍的显微镜才能分辨这样小的尺寸。

随着近代科技的发展，特别是大规模集成电路中电子元器件越做越小，在 1 cm^2 的尺寸上就有上百万个晶体管，连接它们的导线宽度已经小到 0.1 μm，其加工精度已进入纳米尺度

(1~100 nm)范围,往往需要在显微镜的帮助下才能完成。

这种在纳米尺度范围内,通过操纵和安排原子、分子而达到创新目标的技术,称为纳米技术。这意味着,你可按照你的意愿或计划去一个个摆放原子。

1990年,美国商用机器公司(IBM)的科学家利用扫描隧道显微镜在超低温、超真空条件下,直接操纵原子,成功地在镍(Ni)基板上,将35个氙(Xe)原子排成了IBM字样,开创了操纵原子的先河。

纳米科技不仅仅是尺寸的减少,还包含更加广泛而深远的内容。1~100 nm的尺度范围是人类过去从未涉及的非宏观、非微观领域,比之大的微米以上尺寸的物体及其性质已被人们认识透彻,比之小的原子、核外电子等也已进行了深入研究。也恰恰在这个纳米尺度范围内,科学家们发现了一系列新现象、新特性、新规律。例如,当物质小到纳米尺度时,传统的力学就无法描述它的行为,要改用量子力学描述;当材料小到纳米尺度时,会出现一些常规材料所不具备的新特性。例如,纳米铁材料的断裂应力比一般铁材料高12倍;气体通过纳米材料的扩散速度比通过一般材料时快几千倍;纳米铜比普通铜坚固5倍,硬度随颗粒尺寸的减少而增大;纳米陶瓷具有很好的塑性、韧性等。

纳米技术被称为人类制造技术的最终技术,通过安排原子与分子排列将使创造新事物的可能性变得无穷无尽,未来世界将因为纳米技术发生翻天覆地的变化。

大家都知道钻石和石墨都是碳元素组成的,钻石坚硬、晶莹,而石墨漆黑、松软,巨大的差异只是因为原子排列的方式不同,拥有了纳米技术,就意味着拥有了点石成金的魔力。

我们都听说过女娲造人的童话故事:女娲用水和黄土捏出人形,然后对着泥土吹口气,泥人便活了。随着科学的发展,已没有人相信女娲能造人,然而纳米科技让人们不得不重新审视这一远古的传说。

世界上目前只发现了100多种原子,而构成的物质种类却是无穷无尽。复杂如人类,不过只是由60多种元素组成。其中,碳、氢、氧、氮、钙、磷、钾、硫、钠、镁、氯等11种元素占人体质量的99.95%。这些元素在"泥土+水+空气"的组合中都能找到,从某种意义上说,也许人类有一天可通过摆放泥土中的原子来复制出另一个自己。

纳米技术带给人类的梦想还不止这些,在未来的世界中,你还可以看到以下场景:

情景1:某教授需要查阅一些资料,他拿出一块方糖大小的物体插入计算机,结果整个国家图书馆的资料都一览无遗。

这是因为纳米技术可将目前芯片存储能力提高10万~100万倍,能把国家图书馆所有资料压缩进一块方糖大小的装置中。

情景2:大吊车用一根毛线粗细的细丝吊起一辆大卡车。

纳米技术开发出了强度为钢的100倍而密度只有钢1/6的轻质高强纳米结构材料——碳纳米管,直径1 mm的细丝足以承受20多t的质量。

2004年,世界上最薄的材料——仅有一个原子厚度的单层石墨烯被制造出来,它是碳原子以单层六元环紧密排列而成的二维蜂窝状点阵结构,就像一层微米尺度的铁丝网或蜘蛛网,原子排列致密得连最小的氦气分子都无法穿过,这些很强的C-C键使石墨烯成为已知的最为牢固的材料之一。

石墨烯也是组成碳材料家族其他成员的结构基础,将石墨烯以堆垛方式层层叠加,可得到三维石墨;将石墨烯卷曲成球状或椭球状,则可得到零维的碳富勒烯(如图 7.3)。碳富勒烯是碳原子组成的一系列笼状分子,1985 年首先发现 C_{60},此后相继发现 C_{24},C_{36},C_{70},C_{84},$\cdots$,C_{540},它们都是碳的第三种同素异形体;将单层或多层石墨烯卷曲成圆筒,就可相应得到单层或多层碳纳米管(见图 7.4)。碳纳米管的发现被认为是当代材料科学的一项重大突破。

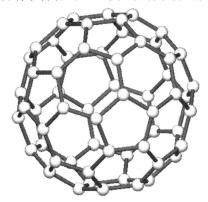

图 7.3　碳富勒烯结构模型

图 7.4　碳纳米管结构模型

情景 3:在一次体检中,某人被发现体内有 3 个癌细胞,医生为他开了一片口服药,3 d 后去医院复查,发现癌细胞已经消失。医学的发达使每个人的寿命都大大延长,以致许多人都记不清自己有几百岁。

纳米技术制造出纳米尺度的探测器,放到人体中进行癌症的早期诊断,制造出纳米尺度的药物"导弹",直接命中肿瘤。

7.2.2　纳米材料及其应用

纳米科技主要包括纳米体系物理学、纳米化学、纳米材料学、纳米生物学、纳米电子学、纳米加工学、纳米力学及纳米测量学。纳米材料学和纳米测量学是纳米科技的两大支柱。

同时具备以下两个特点的材料称为纳米材料:一是构成纳米材料的基本单元的三维尺度中至少有一维处于纳米尺度范围;二是纳米材料具有不同于常规材料的性能。

按维数来分,纳米材料可分为 3 类:零维纳米材料、一维纳米材料和二维纳米材料。

（1）**零维纳米材料**

零维纳米材料是由空间三维尺度均在纳米尺度的纳米颗粒、原子团簇组成的纳米粉体,可用于高韧性陶瓷、高效催化剂、隐形飞机的吸波材料、高密度磁性记录材料、抗菌材料、微电子封装材料、太阳能电池材料、传感材料、药物等。

（2）**一维纳米材料**

一维纳米材料是在空间有两维处于纳米尺度的纳米丝、纳米棒、纳米管等,可用于高强度材料、微型导线、电子探针、微型光纤、场发射、储氢材料等。

（3）**二维纳米材料**

二维纳米材料是在空间中有一维在纳米尺度的超薄膜、超晶格等,可用于过滤器材料、气体催化材料、光敏材料等。

7.2.3 生活中的纳米材料

纳米技术是一种高新科技,纳米材料大部分是由人工制备的。但并不是所有的纳米材料都是利用纳米技术制造出来的人工产品。因为在自然界中就存在很多纳米材料,纳米材料并不神。

每个人身体内部就有多种纳米材料。例如,传递生命遗传信息的 DNA 就是一条具有双螺旋结构的"纳米链";人体骨骼中占 60% 的无机物羟基磷灰石,是一种长 20 ~ 40 nm,厚 1~3 nm 的针状结晶体。

"出污泥而不染"的荷花应用"纳米技术"具有了"自清洁效应"。荷叶的表面有着复杂的纳米结构,其上形成了一层极薄的空气层,灰尘、水珠的尺寸远大于这种结构,落在荷叶上时,与叶面隔着一层空气,水在自身张力的作用下形成水珠,滚落时把叶面的灰尘黏落,形成"自清洁"现象。

鹅在水面上戏耍时,身上的羽毛为什么不会打湿呢?原来鹅毛排列非常整齐和密集,毛与毛之间的间隙小到了纳米尺寸,水珠无法穿透。

蓝天上飘着的朵朵白云就是出纳米尺寸的小水滴形成的,如烟、雾、尘都是由空气中分散的纳米粒子形成,化学上称为"气溶胶"。而牛奶、肥皂泡等属"液溶胶",是在水中分散了纳米粒子;珍珠、彩色塑料、某些合金等是"固溶胶",是在固体里分散着纳米粒子。

最后,你自己也可以很轻松地制作一件"纳米技术产品":点燃一支蜡烛,用一块玻璃板在蜡烛上方来回移动,烛烟会把玻璃板熏黑,玻璃板上被镀上了一层黑膜,这层黑膜就是你制得的纳米产品。

7.3 其他新型材料

7.3.1 先进陶瓷

(1)陶瓷的由来

陶瓷是陶器和瓷器的合称。

在人类学会用火之后,人们用黏土加上水和成泥,捏成各种器皿的形状,在火中焙烧,就得到十分坚硬的陶器,黏土经过 800 ~ 1 000 ℃ 的高温烧制产生了物理、化学变化,形成了一种新物质,这是一个卓越的成就,是人类创造的第一种"人造材料"。

黏土属于无机非金属材料,地壳中到处都是的泥土、沙子、岩石,以及人们居住房子的砖瓦、水泥都是无机非金属材料。不同地方的黏土成分不完全相同,总体来说,70% 左右是 SiO_2,还有少量的 CaO、Fe_2O_3、MnO 和 Al_2O_3 等,经高温烧制后形成复杂的硅酸盐及其他化合物。

在我国,陶器大约出现在 8 000 年前。闻名于世的兵马俑、唐三彩、紫砂壶都是陶器。有了陶器,人类可以吃到煮熟的谷物,喝到烧开的水。

陶器的不足是不致密、易渗漏,强度也不高,经过几千年的发展,出现了瓷器。它们的差别首先体现在化学成分的变化上。与陶土相比,瓷土中 CaO、Fe_2O_3、MgO 等助溶剂物质含量减少,SiO_2 含量减少到 70% 以下,Al_2O_3 含量显著增加。其次瓷器焙烧温度提高到 1 200 ℃ 以上;表面采用一定的矿物和颜料在高温下形成了色泽艳丽的釉——一种质地坚硬、光滑、耐磨、耐腐蚀的玻璃态物质。

瓷器是我国古代最重要的发明之一,最早出现在距今 3 000 多年前的商朝,最著名的有江西景德镇瓷器。精美绝伦的瓷器征服了西方,在许多拉丁语系国家中瓷器“China”一词被作为中国的同义语。

由上可知,陶瓷是以 SiO_2 和多种氧化物为原料,经高温烧制后获得的以硅酸盐为主的无机材料。除陶瓷外,其他主要硅酸盐材料有水泥、耐火材料、玻璃。

从化学角度看,无机材料是兼有离子键和共价键的固体材料,由此决定了它们的一般特性是熔点高、硬度高、强度高、耐腐蚀、电绝缘以及质地脆。

20 世纪初,随着电力的普及和大规模应用,需要好的磁性材料、耐高压的绝缘材料;随着无线电工业的发展,需要高频率下的电容材料、绝缘材料;随着汽车行业的崛起,需要耐高温的电绝缘材料……所有这些传统的硅酸盐材料已难以胜任,于是一些不含硅酸盐的新型陶瓷材料被研制出来,如高纯 Al_2O_3、SiC、TiO_2 等。在绝缘子、火花塞、电容器、高温发热体和工模具中得到应用,拉开了无机材料新时代的序幕。

以耐高温、耐腐蚀、耐磨为特点的无机非金属材料,历经几十年的长足发展,已经跨出了传统硅酸盐材料范围,这些高性能的氧化物、氮化物、碳化物、硼化物等新型无机材料被称为先进陶瓷材料,它们在原料、成分、制造工艺、性能等方面都有别于传统陶瓷材料。陶瓷的概念被广义化了,所有采用无机原料制成的材料都在陶瓷的范围内。

先进陶瓷材料按其应用领域不同,可分为工程陶瓷(先进结构陶瓷)、功能陶瓷和生物陶瓷。

(2)工程陶瓷

工程陶瓷材料主要包括氧化物类、氮化物类、碳化物类。

1)氧化铝陶瓷(Al_2O_3)

氧化铝含量在 85% 以上的统称氧化铝陶瓷,含量在 98% 以上者又称刚玉瓷。由于铝、氧之间键合力很大,因此它特别耐酸碱;Al_2O_3 熔点高达 2 050 ℃,具有很高的耐火度,可用作高温热电耦保护管、坩埚等。其硬度仅次于金刚石、立方氮化硼、碳化硼、碳化硅,居第 5 位,制作高速刀具时胜过硬质合金,还可制作拉丝模、人造宝石、量具、内燃机火花塞等耐磨零件。具有优良的绝缘和机械性能,可制作高可靠性的集成电路基片和多层封装管壳,还可用作电真空陶瓷器件和高频绝缘瓷体等。用途非常广泛,其应用量约占所有结构陶瓷的 60%。

2)氮化硅陶瓷(Si_3N_4)

在 20 世纪 50 年代由人工方法合成。氮化硅是共价键化合物,在常压下无熔点,而是在 1 860 ℃ 分解。具有优良的高温力学性能和化学稳定性,能耐除氢氟酸以外的其他酸和碱溶液的腐蚀,以及抗熔融有色金属的侵蚀,可用于 1 300 ℃ 下使用的结构体和用于有色金属熔炼的耐热、耐液态金属侵蚀部件,特别是高的耐热冲击性能,是制造新型陶瓷发动机的重要材料。一方面利用陶瓷的耐热和隔热性,发展无冷却发动机,提高热效率;另一方面依赖陶瓷进一步提高发动机工作温度,发展新的航空发动机。氮化硅具有很高的硬度,有自润滑作用,摩擦系数小,耐磨性好抗黏结能力强,抗热振性大大高于其他陶瓷,作为新一代陶瓷刀具已崭露头角。

3)碳化硅陶瓷(SiC)

1893年人工方法合成了 α-SiC。碳化硅也是共价键化合物,最大特点是其高温力学性能是目前陶瓷材料中最优秀的,在1 400 ℃时抗弯强度仍保持在500~600 MPa,工作温度可达1 700 ℃。它也是非氧化物陶瓷中化学稳定性最好的陶瓷,抗高温氧化,耐各种酸碱的腐蚀;SiC的硬度很高,是很好的磨料。导电性和导热性在陶瓷中都是较好的,可用于高温发热体或热交换器。由于这些独特性能,在航空、原子能、化工、微电子、机械矿业、激光等工业领域中获得广泛应用。

航天飞行器因以很高的速度与空气产生剧烈摩擦而达到很高的温度,航天飞机表面温度可高达1 400 ℃左右,因此其外表披挂着数万块隔热瓦,它们就是用陶瓷复合材料制成的。

原子能比普通燃料释放的化学能要大几百万到一千万倍。核裂变反应堆的中心是核燃料,过去是用提炼出的金属铀棒直接使用,由于铀的熔点为1 130 ℃,因此,反应堆的工作温度不能超过1 000 ℃。后来把核燃料制成氧化铀等陶瓷材料,其熔点提高到2 000 ℃以上,反应堆工作温度及热效率均得以提高。陶瓷核燃料制成棒或球,置于碳化硅陶瓷管中,再插入反应堆里,碳化硅不怕放射线的辐射,又耐高温腐蚀,因此是良好的核燃料包封材料。此外,氧化硼陶瓷、氧化铍陶瓷、氧化钙陶瓷和氧化镁陶瓷都在核反应恶劣的环境中得到应用。

脆性是一切陶瓷材料的共同弱点,是一种由共价键和离子键的本质所决定的先天不足。先进陶瓷几十年的发展历程也是克服脆性增加韧性的研究过程,经过多种途径将其韧性提高到接近铸铁或高强度铝合金的水平还是有可能的,届时,先进结构陶瓷的工业应用将会有更加广阔的前景。

(3)**功能陶瓷**

功能陶瓷是指可通过电、磁、声、光、热、弹性等直接效应和耦合效应或者化学和生物效应来实现某种特殊功能的先进陶瓷材料。

功能陶瓷的发展始于20世纪30年代,与现代科学技术特别是电子技术的发展紧密相关。功能陶瓷可按照性能和使用特征来分类。例如,绝缘陶瓷或装置陶瓷,广泛应用于电子工业中的电绝缘器件、集成电路中基片和包封等;电解质陶瓷和电容器陶瓷,用于制造中、高频电路中的电容器和微波谐振器、滤波器等;压电陶瓷、电致伸缩陶瓷、热释电陶瓷,在电声、水声、超声和电控微位移技术中有重要用途;半导体陶瓷、敏感陶瓷,包括机敏陶瓷、热敏、压敏、湿敏、气敏陶瓷等,在自动控制工程中起着关键作用;还有导电陶瓷、电解质陶瓷、超导陶瓷、磁性陶瓷、光学功能陶瓷、化学功能陶瓷、生物功能陶瓷等。

7.3.2 高分子材料

高分子材料是以高分子化合物为主要组分的材料,高分子化合物的相对分子质量高达上万甚至上百万。高分子材料可压延成膜,可纺制成纤维,可挤铸或模压成各种形状的构件,可产生强大的黏结能力,可产生巨大的弹性形变,并具有质轻、绝缘、高强、耐热、耐腐蚀、自润滑等许多独特的性能。

1919年,高分子科学领域首位诺贝尔奖获得者Staudinger提出"高分子化合物是以共价键连接起来的长链分子"的概念,在1930年得以确认。20世纪初期合成了酚醛树脂和丁钠橡胶,20世纪30年代合成了尼龙,40年代合成了一系列可用作塑料的高分子(如聚氯乙烯、聚苯乙烯等)。自20世纪50年代开始,石化工业的发展为高分子材料开拓了新的丰富来源,人们把从煤焦油获得单体改为从石油得到,实现了高分子合成的大型化、连续化、自动化和高效化,使高分子材料的发展进入全盛时期。单以塑料为例,1994年世界的塑料的总产量达1.13亿t,若将此产量折合成体积计算,则相当于全世界钢铁产量的总和,20世纪末,高分子材料的总产量已达20亿t左右。

当前,高分子材料与金属、陶瓷一起并列为3类最重要的材料。

(1)高分子材料的分类

按高分子材料的来源分类,可分为天然高分子材料与合成高分子材料。

按高分子材料的用途分类,可分为结构高分子材料与非结构高分子材料。结构高分子材料以良好的力学性能而获得广泛应用,包括塑料、橡胶、纤维、胶黏剂与涂料等。非结构高分子材料主要具备某种特殊的功能,也称功能高分子。例如,具有压电效应的聚偏氯乙烯;具有感光功能的感光树脂;具有吸附分离性能的离子交换树脂;具有化学功能的高分子试剂、催化剂和固化酶;具有医药和生物功能的人体软、硬组织的高分子生物材料和药物;作为临床诊断和分析化验用的高分子材料等。

(2)高分子材料的应用

合成高分子材料的问世使人类的衣食住行各环节发生了日新月异的变化。

1)衣

漂亮实用的合成纤维制品尽人皆知。"的确良"服装挺括美观、易洗免烫;尼龙袜坚固耐磨、腈纶棉质轻保暖,不蛀不霉,便于洗涤;维尼纶织物透气干爽,穿着舒适。这些就是合成纤维中大量生产的"四纶",即由聚对苯二甲酸乙二醇酯纺制的涤纶;由聚酰胺制成的尼龙;由聚丙烯腈纺成的腈纶;由聚乙烯醇缩甲醛制得的维尼纶。此外,还有聚丙烯纤维织物柔软如蚕丝,具有单向透气和透水性,给人们带来更舒适美观的衣着。自1935年研究成功尼龙纤维以来,合成纤维的品种不下30~40种。人类告别了单纯依靠大自然的时代,一座年产1万t合成纤维工厂的产量相当于30万亩棉田的年产量,合成纤维对人类现代生活的贡献是不言而喻的。随着新型合成纤维从"仿真"向"超真"阶段过渡,抗菌防臭、防蛀除污、透气透湿、防缩防皱、抗静电、难燃的多功能纤维,冬暖夏凉的纺织品,光变色或温度变色织物将陆续走进人们的生活。

2)食

塑料大棚、塑料地膜因保温又保湿,带来了粮食、蔬菜等农作物的增产;芳香聚酰胺或醋酸纤维素制成的反渗透中空纤维膜,可使海水和苦咸水淡化;吸水为自重数百倍甚至上千倍的高分子材料可制作婴儿用的"尿不湿";超级市场各类食品包装,大多数是质量轻、不易碎的聚乙烯、聚丙烯、聚酯等高分子材料制品;市场上的"不粘锅",不用放油就可以煎鸡蛋和摊煎饼,它是 20 世纪 70 年代末美国杜邦公司推出的产品,是在煎锅表面镀上一层光滑耐温的聚四氟乙烯膜制成的。

3)住

高分子材料以其漂亮美观、经济实用在建筑业中开辟了广阔的应用领域。它们取代金属、木材、水泥等成为框架结构材料,同时包括墙壁、地面、窗户等装饰材料以及卫生洁具、上下水管道等配套材料和消声、隔热保温、防水等各种材料。如塑料压制的吊灯和镀塑灯具;色彩鲜艳、不怕虫蛀的丙纶地毯和人造大理石;由间苯二酚、甲醛与水泥配制成的墙粉刷材料;花色丰富的壁纸;人造革沙发;塑料压制的家具;合成纤维编织的金丝绒;不饱和聚酯加石灰石制成的人造大理石;墙内保温隔热泡沫塑料;房顶防雨的波形瓦等。此外,还有由酚醛或脲醛树脂压制成的活动房板材、以充气顶棚构成的整体式展览馆、由玻璃增强纤维与树脂制成的整体模塑住房等。这些轻巧可快速拆装的房屋,为搭建临时展览场馆、施工用房、救灾及野外考察用房等提供了极大的方便。

4)行

高分子复合增强材料的自重小,比强度、比模量高,可设计性强,成为飞机制造的首选材料。目前,由碳纤维复合材料(具有 2 000 ℃以上强度不降的优异特性)制造的飞机零部件已有上千种。客机制造中 65%的金属结构材料已被碳纤维及芳纶纤维复合材料所代替,战机制造中高达 90%的金属结构材料将被取代。玻璃纤维复合材料以其质轻、强度高、耐腐蚀、抗微生物附着、非磁性、可吸收撞击能、设计成形自由度大等优点被广泛用于船舶制造。人工合成的顺丁橡胶以及尼龙、卡夫拉等高强纤维帘子线的应用,解决了轮胎既要滚动阻力小,又要耐滑耐磨的矛盾。轿车轮胎中合成橡胶的含量占 35%~50%,载重车胎中顺丁橡胶的含量占 30%~50%,最高达 70%。可以说,各种车辆之所以能在高速路上稳定安全地飞驰,在很大程度上是依赖于高分子材料技术的发展。

除衣食住行以外,在能源、通信、文娱、体育等各个方面都与高分子材料息息相关。高分子材料良好的绝缘性能是电力工业、电子和微电子工业必不可少的绝缘材料,各种塑料、橡胶、纤维、薄膜和胶黏剂广泛应用于发电机、电动机、电缆、导线和各种仪器仪表中。

放射性铀在海水中的含量据估计有 45 亿 t,远高于陆地上铀矿的含量,但浓度很低,每吨海水只有 3 g 左右,若采用离子交换纤维提取和浓缩则可以源源不断地获得核燃料。

通信设备中各种线路板由纤维复合材料制成,制作精密线路应用到的感光树脂,通信设备外壳所使用的各种塑料都是高分子材料。

体育器材中,乒乓球运动员使用的弹性不同的正反胶球拍,撑竿跳高运动员使用的高强度、高弹性的撑杆,网球运动员使用的网球拍都是一种质轻坚韧的纤维复合材料。纤维复合材料已广泛应用于高尔夫球杆、鱼竿、球拍、球棒、弓、滑雪板、赛车、赛艇等各个项目中。目前,50%的碳纤维是用来制作体育器材的。

高分子黏合剂已遍及各行各业和人类日常生活。传统的螺纹联接、铆接、焊接乃至钉、缝等已更多地为黏结取代。胶黏技术可以连接材质、形状各异的材料;可以减轻结构质量;连接处应力分布均匀;同时具有密封、绝缘、防潮、减振等多种功能;施工简单,成本低廉。

在国外,一台汽车要用 5~20 kg 的各种胶黏剂。在飞机中使用黏结技术可省去近 10 万个紧固件,使结构质量减轻 15%,在重型轰炸机中用胶接代替铆接,质量可减轻 34%。在宇航和航空工业中,现在没有一枚火箭、一艘宇宙飞船、一架飞机不用胶黏剂。这些胶黏剂既要求黏结强度高、结实牢靠,又要求耐高低温的冲击。目前,在航空和宇航工业中广泛使用的酚醛-丁腈、改性环氧树脂、硅橡胶和聚氨酯为结构的胶黏剂,其黏结强度达 7 MPa 以上。

现代建筑所用的人造大理石、塑料天棚、地板、壁纸、吊灯、壁灯、衣挂等都可用胶黏剂固定。在家具制造中广泛使用的白胶则是聚醋酸乙烯乳胶。皮鞋中所使用的黏结胶多达十几种,而旅游鞋则广泛使用氯丁胶和聚氨酯胶。低密度聚乙烯粉与衬布热定型后制成的黏合衬已广泛应用于服装的领衬、胸衬、袖口衬等多个部位,使服装挺括丰满。

有万能胶美称的环氧树脂,则可黏结木材、玻璃、陶管、金属。

在医疗领域里,使用胶黏剂黏结皮肤、血管、人工角膜、牙齿、人工关节等。虽然医用胶黏剂的使用条件苛刻,但已研究成功可以替代手术缝线的胶黏剂(α-氰基丙烯酸酯),其黏结强度与缝合法相近,可黏结组合,而且伤愈后不留下缝线疤痕。

7.3.3　生物医学材料

人体器官能够人工制造吗? 回答是肯定的。可以说现在除了大脑以外,几乎所有的人工器官都已取得进展。

人工器官与生物医学材料是分不开的,生物医学材料是与人体组织、体液或血液相接触,具有人体器官和组织的功能或部分功能的材料。

古代人就知道用天然材料治病和修复创伤。公元前 3500 年古埃及人用棉花纤维和马鬃缝合伤口;在公元前 2500 年中国和埃及的墓葬中发现有假牙、假鼻和假耳;人类很早就开始用黄金修补牙齿,并且一直沿用至今;1775 年就有用金属固定体内骨折的记载;1936 年发明的有机玻璃,很快被用于制作假牙和人工骨;1943 年纤维素薄膜首次用于血液透析,即人工肾。特别是 20 世纪 60 年代以后,各种具有特殊功能的高分子材料不断涌现,为人工器官的研究提供了性能优异的新型材料,如制作人工心脏用的聚氨酯和硅橡胶,以及人工肾的中空纤维等,促进了医学和人工器官的飞速发展。目前,被详细研究过的生物医学材料已超过1 000 种,广泛应用的制品有 90 余种。

(1)生物医学材料的要求

由于生物医学材料植入人体或与人体器官、组织接触,必然产生物理的、力学的、化学的作用。只有这些变化和作用控制在人体可以接受的限度内才能使用。材料与人体的相互适应性,称为生物相容性。

①耐生物老化性。对于长期植入的材料,要求生物稳定性好,在体内环境中不发生降解。对于短期植入材料,要求在一定时间内完全降解为无毒小分子,通过代谢排出体外。

②物理和力学性能好。即几何形状、强度、韧性、塑性、弹性、耐磨性、耐疲劳性等。例如,用作骨科的材料要求有很好的强度和弹性,牙齿材料需要高硬度和耐磨性。

③热稳定性好。消毒和灭菌不变质。

④生物相容性好。即无毒,无刺激性,不发生炎症、坏死和功能下降,不致癌,不致畸,不干扰免疫系统;血液相容性好(即不发生凝血、溶血,不破坏血小板,不改变血蛋白,不扰乱电

解质平衡)。

⑤易于加工,使用操作方便,价格适当。

(2)生物医学材料的分类

1)按材料的物质属性分类

①医用金属材料。

②生物陶瓷。

③医用高分子材料。

④医用复合材料。

⑤生物再生材料。如经特殊处理的天然生物组织:牛心包、猪心瓣膜、牛颈动脉等。

2)按材料用途和人体中使用部位分类

①硬组织材料。主要用作骨科和齿科材料。

②软组织材料。眼科材料以及一些填充和修复材料。

③吸附分离材料。用于人工肾、肝、肺的膜材料和吸附剂材料。

④心血管材料和人工血液材料。

⑤组织黏合剂和缝合线材料。

⑥用作药物和药物载体的材料。

⑦一次性使用的医用材料。如纱布、橡皮膏、注射器、输液器等。

(3)常用人造生物医学材料

1)牙科材料

牙科材料要求具有足够的强度,耐磨损,不变形,无毒无味,具有与牙齿一致的颜色和透明度。牙科材料可分为牙托材料、牙齿材料和黏合剂材料。

①牙托材料。牙托的功能是固定牙齿,要求与牙齿材料有很好的相似和亲和性,能舒适地安放在口腔的肌肉组织上。最常用的牙托材料是聚甲基丙烯酸甲酯等高分子材料,先用石膏制成模子,灌入原料后固化成型。

②牙齿材料。即银汞合金是最早使用的牙齿材料,现在正逐渐被高分子材料中的复合材料所代替,主体成分是聚甲基丙烯酸酯类树脂和无机填料,主要用于牙体缺损的修复。烤瓷材料是各种粉状瓷料经烧结加工后制成,可用于制作嵌体、牙冠、贴面等。另一种常用材料是羟基磷灰石(HPA),属生物吸收性陶瓷,强度特别高,与牙齿组织有很好的相容性,填充牙洞后,逐渐被骨组织吸收,很好地与周围牙组织生长在一起。因 HPA 可与骨直接结合,能使新的骨细胞附着在其表面生长,具有骨诱导性,成为新生骨组织生长的支架和通道。因此,HPA陶瓷被称为人工骨,也常用作骨科材料。

此外,奥氏体不锈钢、钛基合金、金属钽以及氧化铝陶瓷等也是常用的牙科材料。

③种植牙。种植牙已经发展成为一门新兴学科。种植牙的方法是:切开、掀起牙龈,露出牙槽骨,然后在牙槽骨上钻孔,并旋入钛制的空心螺钉,最后缝合牙龈,半年后,螺钉与牙槽骨牢固地结合在一起。重新切开牙龈,露出螺钉,把带有螺钉的假牙旋入空心螺钉,这样假牙与牙槽骨通过螺钉结合得非常牢固。种植牙从外观与周围牙齿无异,比普通的镶牙更美观、舒适。

2）骨科材料

要求具有与骨骼相似的力学性质,如强度、弹性等。因此,只有金属、陶瓷和一些高效工程塑料能用来制作人工骨。其中,陶瓷主要是羟基磷灰石、磷酸三钙和碳纤维,材料植入人体后能够与骨组织生长结合在一起。

人工骨植入时需要固定,机械的、比较落后的方法是钻孔,用钉子固定。理想的方法是使用高分子黏合剂,即骨水泥。骨水泥主要是聚丙烯酸系列,固化后的人工骨通过骨水泥与相邻的骨骼和肌肉组织很好地结合在一起,在关节部位,骨水泥在人工骨末端形成柔韧的高分子中间层,具有滑润、耐磨、缓冲关节之间冲击的作用。

具有生物降解性的骨水泥是聚丙交酯和羟基磷灰石的复合材料,20 个星期后发现聚丙交酯完全消失,羟基磷灰石长成了骨骼。

3）手术缝合线

手术缝合线有吸收型和非吸收型,非吸收型用于体外伤口缝合,愈合后需要"拆线"。吸收型缝合线用于内部器官组织缝合,随着伤口的愈合,缝合线逐渐分解,被身体吸收和代谢。天然材料羊肠、胶原纤维、甲壳素纤维等具有很好的强度和生物相容性,因此常用作缝合线。但因降解速度有时快于伤口愈合,逐渐被人工合成的脂肪族聚酯和聚醚酯等可吸收缝合线代替。

4）人工皮肤

早期的人工皮肤是利用硅橡胶或聚氨酯等高分子膜。这类膜材料能够阻止细菌侵入,在皮肤的生长或移植之前能够暂时起到保护作用。后来发展的胶原膜和甲壳素膜,在具保护功能的同时兼具促进组织生长的功能,随着新皮肤的生长,人工皮肤逐渐降解。

新一代的人工皮肤是一种"组织工程材料"。将人或动物的皮肤细胞"种植"在可被人体降解吸收的高分子膜材料上生长繁殖,形成一个皮肤细胞层,即细胞-生物材料复合物。将细胞层覆盖伤口,随材料的降解和细胞繁殖,能快速生出皮肤。这种组织再生的方法也用在了神经修复上。

组织工程是近几十年刚刚发展起来的前沿科学,标志着医学将走出组织器官移植的范畴,步入制造组织和器官的新时代。

5）血液透析材料

人体的代谢废物全部由血液运输到肾脏,肾脏负责选择性吸收和过滤,清除血液中的代谢废物如尿素、尿酸、肌酐等。肾衰竭将导致尿毒症甚至危害生命。我国的肾病年发病率为几十万,只依靠肾脏移植是远远不够的,目前多采用空心纤维型血液透析法进行血液净化,它是由上万根空心纤维管组成,装在一个直径 7～8 cm、长 20～25 cm 的有机玻璃外壳中,两端用聚氨酯树脂封装固定。当血液流经纤维管时,与纤维外侧相反流向的透析液相互渗透交换,实现透析、过滤的功能。透析几个小时后,血液恢复正常,患者即可像正常人一样生活和工作,不需外科手术,没有痛苦。待患者血液中尿素、肌酐等浓度再次升高,就需要再次透析。

此外,对于如安眠药、农药等药物中毒还将利用吸附剂的吸附作用,清除血液中的代谢物及毒物。

(4) 人工器官

人工器官是 20 世纪现代材料科学与工程技术推动医学发展的鲜明标志之一。

人类治疗病损器官的一种方法是器官移植。但器官移植一直受到许多条件的限制,使用动物器官,人体排斥性太大;器官捐献者太少,且从尸体上移取和保存的技术要求非常高。器官移植后,由于不是自身的器官,必然产生排斥反应,引发器官坏死和败血症等,患者只能依靠长期服药抑制排斥反应。因此,人们对人工器官寄予了厚望,选用优良的生物医学材料,可以减少排斥反应。

1) 人工心脏

人工心脏起搏器是人工心脏辅助装置。它由电池和电极组成,埋藏在胸部肌肉、心肌或大静脉部位,由电极不断地发出脉冲电流刺激心肌,促使心脏有节律地收缩。要求电池有最小的体积和最大的电量,有利于埋藏,并持续工作 10 年以上,如锂碘电池。

心脏瓣膜是心脏的闸门,随心脏的收缩有秩序地打开或关闭,保证血流始终按同一方向循环不发生倒流。如果心脏瓣膜损坏,无论是"打不开"或"关不上",都威胁生命,必须进行更换。人工心脏瓣膜分机械瓣膜和生物瓣膜,前者由金属材料和纤维、涤纶等制成,后者是利用人或动物的瓣膜,经处理后用金属架固定。机械瓣膜的抗凝血性能不好,容易发生栓塞,患者需要终身服用抗凝药物;而生物瓣膜,虽然相容性好不易栓塞,但是耐久性差、容易钙化。

完全人工心脏是机械心脏。用聚氨酯材料制成囊状心室,驱动系统包括压缩装置、电源和空气。心室和驱动系统通过聚氨酯管连接,通过有规律的气体驱动,心室产生交替正压力和真空,从而有节律地收缩和舒张驱动血液循环。

完全人工心脏的研究还不太完善,尚不能满足长期使用。制造人工心脏的高分子材料,要求长期挠曲不产生疲劳裂痕。最好的硅橡胶能维持一亿六千万次挠曲,聚醚型聚氨酯材料能维持一亿五千万次挠曲,这也只相当于正常人 4 年的心跳总次数,因此仍不是理想的材料。

2) 人工肝

肝脏就像是一个化工厂,通过许多化学反应完成物质的合成、分解、转化,把有毒物质分解为无毒物质,达到解毒目的。肝脏具有很强的再生能力,肝脏因病变切除后剩下的几分之一体积,仍能够在 2~3 个月内,长成原来大小。按现有科学水平,要研制一个长期使用的完全的人工肝是不可能的,因此通常把人工肝称为人工肝辅助装置,在肝脏再生或者移植前暂时地完成肝脏的部分功能。

① 非生物型人工肝。这类人工肝与人工肾相同。实际就是血液净化装置。

② 生物型人工肝。生物型人工肝就是利用人或动物的天然肝脏,在体外与人的动脉、静脉相连进行血液灌流。经研究发现,只有狒狒的肝脏与人的生物相容性好,有一定治疗效果。但肝脏来源受到限制。

新一代生物型人工肝是从动物的肝脏上分离出肝细胞,然后把这个植入的肝细胞用很薄的高分子半透析膜包封起来制成微囊,半透析膜一方面将囊内细胞与外界隔开,避免免疫排斥作用,另一方面可允许小分子营养物质或产物自由穿透。微囊膜材料是由海藻酸钙与聚赖氨酸组成。微囊技术还可用在胰岛素的植入治疗中。

3）人工肺

肺是氧和二氧化碳的交换器。吸进的氧气通过肺部毛细血管壁进入血液，而血液中的二氧化碳则由毛细血管壁进入肺泡，由口腔呼出。基本上有以下两种类型：

①人工肺是血液与氧气直接接触。血液流入人工肺与氧气充分接触，达到充分氧饱和并交换二氧化碳后再流回人体。

②人工肺是血液与氧气不接触。通过半透膜相互交换，这与肺部毛细血管壁的作用相同。

第一种人工肺方便、廉价、一次性使用。但由于血液与气体接触，对血液成分有一定破坏，也容易产生栓塞。因此，逐渐被第二种人工肺所代替。

新一代人工肺是植入型，是用硅橡胶、聚四氟乙烯等高分子材料的毛细管制成。植入人体后，为了更好地完成气体交换，需要一台血泵作为驱动力。但血泵和电源等装置的植入，不仅带来困难也会产生副作用。1975 年进行动物犬实验，尝试依靠心脏作为动力，2 h 后，实验犬全部因心脏衰竭和心肌损害而死。1977 年经改进人工肺的毛细管结构和几何形状，大大降低了血液流过人工肺的阻力，减轻了心脏负担，实验犬存活 8 d 以上。

这类人工肺无疑是最有希望的，但材料的凝血、栓塞以及血液阻力、流动均匀性、血气交换性能等问题尚待解决。

4）人工假肢

最初简单的假肢多为木材制作，后来发展为金属、轻型铝合金等。

近代高分子材料的发展，使假肢的品种和类型越来越多，假肢也由原来的机械牵引型发展成为现在的肌电假肢。

大脑是中枢控制系统，要完成某个动作，大脑就会通过脊髓和神经系统，向有关部位的肌肉发出指令。这种指令是一种生物电脉冲，促使某块肌肉收缩，产生相应的动作。

如能把肌肉与假肢在电信号传导上连接起来，人的大脑就可以支配假肢了。例如，在腕部截肢的假手，大脑的指令最终将达到腕部并引起腕部肌肉的收缩。这种收缩可以人为地变成一种电信号，而这种信号经过电路系统的接收、放大和转换后就可以控制假手的动作。同时假手上安装传感器，它产生的信号又可以反馈给大脑，由大脑调整假手动作。

肌电假肢的研究始于 20 世纪 50 年代，目前临床应用的假手还只能完成简单的几个动作，如端水杯、拿刀叉、握笔等。人手的运动非常灵活协调。它是由大量肌肉群协调工作，通过复杂的控制过程产生的，因此要使假肢达到真手的水平是不太可能的。

除了以上几种人工器官，还有人工血液、人工血管、人工关节、人工肌腱、人工喉、人工耳、人工眼、人工食管、人工膀胱等。总之，人工器官不单是医学上的研究成果，它涉及生物、化学、物理、数学、计算机、材料、工程技术、医学、临床等多种学科，是生命科学领域中一项最具挑战性、最有意义的巨大工程。有朝一日，人工器官能与天然器官相比时，人的寿命也就难以想象了。科学家预测，21 世纪生物医学材料和人工器官将取得新的突破，成为造福人类千秋万代的重大贡献。

思考题

1.新型工程结构钢核心技术是什么？主要通过什么途径实现？形状记忆合金的形状记忆能力,从本质上看是由什么决定的?

2.相比其他储氢方法,储氢金属材料的储氢优点在哪里?

3.什么是纳米、纳米技术、纳米材料?举一个例子说明纳米材料的应用。

4.工程陶瓷材料的分类及主要性能特点是什么?

5.从材料的物质属性来看,生物医学材料主要有哪些材料?

第 **8** 章
机械工程材料的选用

8.1 失效与防护

零件和工具工作时都具有一定的功能。零件和工具工作时丧失应有功能而不能正常工作的现象,称为失效,如齿轮轮齿断裂、刀具磨损等。

零件和工具的常见失效形式主要是断裂、磨损与表面接触疲劳。

零件和工具失效前经历的工作时间,称为工作寿命。零件和工具的工作寿命、失效概率、失效原因三者密切相关,其关系的统计规律可用寿命特性曲线(见图 8.1)表示。按寿命特性曲线,工作寿命可分为早期失效期、随机失效期和耗损累积失效期 3 个时期。零件和工具难免失效,但应避免早期失效和随机失效,尽量将其工作寿命延长至寿命终止期,确保零件和工具的预期寿命。

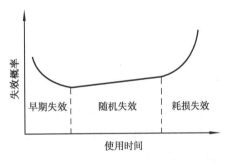

图 8.1 寿命特性曲线

8.1.1 断裂

在载荷作用下零件分离为两部分或数部分的现象,称为断裂。断裂形式主要有过载断裂和疲劳断裂。

(1)过载断裂

在静载荷作用下,零件承受的最大工作应力超过其强度极限而发生的断裂,称为过载断裂。根据断裂前有无明显宏观塑性变形,过载断裂可分为韧性断裂和脆性断裂两种类型。有明显塑性变形($\delta > 5\%$)并消耗较多能量的断裂为韧性断裂;反之,则为脆性断裂。

韧性断裂的抗力指标是剪切屈服极限 τ_s 或拉伸屈服极限 σ_s;脆性断裂的抗力指标是抗拉

强度 σ_b。

零件的过载断裂是韧性断裂还是脆性断裂,取决于零件的应力状态、材料性质、温度和加载速度。零件的应力状态越"软"(即软性系数 α 越大),零件处于韧性状态而趋于韧性断裂,反之则趋于脆性断裂;相同应力状态下,韧性材料呈韧性断裂,脆性材料呈脆性断裂;温度越高,加载速度越小,零件越趋于韧性断裂,反之则趋于脆性断裂。

(2)疲劳断裂

大小或大小与方向随时间作周期性变化的应力,称为循环应力。循环应力的特征可用应力循环对称系数 γ($\gamma = \sigma_{min}/\sigma_{max}$)表示。常见的循环应力有对称循环应力($\gamma = -1$,见图 8.2(a))、脉动循环应力($\gamma = 0, -\infty$,见图 8.2(b))和非对称循环应力($\gamma \neq 0, -1, -\infty$,见图 8.2(c))。

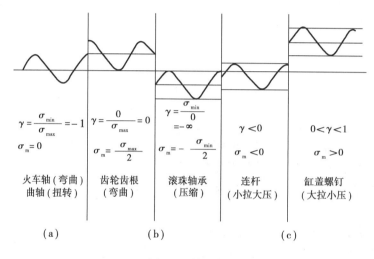

图 8.2　循环应力

零件在循环应力长期(应力循环次数 $N > 10^4$)作用下产生的断裂称为疲劳断裂。疲劳断裂零件承受的循环应力往往低于材料的屈服极限,使疲劳呈现无塑性变形突然断裂的特点,具有极大的危害性。

疲劳断裂的抗力指标主要是疲劳极限或疲劳强度。对称循环应力的疲劳极限主要有旋转弯曲疲劳极限 σ_{-1} 或 σ_N、抗压疲劳极限 σ_{-1P}、扭转疲劳极限 τ_{-1}。

疲劳断裂的过程一般分为以下 3 个阶段:

1)形成疲劳源

在循环应力作用下,通常于零件承受应力最大的部位形成微裂纹,该部位称为疲劳源。

2)疲劳裂纹扩展

在循环应力作用下,微裂纹反复张开与闭合而缓慢扩展。其断口特征是以裂纹源为核心,由一条条平行弧线构成的贝纹状。

3)最终断裂

因裂纹缓慢扩展,致使零件有效承载面积减小,应力增大,当裂纹扩展至一定程度,零件发生快速最终断裂。

（3）**断裂原因**

1）设计不合理

主要是指零件工作条件分析不正确和结构设计不合理。工作条件分析不正确,对零件使用性能估计不足,易导致零件早期断裂;结构设计不合理,如存在尖锐缺口、过渡圆角太小、台阶与孔槽位置不当等,易导致零件工作时在这些部位出现过大的应力集中而断裂。

2）选材不合理

材料不同其力学性能不同。选材及热处理不合理,致使零件力学性能不足而断裂。

3）材质不达标

材料中存在超标的冶金缺陷(如裂纹、疏松、成分偏析、非金属夹杂物和碳化物不均匀分布等),使材料的强度、疲劳抗力、塑性和韧性有不同程度地降低,导致零件易于断裂。

4）加工缺陷

零件的加工缺陷包括热加工缺陷、切削加工缺陷、热处理缺陷等。热加工缺陷显著降低铸件、锻件或焊件接头的力学性能,且缺陷处易成为裂源而导致零件断裂。切削加工缺陷中的表面粗糙与刀痕深,使零件承载时产生较大应力集中;加工精度差使零件的装配精度降低而引起附加应力;线切割表层微裂纹往往成为裂源;磨削烧伤和磨削裂纹使零件的疲劳抗力降低;这些缺陷均易导致零件断裂。热处理缺陷中的脱碳、淬火硬度不足和软点使零件易于疲劳。过热和回火不充分使零件脆性增大而易于脆断和疲劳。

5）装配不当

零件因装配间隙过大、过小或不均匀,固定不紧或重心不稳等装配不当,致使零件工作时产生附加应力或振动而易于断裂。

8.1.2　磨损

零件与零件间相互摩擦导致零件表面材料发生损耗的现象,称为磨损。当零件的磨损量超过允许值时便不能有效工作而失效。

（1）**磨损种类**

1）黏着磨损

在大的压应力作用下,不同硬度零件间的接触点发生金属黏着,黏着点沿硬度相对较低的零件的浅表层被剪断而撕脱下来,这种黏着点不断形成和破坏造成的零件表面材料损耗称为黏着磨损。黏着磨损的特征表现为:磨损率远大于其他种类的磨损;零件表面的摩擦方向上有擦伤条带或沟槽;零件的擦伤表面会形成高硬度、耐腐蚀的白亮层。

2）磨粒磨损

摩擦表面因存在硬质磨粒,磨粒嵌入零件表面并切割表面引起的磨损,称为磨粒磨损。磨粒磨损的特征表现为:磨损率较大,零件表面的摩擦方向上有划痕。

3）氧化磨损

零件在空气中相互摩擦时,摩擦接触点表面的氧化膜被破坏而脱落,又即刻形成新的氧化膜,氧化膜这种不断形成且不断脱落所引起的磨损,称为氧化磨损。氧化磨损可发生于各种工作条件、各种运动速度和压力的摩擦,是机械工程中最常见的磨损种类。氧化磨损的特征表现为:磨损率远小于其他种类的磨损,是机械工程中唯一允许的磨损;磨损表面呈光亮外观,并具有均匀分布的极细微磨纹。

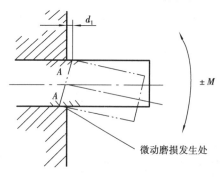

图8.3 压配合轴微动磨损示意图

4)微动磨损

在循环载荷或振动作用下,压配合零件之间配合面的某些局部区域,因发生微小往复滑动而产生的磨损,称为微动磨损(或咬蚀)。如图8.3所示,压配合的轴与轴套之间虽无明显滑动,但在反复弯矩 $\pm M$ 的作用下,轴反复弯曲引起配合面局部区域 A 出现微小的往复滑动摩擦而发生微动磨损。微动磨损因摩擦表面不脱离接触,致使磨损产物难以排出,故微动磨损是黏着磨损、磨粒磨损和氧化磨损共同作用的结果。微动磨损使零件的精度和性能下降,并在磨损区引起应力集中而成为疲劳源易于疲劳断裂。微动磨损的特征表现为:在配合面上产生大量褐色 Fe_2O_3(钢件表面)或 Al_2O_3(铝件表面)的粉末状磨损产物,磨损区往往形成一定深度的磨痕蚀坑。

(2)磨损防止

防止零件磨损的基本方法是提高零件的耐磨性,改善零件的摩擦条件。

1)提高零件耐磨性

对于润滑不良的低速重载摩擦副,应合理选择配对材料;对于钢件,应根据耐磨性要求选择足够耐磨性和硬度的钢;对零件进行表面强化和表面处理。

2)改善零件摩擦条件

合理设计零件结构,降低零件表面粗糙度,减小表面接触压应力;加润滑油或固体润滑剂,降低金属的黏着和摩擦系数;清除摩擦表面间的磨粒或防止磨粒进入摩擦表面间隙处,减小磨粒磨损。

8.1.3 其他失效

(1)表面接触疲劳

相对运动的两零件为循环点或循环线接触时(如滚动轴承),在循环接触应力的长期作用下,使零件表面疲劳并引起小块材料剥落的现象,称为表面接触疲劳(或点蚀)。表面接触疲劳使零件表面接触状态恶化、振动增大、噪声增大,产生附加冲击力,甚至引起断裂。如滚动轴承、齿轮、钢轨、轮箍,常因表面接触疲劳而失效。

表面接触疲劳的特征表现为接触表面出现许多针状或痘状凹坑。有的凹坑较深,坑内呈现贝纹状疲劳裂纹扩展的痕迹。

影响表面接触疲劳寿命的主要因素如下:

1)钢的纯净度

钢中非金属夹杂物往往成为表面接触疲劳的疲劳源,提高钢的纯净度有利于减少非金属夹杂物,以提高零件的表面接触疲劳寿命。

2）钢中碳化物

钢中碳化物易成为表面接触疲劳的疲劳源,钢中碳化物越少、尺寸越小、分布越均匀,其表面接触疲劳寿命越高。

3）表面硬度

在中低硬度范围内,提高表面硬度,有利于提高零件的疲劳抗力,从而提高零件的表面接触疲劳寿命。

4）表面粗糙度

减小零件的表面粗糙度,有利于提高零件的表面接触疲劳寿命。

（2）**热疲劳**

零件在循环温度反复作用下产生表面裂纹的现象,称为热疲劳。压铸模、热锻模、热轧辊等工作时,常发生热疲劳。

产生热疲劳的机理是:零件表面受热膨胀时,因受低温内层的约束产生表面压应力,当表面压应力足够大时,则产生表面塑性压应变;零件表面冷却收缩时,因受高温内层的约束产生表面拉应力,当表面拉应力足够大时,则产生表面塑性拉应变。在加热和冷却的循环温度反复作用下,零件表面产生循环热应力或循环塑性应变,导致其表面疲劳。

热疲劳多表现为零件表面呈现网状裂纹(见图 8.4)。

影响热疲劳寿命的主要因素如下:

1）表面循环温差和表面最高硬度

零件表面循环温差越大,则表面热应力越大,其热疲劳寿命越低;零件表面最高温度越高、屈服极限越低,则表面循环塑性应变越大,其热疲劳寿命越低。

图 8.4　网状热疲劳裂纹

2）零件形状结构和加工缺陷

热疲劳往往发生于循环温差大和应力集中的部位,故具有凸台、棱角、缺口等形状结构,或存在刀痕、表面粗糙、磨削裂纹等加工缺陷的零件,热疲劳寿命均较低。

8.2　选材原则与步骤

在新产品设计、工艺装备设计、刀具设计和更新零件材料时,均会涉及材料的选用。选材是否合理,直接影响零件的使用寿命和成本。要做到选材合理,既要熟悉材料性能、热处理工艺和材料价格,还要掌握选材的原则和步骤。

8.2.1　选材原则

选材原则是所选材料应满足零件的使用性能要求、工艺性能要求和经济性要求。

（1）**满足使用性能要求**

零件的使用性能主要是力学性能。某些零件的使用性能不仅要求力学性能,还要求一定

的物理或化学性能。根据使用性能选材时,需考虑以下因素:

1)零件承载情况

应根据零件承载情况不同,选用相应的材料。例如,承受拉应力为主的零件,应选用钢;承受压应力为主的零件,可选用钢,也可视情况选用铸铁。

2)零件工作条件

零件工作条件是指介质、温度与摩擦情况等。对于在摩擦条件下工作的零件,应选用耐磨材料;对于在高温条件下工作的零件,应选用耐热材料;对于在腐蚀介质中工作的零件,应选用耐蚀材料等。

3)零件尺寸和质量限制

对于要求强度高而尺寸小、质量轻的零件,应选用高强度合金钢,或比强度高的材料(如铝合金、钛合金等);对于要求刚度高而质量轻的零件,则采用比模量高的材料(如复合材料)。

4)零件重要程度

危及人身和设备安全的重要零件,应选用综合力学性能优良的材料。

(2)满足工艺性能要求

零件均由材料经加工制造而成,为满足相应加工工艺要求,所选材料须具有良好的工艺性能。

金属材料常用的加工方法有铸造、锻造、焊接、切削加工及热处理等,与之对应的工艺性能则分别是铸造工艺性、锻造工艺性、焊接工艺性、切削加工工艺性及热处理工艺性等。

根据工艺性要求选材,常考虑以下因素:

1)毛坯种类

零件毛坯选用铸件时,应选用铸造性能好的材料(如铸铁、铸铝等);零件毛坯选用焊接件时,应选用焊接性能好的材料(如低碳钢);零件毛坯选用锻件时,应选用锻造性能好的材料(如中、低碳钢);零件毛坯选用冲压件时,应选用冷冲压性能好的板材(如铝板、铜板、低碳钢板等)。

2)热处理

对于需要淬火的复杂形状零件,应选用淬火变形和淬裂敏感性小的材料。

3)切削加工

对于切削加工零件,应选用切削加工性好的材料。

(3)满足经济性要求

选材的经济性不仅是指材料的价格便宜,更重要的是使零件生产的总成本降低。零件的总成本包括制造成本(材料价格、材料用量、加工费用、管理费用、试验研究费用等)和附加成本(零件的使用寿命)。为此,选材经济性通常考虑以下4个方面:

1)尽量采用廉价材料

在满足使用性能和工艺性能的前提下,应尽量选用价格低廉的材料,这一点对于大批量生产的零件尤为重要。

2)利于降低加工费用

例如,尽管灰铸铁比钢板价廉,但对于某些单件或小批量生产的箱体件,采用钢板焊接比

8.3.1 机械零件用钢的选择方法

(1)选择结构钢种类

根据机械零件的种类和性能要求(HRC、σ_s、σ_b、σ_{-1}等),选择结构钢种类,并确定相应热处理方法。

1)综合力学性能零件

要求良好综合力学性能的零件(如轴类零件、连杆、轻载齿轮等),一般要求 σ_s = 430 ~ 530 MPa,σ_b = 780 ~ 960 MPa,22 ~ 28 HRC。此类零件一般选择碳含量为 0.3% ~ 0.5% 的调质钢,热处理采用调质或正火(韧性要求相对不高的零件)。

2)高强度零件

要求高强度和足够韧性的零件(σ_b = 1 300 ~ 1 500 MPa,38 ~ 45 HRC),一般选择碳含量为 0.3% ~ 0.5% 的调质钢,最终热处理为淬火中温回火。

3)弹性零件

要求高屈服极限或高弹性极限、高疲劳抗力和足够韧性的各类弹簧,一般要求 σ_b = 1 400 ~ 2 000 MPa,43 ~ 53 HRC。此类零件一般选择碳含量为 0.5% ~ 0.7% 的弹簧钢,热处理采用淬火+中温回火。对于截面直径或厚度小于 6 mm 的小型弹簧,可选择高强度弹簧钢丝或钢带,采用冷绕或冷成形并经 250 ~ 280 ℃ 人工时效后使用。

4)低强度零件

要求较低强度、高塑韧性的各类非重要机械零件(如铆钉、开口销、冲模柄、摩擦离合器等),或工程构件(如建筑、石化、路桥、船舶、机车车辆、压力容器、农机等领域的各类构件),一般要求 σ_s = 195 ~ 390 MPa,σ_b = 315 ~ 650 MPa,常选择碳素结构钢和低合金结构钢。

5)滚动轴承

滚动轴承要求具有高硬度(61 ~ 63 HRC)、高耐磨性和高的接触疲劳抗力。小型滚动轴承一般选择碳含量为 1.0% 的轴承钢,热处理采用淬火+低温回火;大型滚动轴承一般选择碳含量为 0.15% ~ 0.25% 的渗碳钢,热处理采用渗碳淬火+低温回火。

6)耐磨零件

要求高硬度(58 ~ 64 HRC)、高耐磨性的机械零件,常选择碳含量大于 0.8% 的工具钢,热处理采用淬火+低温回火。

7)表硬心韧零件和抗接触疲劳零件

要求表面硬度高、心部综合力学性能或强韧性好的零件和抗接触疲劳零件(如机床齿轮、汽车和拖拉机齿轮、工程机械齿轮、精密机床主轴等),其表面硬度要求 54 ~ 58 HRC,心部性能要求 σ_b = 780 ~ 960 MPa、22 ~ 28 HRC 的零件,选择碳含量为 0.3% ~ 0.5% 的调质钢,热处理采用调质+表面淬火+低温回火;其表面硬度要求 58 ~ 62 HRC,心部性能要求 σ_b = 1 000 ~ 1 600 MPa、35 ~ 48 HRC 的零件,选择碳含量为 0.15% ~ 0.25% 的渗碳钢,热处理采用渗碳淬火+低温回火;其表面硬度要求 850 ~ 1 000 HV,心部性能要求 σ_b = 900 ~ 1 000 MPa、28 ~ 32 HRC的零件,选择碳含量为 0.3% ~ 0.5% 的渗氮钢,热处理采用调质+气体渗氮。

(2)选择碳钢或合金钢

同一钢种包括若干牌号的碳钢与合金钢,从中选择碳钢或合金钢及其牌号时,主要考虑下面的因素。

表 8.1　常用淬透零件的钢种选用

零件种类/性能要求	w_C/钢种	热处理	截面尺寸/mm	一般用钢
综合力学性能零件 (22~28 HRC)		调质	<15	45
高强度零件 (38~45 HRC)	0.3%~0.5% 调质钢	淬火+ 中温回火	20~40	40Cr、40MnB、40Mn2、42SiMn、40MnVB
表硬心韧零件 (表面 54~58 HRC) (心部 22~28 HRC)		调质+ 表面淬火+ 低温回火	40~60 60~100	40CrNi、40CrMn 35CrMo、30CrMnSi 40CrNiMoA、40CrMnMo
表硬心韧零件 (表面 850~1 000 HV) (心部 28~32 HRC)		调质+渗氮	<60	38CrMoAlA
表硬心韧零件 (表面 58~64 HRC) (心部 35~48 HRC)	0.15%~ 0.25% 渗碳钢	渗碳淬火+ 低温回火	<15 15~25 25~50 50~100	20 20Cr、20CrV、20MnV 20CrMnTi、20MnVB、20Mn2B、 20Cr2Ni4、18Cr2Ni4WA、20CrNi3
弹簧 (43~53 HRC)	0.5%~0.7% 弹簧钢	淬火+ 中温回火	<15 15~25 25~40	70、65Mn 60Si2Mn、55Si2Mn、55SiMnVB 55SiMnMoV
	高强度弹簧 钢丝、钢带	250~280 ℃ 人工时效	<6	高强度弹簧钢丝、钢带

零件	材料	热处理	尺寸规格	牌号
滚动轴承 (62 HRC)	0.95%~1.05% 滚动轴承钢	淬火+ 低温回火	φ=10~20 mm 钢球	GCr9
			φ<50 mm 钢球,壁厚≈20 mm 套圈	GCr15
			φ=50~100 mm 钢球,壁厚>30 mm 的套圈	GCr15SiMn
耐磨零件 (58~64 HRC)	>0.8% 工具钢	淬火+ 低温回火	<15	T8A、T10A
			20~50	9Mn2V、CrWMn、MnCrWV、9CrWMn、Cr2
			50~100	Cr6WV、Cr12MoV、Cr4W2MoV

1）零件截面尺寸对钢的淬透性要求

多数机械零件主要依据其截面尺寸对钢的淬透性要求，选择碳钢或合金钢及其牌号。对于截面性能要求均匀一致的淬透零件，应选择临界淬透直径 D_c 大于等于零件截面尺寸的钢，以保证淬火零件截面获得均匀一致的组织和性能。截面尺寸较小（<15 mm）的淬透零件一般选择碳钢，截面尺寸较大（>20 mm）的淬透零件一般选择淬透性较好的合金钢，淬透零件的截面尺寸越大，则选择合金元素含量越多、淬透性越好的合金钢。常用淬透零件的钢种选用见表8.1。对于某些不要求淬透的零件（如承受弯曲载荷、扭转载荷的轴类零件），选择能使淬硬层深度为零件半径的1/3~1/2的钢即可。对于不需要淬火的零件，可选择淬透性差的碳钢或碳素结构钢。

2）零件的淬火变形和开裂

对于淬火易变形、易开裂或要求淬火变形小的小截面零件（如细长件、薄板件、带缺口零件或精密零件等），虽然选用碳钢也能淬透，但碳钢零件水淬时易于变形或开裂，故宜选择淬透性好、淬火变形小的合金钢，并采用油淬或分级淬火，减小零件的淬火变形或防止零件的淬火开裂。

3）耐磨零件的耐磨性

耐磨零件常选用高碳工具钢。工具钢的耐磨性除与其硬度有关外，还与钢中合金元素的种类及含量有关。一般而言，在相同硬度条件下，钢中Cr、Mo、W、V等元素的含量越多，其耐磨性越高，故合金工具钢的耐磨性高于碳素工具钢，合金工具钢中上述合金元素越多，其耐磨性越高。因此，应根据耐磨零件的耐磨性要求选择碳素工具钢或合金工具钢及其牌号。

此外，某些机械零件除要求力学性能外，还要求某些特殊性能（如耐蚀性等），故应选择具有相应特殊性能的钢（如铬不锈钢等）。

8.3.2　传动零件的选材

常见的机械传动零件有齿轮、蜗杆与蜗轮、螺杆与螺母等。

（1）齿轮的选材

齿轮的作用是传递转矩、变速或改变传力方向。传递转矩时，齿根承受较大的循环弯曲载荷；循环啮合时，齿面承受较大的循环接触应力；换挡、启动或啮合不均匀时，轮齿承受较大的冲击载荷。故齿轮的主要失效是齿根发生疲劳断裂或冲击过载断裂，齿面发生接触疲劳。因此，齿轮齿面要求较高的接触疲劳强度，齿根要求较高的弯曲疲劳强度，齿心要求较高的韧性和强度。

齿轮选用的材料主要是钢，其次是铸铁和有色合金，工程塑料的应用也日见增多。铸铁齿轮主要用于形状复杂、尺寸大、受力不大的齿轮；有色合金（如锡青铜、铝青铜、铍青铜、硬铝、超硬铝等）齿轮主要用于仪器、仪表中微型轻载齿轮或耐蚀轻载齿轮；塑料（如布胶木、聚酰胺、聚氯乙烯、尼龙等）齿轮具有自润滑性好、质轻、噪声低、耐腐蚀等优点，也具有强度低、易变形、热膨胀系数大等缺点，故常用作纺织机械、家用机械、精密仪器齿轮。

齿轮用钢的选择，主要依据齿面接触疲劳强度（σ_{Hlim}）、冲击载荷、齿轮精度和圆周速度来确定（见表8.2）。在选用具体钢种和牌号时，还需考虑齿轮截面大小和淬火变形要求。小截面齿轮和不易淬火变形的齿轮，可选用碳钢或含合金元素少的合金钢；大截面齿轮和易淬火变形齿轮，应选用合金钢或含合金元素多的合金钢。

表 8.2　常用齿轮的选材

精度	圆周速度/(m·s⁻¹)	σ_{Hlim}/MPa	冲击载荷	常用钢种	热处理	应用示例
6	高速 10~15	<875	中	20GrMnTi、20CrMnMo	齿面渗碳+整体淬火+低温回火	精密机床主轴传动齿轮,传动链最后一对齿轮,走刀齿轮;精密分度传动齿轮;变速箱高速齿轮;齿轮泵齿轮
			小	20CrMnTi、20Mn2B	齿面渗碳+整体淬火+低温回火	
			中	20CrMnTi、20Cr、20Mn2B	齿面渗碳+整体淬火+低温回火	
		<500	小	38CrMoAlA、35CrMo	调质+齿面渗氮	
7	中速 6~10	<1 050	大	20CrMnTi、20Cr	齿面渗碳+整体淬火+低温回火	普通机床变速箱齿轮和进给箱齿轮;切齿机、铣床、螺纹机构的变速齿轮;汽车、拖拉机、内燃机车较重要变速齿轮;一般用途的减速器齿轮;起重机、工程机械重要齿轮;轧钢机齿轮
			中	20Cr、20Mn2B	调质+齿面表面淬火+低温回火	
			小	40Cr、40CrMn	调质+齿面表面淬火+低温回火	
		<730	大	20Cr、20Mn2B	齿面渗碳+整体淬火+低温回火	
			中	40Cr、40CrMn	调质+齿面表面淬火+低温回火	
			小	45	调质+齿面表面淬火+低温回火	
		<420	大	40Cr、40CrMn	调质+齿面表面淬火+低温回火	
			中	45		
			小	45	调质+齿面表面淬火+低温回火	

续表

精度	圆周速度 /(m·s⁻¹)	σ_{Hlim} /MPa	冲击载荷	常用钢种	热处理	应用示例
8	低速 1~6	<1 450	大	20CrMnTi、20CrNi3	齿面渗碳+整体淬火+低温回火	普通机床中非重要齿轮;汽车、拖拉机中非重要齿轮;工程机械、矿山机械、起重机的非重要齿轮和大型重载齿轮;农机中重要齿轮;一般大模数、大尺寸齿轮
			中	30CrNi3No		
			小	20Mn2B、20Cr		
		<1 050	大	40Cr、50Mn2、37SiMn2MoV	调质+齿面表面淬火+低温回火	
			中	45、40Cr、50Mn2	调质+齿面表面淬火+低温回火	
			小	37SiMn2MoV		
		<730	大	40Cr、50Mn2	调质+齿面表面淬火+低温回火	
			中	45、40Cr		
			小	45、40Cr、50Mn2	调质	
		<420	大	40Cr、50Mn2	调质	
			中	45、50Mn2		
			小	45	正火	

（2）蜗杆与蜗轮的选材

蜗杆传动机构用以传递两交错轴（两轴交角一般为90°）之间的运动和动力,通常蜗杆是主动件、蜗轮是从动件从而起到减速作用。蜗杆传动具有传动平稳、传动比大等优点,也具有传动效率低、不宜传递很大功率（一般小于60 kW）、不宜长期持续运转等缺点。蜗杆传动在机床、矿山机械、冶金机械、起重机械、船舶等传动系统中得到较广泛应用。

蜗杆传动机构工作时,蜗杆与蜗轮的齿面承受循环接触应力,齿根承受循环弯曲应力,蜗杆与蜗轮的齿面之间因相对滑动速度大而产生很大的摩擦力。由此,蜗杆传动的失效主要是齿面的磨损和黏着,其次是齿面接触疲劳、齿根弯曲疲劳。因此,蜗杆与蜗轮的齿面应有良好的抗黏着性、减摩性、耐磨性和磨合性,蜗杆与蜗轮还应有足够的强度。

为满足上述性能要求,蜗杆与蜗轮材料应合理配对。与蜗轮相比,蜗杆齿数少、工作长度长、受力次数多,故蜗杆材料的力学性能应高于蜗轮材料的力学性能。因此,蜗杆用淬硬钢与铸造青铜或铸铁的蜗轮配对较好。

蜗杆的常用材料是调质钢或合金渗碳钢,并经热处理使齿面达到一定硬度（见表8.3）。

表8.3　蜗杆常用材料、热处理、齿面粗糙度和适用条件

材料牌号	热处理/齿面硬度	适用条件	齿面粗糙度 $Ra/\mu m$
20Cr、20CrMn、20CrNi、20CrMnTi、12CrNi3A	渗碳淬火+低温回火 58~62 HRC	重要、高速、中、大功率	1.6~0.8
45、40Cr、42SiMn、40CrNi、42CrMo、37SiMn2MoV	调质+表面淬火+低温回火 45~55 HRC	较重要、高速、中、大功率	1.6~0.8
45	调质 <270 HBS	不重要、低速、中、小功率	6.3

蜗轮的常用材料有铸造青铜或铸铁（见表8.4）。

表8.4　蜗轮常用材料、力学性能和适用条件

材料牌号		铸造方法	力学性能/MPa		适用条件	
			$\sigma_{0.2}$	σ_b	滑动速度 $/(m \cdot s^{-1})$	其他条件
铸锡青铜	ZCuSn10Pb1	砂型 金属型	130 170	220 310	≤12 ≤25	稳定的轻、中、重载荷
	ZCuSn5Pb5Zn5	砂型 金属型	90 100	200 250	≤10 ≤12	稳定的重载荷、不大的冲击载荷

续表

材料牌号		铸造方法	力学性能/MPa		适用条件	
			$\sigma_{0.2}$	σ_b	滑动速度/(m·s^{-1})	其他条件
铸铝铁青铜	ZCuAl10Fe3	砂型 金属型	180 200	490 540	≤6	重载、较大的冲击载荷
	ZCuAl10Fe3Mn2	砂型 金属型	— —	490 540	≤6	稳定的轻、中载荷
灰铸铁	HT150 HT200 HT250	砂型	— — —	150 200 250	≤2	稳定的轻载荷

（3）螺旋副的选材

由螺杆与螺母组成的螺旋传动机构（螺旋副）用于将回转运动转变为直线运动，具有传动均匀、准确、平稳、结构紧凑等特点。按用途不同，螺旋传动分为传力螺旋（传递动力，如螺旋起重器、螺旋压力机）、传导螺旋（传递运动，如机床刀架的进给机构）和调整螺旋（调整、固定零件间的相对位置，如仪器和测量装置中的调整机构）3 类。

螺旋副工作时，螺杆和螺母承受转矩和轴向压力，螺旋副的螺纹表面承受很大的摩擦力而产生强烈的摩擦。故螺旋副的失效主要是螺纹磨损，其次是螺牙断裂、螺杆断裂、长螺杆受压失稳等。因此，螺旋副的螺纹应有低的摩擦系数和高的耐磨性，螺杆应有较高的强度、刚度。

为满足螺旋副的上述性能要求，螺杆常用材料是钢（调质钢、渗碳钢、工具钢，见表 8.5），螺母常用材料是铸造铜合金或铸铁（见表 8.6）。

表 8.5　螺杆常用材料、热处理及适用条件

材料牌号	热处理	适用条件
Q275	—	不重要的螺旋传动，耐磨性不高
45、50	调质（22~28 HRC）	
T10、T12	调质（22~28 HRC）	
40Cr、40CrMn	调质（22~28 HRC）+碳氮共渗	重要的螺旋传动，耐磨性高
18CrMnTi	渗碳淬火+低温回火（56~62 HRC）	
CrWMn、9Mn2V	淬火+低温回火（52~56 HRC）	精密传导螺旋，耐磨性高，尺寸稳定性好

表 8.6　螺母常用材料、性能特点及适用条件

材料牌号	性能特点	适用条件
ZCuSn10Pb1 ZCuSn5Pb5Zn5	减磨性好,耐磨性好	一般用途的螺旋螺母
ZCuAl10Fe3 ZCuZn25Al6Fe3Mn3	强度高、减磨性较好、耐磨性较好	重载低速传力螺旋螺母
球墨铸铁、35	强度高	重载调整螺旋螺母
耐磨铸铁	强度低	轻载低速螺旋螺母

8.3.3　轴、弹簧和机架的选材

(1)轴的选材

轴是用以支持传动件和传递扭矩的重要零件,常见的有心轴、传动轴和转轴。心轴工作时只承受弯曲载荷或循环弯曲载荷(如机车车轮轴);传动轴工作时只承受扭转载荷(如汽车传动轴);转轴工作时同时承受循环弯曲载荷和扭转载荷(如减速器的齿轮轴)。此外,启动、制动和变速时,轴还承受冲击载荷;某些部位(如轴颈)还承受较大的摩擦。故轴的失效主要是过载断裂、疲劳断裂、冲击断裂和局部的磨损。因此,轴应有良好的综合力学性能或强韧性,以防冲击断裂和过载断裂;某些轴还要求较高的疲劳强度,以防疲劳断裂;轴颈、键槽等部位要求高的硬度和耐磨性,以防磨损。

轴的常用材料主要是调质钢,其次是合金渗碳钢、渗氮钢、碳素结构钢、球墨铸铁等。选材时,根据轴的强度指标、疲劳抗力指标(或硬度指标)和冲击载荷大小,并综合考虑轴的重要程度、截面尺寸和形状复杂程度等因素,按表 8.7 选材。

表 8.7　轴的选材

工作条件	材料牌号	热处理	σ_b	σ_s	σ_{-1}	τ_{-1}
			MPa			
小载荷、小冲击载荷、不重要的轴	Q275	—	580	280	230	135
中等载荷、中等冲击载荷、较重要的轴,如机床齿轮箱的齿轮轴、轻型汽车的传动轴和心轴等	45	正火(170~217 HB) 调质(24~28 HRC) 耐磨部位表面淬火	600 650	355 360	260 270	150 155
较大载荷、中等冲击载荷、重要的轴,如机床主轴、载重汽车的传动轴,中、大功率的内燃机曲轴等	40Cr 40CrNi	调质(26~32 HRC) 耐磨部位表面淬火	750 900	550 750	350 470	200 280

续表

工作条件	材料牌号	热处理	σ_b	σ_s	σ_{-1}	τ_{-1}
			MPa			
重载、大冲击载荷、重要的轴,如工程机械、大型起重机的轴、重型载重汽车的齿轮轴、蜗轮轴等	20Cr 20CrNi 20CrMnTi	渗碳淬火+低温回火(表面:56～62 HRC)(心部:35～45 HRC)	—			
中等载荷、小冲击载荷、高精度、高耐磨、高尺寸稳定的精密机床主轴,如坐标镗床主轴	38CrMoAlA	调质+渗氮(表面:800 HV 以上)(心部:28～32 HRC)	—			
中、小载荷、高温、低温、强腐蚀条件下工作的轴,如某些化工设备的轴	1Cr18Ni9Ti	≤192 HB	550	220	205	120
形状复杂的柴油机曲轴,凸轮轴和要求不高的水泵轴	QT400-15 QT450-10 QT600-3	156～197 HB 170～207 HB 197～269 HB	—			

示例:C616 车床主轴(见图 8.5),其工作特点:承受中等循环弯曲载荷、中等扭转载荷,并承受一定的冲击载荷;轴颈、花键槽、大端的内锥孔和外锥面承受摩擦。

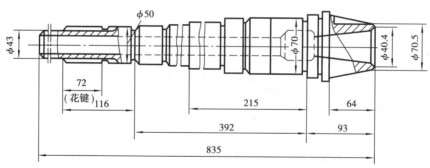

图 8.5　C616 车床主轴简图

1)失效预测

轴的台阶、沟槽因应力集中易产生弯曲疲劳和冲击断裂,轴颈、花键槽、大端的内锥孔和外锥面易产生过度磨损。

2)性能要求

为降低台阶、沟槽的应力集中敏感性,以提高轴的弯曲疲劳抗力和冲击断裂抗力,轴应具有高的韧塑性和足够的强度即良好综合力学性能;轴颈等易磨损处应具有高的硬度和耐磨性。因此,确定该车床主轴的硬度为 24～28 HRC 为宜,轴颈等易磨损处的表面硬度为

52~56 HRC 为宜。

3）选材与热处理

为满足该轴良好综合力学性能（24~28 HRC）的要求，应选择调质钢调质处理，并对轴颈等易磨损处进行高频表面淬火以提高其硬度和耐磨性。此外，为了使轴的横截面性能均匀一致，根据调质轴坯的横截面或壁厚（空心轴），宜选用合金调质钢 40CrNi 经调质处理，轴颈等易磨损处进行高频表面淬火+低温回火（52~56 HRC）。

（2）弹簧的选材

弹簧是利用材料弹性变形进行工作的弹性零件。弹簧工作时通过弹性变形吸收振动和冲击功，以缓冲和减振，如汽车弹簧、火车弹簧等；或储存弹性能以驱动机械零件，如汽阀弹簧、仪表弹簧、钟表弹簧等。弹簧工作时主要承受循环载荷、冲击载荷和振动。弹簧的失效主要是疲劳断裂和塑性变形失效，有时可发生冲击断裂。故弹簧应具有高的弹性极限，以提高弹簧吸收冲击功的能力和防止塑性变形失效；高的疲劳抗力，以防止疲劳断裂；一定的韧性，以防止冲击断裂。因此，弹簧的硬度为 45~52 HRC，且截面性能应均匀一致。

弹簧的常用材料、许用应力、热处理硬度及适用条件见表 8.8。弹簧钢按供应状态分为热轧弹簧钢丝（板）和冷拔弹簧钢丝（带）两类。冷拔弹簧钢是指已经过等温淬火和冷拔加工具有很高屈服极限的钢丝（带），用冷拔弹簧钢经冷卷成形的弹簧只需在 250~300 ℃进行回火（定形处理），以消除应力、稳定尺寸；用热轧弹簧钢经热卷成形的弹簧，则需进行淬火并中温回火。

表 8.8 中弹簧的许用应力按材料和承载类型确定。弹簧的承载类型有 3 种：I 类弹簧所承受的循环载荷次数 $N>10^6$；II 类弹簧所承受的循环载荷次数 $N=10^3~10^5$ 或受冲击载荷；III 类弹簧所承受的循环载荷次数 $N<10^3$。

一般弹簧主要选用弹簧钢。对于截面直径或厚度大于 6 mm 的弹簧，选用热轧弹簧钢经淬火中温回火满足使用要求。截面直径或厚度为 6~15 mm 的弹簧选用碳素弹簧钢 70、65Mn 等；截面直径或厚度大于 15 mm 的弹簧选用合金弹簧钢 60Si2Mn、55SiMnMoV 等，弹簧的截面直径或厚度越大，应选用合金元素越多、淬透性越高的合金弹簧钢。

对于截面尺寸小于 6 mm 的小型弹簧，常选用冷拔弹簧钢丝（带）。选用时，可根据弹簧工作应力的大小，查阅 YB248—64 和 YB550—65 选择冷拔弹簧钢丝（带）的强度组别，以满足弹簧的要求。

对于特殊工作条件下的弹簧，在满足力学性能的前提下应选用特殊性能的弹簧材料，如在腐蚀介质中工作的弹簧选用不锈钢，有导电性要求的弹簧选用铍青铜或锡青铜等。

（3）机架与床身的选材

机架和机床床身是尺寸较大、结构复杂的薄壁空腔零件，起支承其他零部件的作用。工作时，机架和床身承受较大的压力，床身导轨表面承受较大的摩擦和磨损。故机架和床身的失效主要是过量弹性变形、过量塑性变形和导轨表面的磨损。因此，机架和床身要求具有较高的刚度和抗压强度，防止机架与床身的弹性变形和塑性变形；导轨表面具有较高的硬度和耐磨性，防止导轨表面磨损。

根据机架和床身的性能要求，综合其尺寸大、结构复杂等特点，宜选用抗压强度较高的灰铸铁（HT200、HT250）砂型铸造成型，经天然时效、切削加工后对导轨进行表面淬火。

表8.8 弹簧常用材料及许用应力

类别		牌号	许用切应力[τ]/(N·mm⁻²)			许用弯曲应力[σ]/(N·mm⁻²)		推荐硬度范围/HRC	推荐使用温度/℃	特性及用途
			Ⅰ类	Ⅱ类	Ⅲ类	Ⅱ类	Ⅲ类			
常用弹簧钢	冷拔弹簧钢丝	碳素弹簧钢丝 65Mn	$0.3\sigma_b$	$0.4\sigma_b$	$0.5\sigma_b$	$0.5\sigma_b$	$0.625\sigma_b$	—	−40~120	强度高,性能好,适用于小弹簧
	热轧弹簧钢	60Si2Mn	471	628	785	785	981	45~50	−40~200	弹性好,回火稳定性好;易脱碳,用于较高载荷的弹簧
		65Si2MnWA 60Si2CrVA	559	745	932	932	1 167	47~52	−40~250	强度高,耐高温,弹性好
		50CrVA	441	588	735	735	992	45~50	−40~210	有高的疲劳性能,淬透性和回火稳定性好
		30W4Cr2VA	441	588	735	735	992	43~47	−40~350	高温强度高,淬透性好
不锈钢		1Cr19Ni9 1Cr18Ni9Ti	324	432	533	533	677	—	−250~300	耐腐蚀,耐高温,适用于制作小弹簧
		4Cr13	441	588	735	735	922	48~53	−40~300	耐腐蚀,耐高温,适用于制作较大弹簧
		Cr17Ni7Al	471	628	785	785	981	—	300	耐腐蚀,加工性能好
青铜		QSi3-1	265	353	441	441	549	90~100HB	−40~120	耐腐蚀,防磁好
		QSn4-3	353	441	549	549	735	90~100HB		耐腐蚀,无磁性,导电性和弹性好
		QBe2	353	441	549	549	735	37~40		

8.4　工模具的选材

8.4.1　刀具的选材

机械制造中使用的切削刀具种类很多,主要有车刀、铣刀、滚刀、钻头、刨刀、丝锥、板牙、拉刀等。常用的刀具材料有碳素工具钢、低合金刃具钢、高速钢和硬质合金。

1)车刀的选材

车刀主要用于切削加工回转体类零件。工作时,车刀刃口承受剧烈摩擦并因摩擦热使刃口温度升高,切削速度越高、被切材料越硬,刃口的摩擦越强烈、温度越高(可达 600 ℃以上);有时车刀还承受较大的冲击载荷。故车刀的失效形式主要是磨损,其次是刃口崩裂。因此,车刀要求具有高的硬度(60 HRC 以上)、高的耐磨性和高热硬性,以及一定的强韧性。车刀材料主要根据被切材料的种类、硬度和切削速度来选用(见表 8.9)。此外,铣刀、滚刀等性能与车刀相似,故其可仿照车刀的选材方法进行选材。

表 8.9　车刀的材料选用

切削材料及硬度	切削速度 /(m·min^{-1})	刃口温度 /℃	刀具材料	热处理
钢(240~320 HB)、铸铁、有色合金	25~55	≤600	W6Mo5Cr4V2	高温淬火+高温回火
高强度钢(35~43 HRC)、奥氏体不锈钢、高温合金	30~90	>600	YT5、YT14(粗加工) YT30(精加工)	—
钢(240~320 HB)、有色合金	100~300			
铸铁、铸造有色合金	100~300	>600	YG20、YG15(粗加工) YG6、YG3(精加工)	—

2)丝锥和板牙的选材

丝锥是用于加工内螺纹的专用刀具,板牙是用于加工外螺纹的专用刀具。丝锥和板牙分为手用丝锥、板牙和机用丝锥、板牙两类。丝锥和板牙工作时,主要承受较强烈的摩擦作用和一定的扭转载荷,其失效形式主要是刃口磨损,有时发生扭断(丝锥)或崩齿(板牙)。因此,丝锥和板牙要求高的硬度和耐磨性,以及足够的强韧性。丝锥和板牙的材料可根据其切削速度来选用(见表 8.10)。

表 8.10　丝锥和板牙的材料选用

切削速度		刀具材料	热处理
手用丝锥、板牙		T10A	淬火+低温回火,60~64 HRC
机用丝锥、板牙	8~10 m/min	9SiCr	淬火+低温回火,60~64 HRC
	25~55 m/min	W6Mo5Cr4V2	高温淬火+高温回火,63~66 HRC

8.4.2 冷作模具的选材

用于成形常温金属零件的模具,称为冷作模具。常用冷作模具有冲裁模、成形模、引深模、拉丝模、冷挤模等。冷作模具的选材主要针对模具的工作零件,即凸模与凹模。

冷作模具的凸模与凹模要求具有高硬度(58~62 HRC)和高耐磨性,且被成形材料的硬度越高、生产量越大,其耐磨性要求越高。因工作条件不同,冷作模具的凸模与凹模还有其他性能的要求,如引深模要求良好的抗黏着性和减摩性,冷挤模要求高的强度、良好的抗黏着性和减摩性等。

冷作模具的凸模与凹模常用材料主要是冷作模具钢和硬质合金。冷作模具钢中的碳素工具钢与合金模具钢经淬火低温回火后,可获得高的硬度和耐磨性,且钢的碳含量越高、合金含量越高,其耐磨性越高;冷作模具钢中的基体钢和中碳高速钢经高温淬火高温回火后,既可获得高的硬度和耐磨性,又有高的强度和较好的韧性。硬质合金有极高的硬度和耐磨性,因难以切削加工,常用粉末冶金法制成工作部分的镶块固定在凸模或凹模上使用。

常用冷作模具材料的性能比较见表8.11。

表8.11 常用冷作模具材料的性能比较

材料种类	牌 号	硬度/HRC	相对耐磨性	相对韧性	相对强度	临界淬透直径 D_c/mm	淬火变形
碳素工具钢	T10A	56~62	低	较高	低	22(水)	大
低合金模具钢	9Mn2V、9CrWMn CrWMn、MnCrWV	57~62	中	中	较高	40~50(油)	较小
中合金模具钢	Cr6WV Cr4W2MoV	57~62	高	中	高	160(油)	小
高合金模具钢	Cr12MoV	58~64	很高	低	高	200(油)	很小
基体钢	65Cr4W3Mo2VNb	60~62	高	中	很高	180(油)	小
中碳高速钢	6W6Mo5Cr4V2	60~62	高	中	很高		小
硬质合金	YG15	67以上	极高	很低	很低	—	—

(1)冲裁模选材

冲裁模常用于纸胶板、塑料板、铝板、铜板、钢板和硅钢片的冲孔或落料。冲裁模工作时,依靠凸模刃口和凹模刃口的剪切作用,实现对板料的冲裁。冲裁时,模具刃口的侧面和端面将承受很大的摩擦力和压缩力。故冲裁模的失效形式主要是凸模与凹模刃口的过度磨损以及冲裁厚板时的冲击过载断裂。因此,冲裁模要求具有高的硬度和耐磨性,以防刃口磨损;冲裁厚板时,要求一定的韧性,以防冲击过载断裂。

冲裁模凸模和凹模的材料主要在碳素工具钢、合金模具钢及硬质合金中选择。选材时,主要考虑以下因素：

1) 耐磨性要求

冲裁模选材时，主要根据凸模和凹模刃口的耐磨性要求进行选材。根据被冲板料的硬度、生产总量按表 8.12 进行查选。

表 8.12 冲裁 1.3 mm 薄板的凸模和凹模选材

板料种类	不同生产总量(件)的模具选材					硬度/HRC	
	1000	10000	100000	1000000	10000000	凸模	凹模
纸板	T10A	T10A	T10A	T10A	CrWMn	58～62	60～64
塑料板	9Mn2V 9GrWMn	9Mn2V 9GrWMn	CrWMn Cr6WV	Cr4W2MoV Cr12MoV	YG15		
增强塑料板	9Mn2V 9CrWMn	CrWMn	Cr6WV Cr4W2MoV	Cr12MoV Cr4W2MoV	YG15		
软态铝、铜 及其合金板	T10A 9Mn2V	T10A 9Mn2V 9CrWMn	CrWMn	CrWMn	Cr12MoV Cr4W2MoV		
硬态铝、铜 合金板	9Mn2V 9CrWMn	CrWMn Cr6WV	CrWMn Cr6WV	Cr12MoV Cr4W2MoV	YG15		
退火钢 ($w_C<0.7\%$)	CrWMn Cr6WV	CrWMn Cr6WV	Cr6WV Cr4W2MoV	Cr4W2MoV Cr12MoV	YG15	60～62	62～64
软态奥氏体 不锈钢板	CrWMn Cr6WV	CrWMn Cr6WV	Cr6WV Cr4W2MoV Cr12MoV	Cr12MoV Cr4W2MoV	YG15		
弹簧钢带 (<52 HRC)	Cr6WV	Cr6WV Cr4W2MoV Cr12MoV	Cr12MoV Cr4W2MoV	Cr12MoV Cr4W2MoV	YG15		
变压器 级硅钢片 (0.6 mm 厚)	Cr6WV Cr4W2MoV Cr12MoV	Cr6WV Cr4W2MoV Cr12MoV	Cr12MoV Cr4W2MoV	YG15	YG15		

2) 尺寸结构特点

对于冲裁软板料、生产量较小的凸模和凹模，虽然选用碳工钢经淬火低温回火后能满足耐磨性要求，但当模件结构复杂(如凹模板上型孔多、孔间壁厚过薄等)、尺寸精度高而易于淬火变形和淬火开裂时，或截面尺寸过大和型孔尺寸过小易使刃口淬火硬度不足时，应选用淬透性较高、淬火变形和淬火开裂倾向小的合金模具钢(如 9Mn2V、CrWMn、Cr12MoV 等)，以防止凸模和凹模的淬火变形、淬火开裂和刃口硬度不足。

（2）**引深模选材**

引深模是将金属板料经引深变形制成杯形件的冷作模具。

在压力 P 作用下，利用凸模与凹模的间隙使金属板塑性变形成为杯形件的成形方法，称为引深或拉延（见图 8.6）。引深时，金属板料沿高度方向产生剧烈的拉伸变形，沿切向产生剧烈的压缩变形，且上部的压缩变形大于下部的压缩变形，从而使金属与凸模、凹模型腔的侧面产生剧烈摩擦。故引深模的失效主要是黏着磨损。黏着磨损使模具工作表面黏附坚硬的金属"小瘤"（称为黏模）或沟痕（称为擦伤），致使引深件表面产生划痕，降低产品的表面质量。因此，引深模要求具有高的硬度、高的耐磨性和良好的抗黏着性。

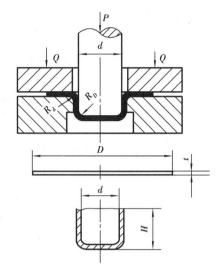

图 8.6　引深变形过程示意图

1）小型引深模具选材

用于引深直径小于 75 mm 杯形件的小型引深模，因凸模、凹模的材料费用不超过模具制造成本的 0.5%，故常选用耐磨性高的材料以保证模具的耐磨性和工作寿命。选材时，可依据引深板料的硬度、生产总量大小按表 8.13 查选。引深板料的硬度越高、生产总量越大，模具要求的耐磨性越高，则应选择合金元素含量越多、耐磨性越高的合金模具钢甚至硬质合金镶块。生产量较大时，模具工作表面还需进行镀硬铬或镀镍磷，以满足良好抗黏着性的要求。

表 8.13　用 1.5 mm 薄板引深直径<75 mm 杯形件的凸模和凹模选材

引深材料	工作零件	不同生产总量（件）的模具选材			硬度/HRC	
		10000	100000	1000000	凹模	凸模
铝、铜及其合金	凹模	T10A、9Mn2V、9CrWMn、CrWMn	CrWMn、Cr6WV、9CrWMn 镀硬铬	Cr6WV、Cr4W2MoV、Cr12MoV 镀硬铬	60~64	58~62
	凸模	T10A、9Mn2V	T10A、9Mn2V、9CrWMn 镀硬铬	CrWMn、Cr6WV 镀硬铬		
软钢	凹模	T10A、9Mn2V、9CrWMn、CrWMn	CrWMn、Cr6WV 镀硬铬	Cr6WV、Cr4W2MoV、Cr6WV 镀硬铬		
	凸模	T10A、9Mn2V	T10A、9Mn2V、9CrWMn 镀硬铬	Cr6WV、Cr4W2MoV、Cr12MoV 镀硬铬		
奥氏体不锈钢	凹模	T10A、9Mn2V、9CrWMn、CrWMn 镀硬铬	Cr6WV 镀硬铬	Cr4W2MoV、Cr12MoV 镀硬铬、YG15 镶块	62~64	58~62
	凸模	T10A、9Mn2V、9CrWMn、CrWMn 镀硬铬	CrWMn 镀硬铬	Cr6WV、Cr4W2MoV、Cr12MoV 镀硬铬、高速钢（渗氮）		

2）大型引深模具选材

用于引深直径大于 300 mm 杯形件的引深模，因凸模、凹模的材料费用超过模具制造成本的 50%，故常选用合金模具钢镶块镶在铸铁模具的工作部位或选用火焰表面淬火的合金铸铁制造凸模和凹模，以降低引深模的制造成本。此类引深模可依据引深板料的硬度、生产总量大小按表 8.14 进行选材。

表 8.14　用 1.5 mm 薄板引深直径≥300 mm 杯形件的凸模和凹模选材

引深材料	工作零件	不同生产总量（件）的模具选材			硬度/HRC	
		10000	100000	1000000	凹模	凸模
铝、铜及其合金	凹模	合金铸铁	合金铸铁、Cr6WV 镶块镀硬铬	Cr6WV 或 Cr12MoV、Cr4W2MoV 镶块镀硬铬	60～64	58～62
	凸模	合金铸铁	9CrWMn、CrWMn 镶块镀硬铬	Cr6WV、Cr12MoV、Cr4W2MoV 镶块镀硬铬		
软钢	凹模	合金铸铁	合金铸铁、Cr6WV 镶块镀硬铬	Cr6WV、Cr12MoV 镶块镀硬铬	62～64	58～62
	凸模	合金铸铁	9Mn2V、CrWMn 镶块镀硬铬	Cr6WV、Cr12MoV 镶块镀硬铬		
奥氏体不锈钢	凹模	合金铸铁铝青铜镶块	Cr6WV 镀硬铬、铝青铜镶块	Cr6WV、Cr12MoV 镶块镀硬铬	62～64	58～62
	凸模	合金铸铁	Cr6WV 镶块镀硬铬	Cr6WV、Cr12MoV 镶块镀硬铬		

（3）成形模与弯曲模选材

成形是指利用局部塑性变形使金属板料或半成品改变形状的冲压工序（如压筋、缩口、翻边等）。弯曲是指将金属板料的一部分相对于另一部分弯成一定角度或形状的冲压工序。

成形或弯曲时，金属板料的变形部分与模具工作表面产生摩擦，故成形模和弯曲模的失效主要是凸模与凹模的磨损，且凹模较凸模的磨损大。因此，成形模和弯曲模要求较高的硬度、耐磨性及一定的抗黏着性，且凹模比凸模要求更高的耐磨性。

1）小型成形模和弯曲模选材

用于生产较小尺寸（<70 mm）成形件和弯曲件的模具，因凸模与凹模的材料费占模具制造成本的比例很小，故主要选用合金模具钢和合金调质钢。选材时，可依据成形或弯曲金属板料的硬度及生产总量按表 8.15 进行选择。成形或弯曲金属的硬度低、生产总量小时，凸模和凹模选用合金调质钢（40CrMnMo）经调质（28～32 HRC）或淬火低温回火（52～56 HRC）后使用；成形或弯曲金属的硬度高、生产总量较大时，选用合金模具钢（9Mn2V、CrWMn、Cr6WV、Cr12MoV 等）经淬火低温回火（58～62 HRC）后使用，成形或弯曲金属的硬度越高、生产量越大，应选择合金元素含量越多、耐磨性越高的合金模具钢。此外，对生产总量大的凸模和凹模还需对其工作表面进行镀硬铬或镀镍磷，以提高其抗黏着性。

表 8.15　1.3 mm 薄板进行成形或弯曲的凹模选材

成形或弯曲件尺寸/mm	成形或弯曲金属	不同生产总量(件)的凹模选材			硬度/HRC
		10000	100000	1000000	
<70	软态铝、铜及其合金	40CrMnMo	40CrMnMo	Cr6WV、Cr12MoV、Cr4W2MoV	合金调质钢:生产批量小于10 000,28~32 HRC;生产批量大于100 000,52~56 HRC；合金模具钢:58~62 HRC；合金铸铁:火焰淬火
	高强度铝、铜合金	40CrMnMo	9Mn2V、9CrWMn、Cr6WV、CrWMn 镀硬铬	Cr4W2MoV、Cr12MoV 镀硬铬	
	低碳钢	40CrMnMo	Cr6WV、Cr12MoV、Cr4W2MoV 镀硬铬	Cr4W2MoV、Cr12MoV 镀硬铬	
	1/4 硬态奥氏体不锈钢	Cr4W2MoV、Cr12MoV	Cr4W2MoV、Cr12MoV 镀硬铬	Cr4W2MoV、Cr12MoV 镀硬铬	
>800	软态铝、铜及其合金	合金铸铁	合金铸铁	Cr6WV 镶块	
	高强度铝、铜合金	合金铸铁	合金铸铁	Cr6WV 镶块、Cr12MoV 镶块镀硬铬	
	低碳钢	合金铸铁	Cr6WV 镶块、Cr12MoV 镶块镀硬铬	Cr4W2MoV 镶块、Cr12MoV 镶块镀硬铬	
	1/4 硬态奥氏体不锈钢	合金铸铁	Cr4W2MoV 镶块、Cr12MoV 镶块镀硬铬	Cr12MoV 镶块镀硬铬	

注:凸模选用表中生产量低一档次的材料。

2)大型成形模和弯曲模选材

用于生产大尺寸(>800 mm)成形件和弯曲件的模具,因凸模和凹模的材料费占模具制造成本的比例较大,常选用火焰表面淬火的合金铸铁或合金模具钢镶块镶在工作部位,以降低模具的制造成本。选材时,可依据成形或弯曲金属板的硬度和生产总量按表 8.15 进行选择。

（4）**冷挤模选材**

冷挤压是指在很大的挤压力作用下,使金属块料在模具内产生较大的塑性流动,制成具有一定形状和尺寸的零件或半成品的成形方法。冷挤压有正挤压、反挤压和复合挤压 3 种形式,如图 8.7 所示。金属流向与凸模运动方向一致的挤压是正挤压,金属流向与凸模运动方向相反的挤压是反挤

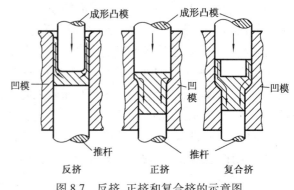

图 8.7　反挤、正挤和复合挤的示意图

压,一部分金属正向流动另一部分金属反向流动的挤压是复合挤压。

冷挤时,凸模承受很大的轴向压缩力,其应力状态为沿横截面均匀分布着很大的轴向压应力(最大可达 2 500 MPa)、径向拉应力和 45°角的切应力;凹模内壁承受很大的胀力,其应力状态为很大的切向拉应力和径向压应力。此外,由于金属剧烈的塑性流动,凸模表面和凹模内壁还承受剧烈的摩擦。故冷挤凸模的失效形式主要是轴向脆性断裂、疲劳断裂和表面黏着磨损;冷挤凹模的失效形式主要是脆性胀裂、疲劳断裂、塑性变形和内壁黏着磨损。因此,冷挤凸模和凹模要求高的强度和一定的韧性,以防止脆性断裂和疲劳断裂;要求高的硬度(56~64 HRC)、高的耐磨性和良好的抗黏着性,以减小黏着磨损。此外,在冷挤凸模整个横截面上强度应均匀一致。

冷挤模选用的材料主要有合金模具钢、中碳高速钢和基体钢。选材时,可依据冷挤金属的强度和生产总量按表 8.16 进行选择。对于较大生产总量的冷挤模,凸模和凹模的工作表面还需镀硬铬、镀镍磷或渗氮,以提高其抗黏着性和使用寿命。

表 8.16　冷挤模主要零件的选材

冷挤形式	模件名称	挤压金属	不同生产总量(件)的凹模选材		硬度/HRC
			5000	50000	
反挤压	凸模	软态铝和铜	Cr6WV	Cr6WV、Cr12MoV、W6Mo5Cr4V2	合金模具钢:56~59 HRC 高速钢、降碳高速钢、基体钢:62~64 HRC
		碳钢(w_C<0.4%)	Cr6WV	Cr12MoV、W6Mo5Cr4V2、65Cr4W3Mo2VNb(渗氮)	
		合金渗碳钢	Cr6WV	W6Mo5Cr4V2、6W6Mo5Cr4V、65Cr4W3Mo2VNb(渗氮)	
	凹模	软态铝和铜	T10A、CrWMn	CrWMn、Cr6WV、Cr12MoV 镀硬铬	合金模具钢:56~59 HRC; 高速钢、降碳高速钢、基体钢:62~64 HRC
		碳钢(w_C<0.4%)	CrWMn、Cr6WV、Cr12MoV	Cr6WV、Cr12MoV 镀硬铬、YG15、YG20 镶块	
		合金渗碳钢	CrWMn、Cr6WV、Cr12MoV	Cr6WV、Cr12MoV 镀硬铬、YG15、YG20 镶块	
正挤压	凸模	软态铝和铜	Cr6WV	Cr12MoV、W6Mo5Cr4V2	
		碳钢(w_C<0.4%)及合金渗碳钢	Cr6WV、Cr12MoV	Cr12MoV 镀硬铬、W6Mo5Cr4V2、6W6Mo5Cr4V、65Cr4W3Mo2VNb(渗氮)	
	凹模	软态铝和铜	Cr6WV	Cr6WV、Cr12MoV 镀硬铬	
		碳钢(w_C<0.4%)及合金渗碳钢	6W6Mo5Cr4V 渗氮、Cr6WV 镀硬铬	6W6Mo5Cr4V、65Cr4W3Mo2VNb(渗氮)、YG20 镶块	

8.4.3 热作模具的选材

用于成形高温金属的模具称为热作模,常用的热作模有锻模、热挤模和压铸模等。热作模具的选材主要是指模具工作模件(如动模与定模或凸模与凹模)的选材。

热作模具工作时,模腔承受高温和温度循环作用,还承受较大的循环静载荷或循环冲击载荷及强烈摩擦作用,故热作模具的失效主要是热疲劳、塑性变形、疲劳、热磨损等。因此,热作模具要求较高的热疲劳抗力、高温强度、热稳定性、热耐磨性及足够的高温韧性。为满足上述性能,除应合理选用材料外还应确定合理的热处理硬度。

热作模具的常用材料是热作模具钢。热作模具钢中主要含有 Cr、Mo、W、V 等合金元素,此类合金元素越多,热作模具钢的高温强度、热稳定性、热耐磨性越高,而热疲劳抗力、高温韧性越低。常用热作模具钢及其高温性能见表 8.17。低合金热作模具钢(如 5CrNiMo、5CrMnMoSiV)的高温强度、高温硬度和热稳定性较低,而高温韧性较好;铬系合金热作模具钢(如 4Cr5MoSiV、4Cr5MoSiV1、4Cr5W2VSi 等)的高温强度、高温硬度和热稳定性较高,且高温韧性较好;钨系或钨钼系高合金热作模具钢(如 4Cr3Mo3W2V、3Cr2W8V 等)的高温强度、高温硬度和热稳定性高,但高温韧性较差。常用热作模具钢的热耐磨性由低至高的顺序为 5CrNiMo、5CrMnMoSiV、4Cr2NiMoVSi、4Cr5MoSiV、4Cr5MoSiV1、4Cr5W2VSi、3Cr2W8V、4Cr3Mo3W2V 等。

表 8.17 常用热作模具钢的高温性能

| 钢的牌号 | 室温 硬度/HRC | 650 ℃ | | | | | | 热稳定性/℃ (保温 2 h,硬度降至 35 HRC 的加热温度) |
		σ_b/MPa	σ_s/MPa	δ/%	ψ/%	A_k/J	硬度/HV	
5CrNiMo	41	177	142	101.0	96.0	36.3	201.7	589
5CrMnMoSiV	40~41	262	204	71.6	96.4	68.0	255.3	646
4Cr2NiMoVSi	39~40	469	400	38.4	92.5	92.2	277	680
4Cr5MoSiV	49~50	471	402	33	85.5	36	302.5	653
4Cr5MoSiV1	47~48	620	556	24	83	66.1	362	669
	44	528	465	27.2	86.6	106.8	321	666
4Cr5W2VSi	48~49	605	530	21	71	47.1	314.5	674
3Cr2W8V	49	808	718	5.4	7.8	27.3	398.5	693
	42~43	533	471	11.0	17.1	27.4	304	684
4Cr3Mo3W2V	48	783	702	17.9	58	29.2	365	—
	44	662	587	21.3	67	31.4	340	—

热作模具钢的热处理硬度对其高温性能也有影响：热处理硬度增高，则钢的高温强度和热耐磨性增高，而高温韧性和热疲劳抗力降低。热处理硬度对热耐磨性的影响：当热处理硬度小于 43 HRC 时，随硬度增高热作模具钢的热耐磨性显著增高；当硬度大于 43 HRC 时，其热耐磨性随硬度增高变化不大。因此，热作模具钢的常用热处理硬度范围为37~52 HRC。

除上述热作模具钢外，对于高温强度、热耐磨性和热稳定性要求更高的热作模件还可采用中碳高速钢、基体钢甚至高速钢 W6Mo5Cr4V2，但其高温韧性和热疲劳抗力较低。

（1）锻模的选材

锻模有锤锻模和压力机锻模两类。锤锻模承受的载荷是冲击载荷，机锻模承受的载荷是静载荷。

工作时，锻模将承受很大的循环冲击载荷或循环静载荷；模腔表面承受较高的温度作用及金属流动引起的剧烈摩擦作用；由于模腔交替经受加热和冷却，其表面还承受温度循环作用。故锻模的失效主要是热磨损，其次是疲劳、热疲劳和塑性变形。因此，锻模要求较高的热耐磨性、高温强度以及高温韧性。

选用锻模材料时，应综合考虑锻模类型（锤锻模、机锻模）、锻造金属种类和锻模尺寸大小等因素。锤锻模承受冲击载荷，模腔受热时间短、表面温度较低；压力机锻模承静载荷，模腔受热时间长、表面温度较高。故锤锻模要求高的高温韧性，机锻模要求较高的热稳定性和热耐磨性。大型锻模比小型锻模易于破裂，故大型锻模要求更高的高温韧性和淬透性。锻模材料的选用见表 8.18。

（2）热挤模的选材

在很大静压力作用下，高温金属坯料在模具中通过剧烈的塑性变形而成形的方法，称为热挤压。

热挤模的工作条件与机锻模相似。由于热挤金属的变形量大、热金属与模腔表面接触时间长，故与机锻模相比，热挤模承受的静载荷更大，模腔的受热温度更高，模腔表面的循环温差和摩擦作用更大。故热挤模的失效形式主要是破裂，其次是热磨损、塑性变形和热疲劳。

因此，热挤模要求有很高的高温强度和优良的高温韧性，以防止早期破裂、热疲劳和塑性变形，还要求很高的热耐磨性以减小热磨损。

热挤金属不同，其挤压温度和热形变抗力不同，则热挤模要求的高温强度、热耐磨性和热稳定性也不相同。因此，热挤模选材时应根据热挤金属的种类，按表 8.19 选择热挤模的凹模、凸模及凸模头部镶块的材料。由表可见，热挤模的整体凹模和整体凸模一般选用高温强度较高、高温韧性较好的中合金热作模具钢；热挤铜合金和钢的凹模也可选用高合金热作模具钢；工作条件更为严酷的管材热挤芯子，一般选用高合金热作模具钢或降碳高速钢。

（3）压铸模的选材

在 5~150 MPa 压力下，将液态或半液态合金高速压入模腔并凝固成形的铸造方法，称为压力铸造。压力铸造主要用于大批量生产铝、镁、锌、铜等有色合金中小型铸件。

表 8.18　锻模材料的选用

类型与结构 / 被锻金属	锤锻模			机锻模		
	整体模		镶拼模的镶块	整体模	镶拼模	
	模具最小边长 200~400 mm	模具最小边长 >400 mm			镶块	模体
碳钢与合金钢	5CrMnMo 5CrNiMo 37~41 HRC 5CrMnMoSiV1 42~45 HRC	5CrMnMoSiV 4Cr2NiMoVSi 33~36 HRC 5CrNiMo 37~41 HRC	5CrMnMoSiV 4Cr2NiMoVSi 37~41 HRC 5CrNiMo 37~41 HRC	5CrMnMoSiV 4Cr2NiMoVSi 5CrNiMo 40~42 HRC 4Cr5MoSiV 42~45 HRC	4Cr5MoSiV 4Cr5MoSiV1 4Cr5W2VSi 40~46 HRC	5CrMnMo 5CrNiMo
不锈钢及耐热合金	5CrNiMo 5CrMnMoSiV 37~41 HRC 4Cr5MoSiV 4Cr5MoSiV1 46~45 HRC	4CrMnMoSiV 4Cr2NiMoVSi 33~36 HRC 4Cr5MoSiV 4Cr5MoSiV1 40~42 HRC	5CrMnMoSiV 4cr2NiMoVSi 37~41 HRC 5CrMnMoSiV 4Cr2NiMoVSi 46~50 HRC	5CrMnMoSiV 4Cr2NiMoVSi 42~45 HRC 4Cr5MoSiV 4Cr5W2VSi 42~45 HRC	4Cr5MoSiV 4Cr5MoVSiV1 4Cr5W2VSi 49~52 HRC	5CrMnMo 5CrNiMo
铝及铝合金	5CrNiMo 5CrMnMoSiV 37~41 HRC 4Cr5MoSiV1 4Cr5MoSiV 43~46 HRC	5CrNiMo 5CrMnMoSiV 37~41 HRC 4Cr5MoSiV1 4Cr5MoSiV 43~46 HRC	5CrNiMo 5CrMnMoSiV 37~41 HRC 4Cr5MoSiV1 4Cr5MoSiV 43~46 HRC	5CrMnMoSiV 5CrNiMo 40~42 HRC 4Cr5MoSiV 4Cr5MoSiV1 47~49 HRC	4Cr5MoSiV 4Cr5MoSiV1 47~49 HRC	5CrMnMo 5CrNiMo
铜及铜合金	5CrNiMo 5CrMnMoSiV 37~41 HRC 4Cr5MoSiV1 4Cr5MoSiV 43~46 HRC	5CrMnMoSiV 4Cr2NiMoVSi 33~36 HRC 4Cr5MoSiV1 4Cr5MoSiV 43~46 HRC	5CrMnMoSiV 4Cr2NiMoVSi 37~41 HRC 4Cr5MoSiV1 4Cr5MoSiV 43~46 HRC	5CrMnMoSiV 4Cr2NiMoVSi 37~41 HRC 4Cr5MoSiV 49~52 HRC	4Cr5MoSiV 4Cr5MoSiV1 4Cr5W2VSi 49~52 HRC	5CrMnMo 5CrNiMo

表 8.19 热挤凸模和凹模的选材

选材及热处理硬度 / 模件名称	铝、镁及其合金		铜和铜合金		钢	
	模具材料	硬度/HRC	模具材料	硬度/HRC	模具材料	硬度/HRC
凹模	4Cr5MoSiV 4Cr5W2VSi 4Cr5MoSiV1	45~51	4Cr5MoSiV 4Cr5W2VSi 4Cr5MoSiV1	42~44	4Cr5MoSiV 4Cr5W2VSi	44~48
			4Cr3Mo3W2V 3Cr2W8V 4Cr2W4V2Co4	34~36	4Cr3Mo3W2V 3Cr2W8V 镶块	51~54
冲头	4Cr5MoSiV 4Cr5MoSiV1	46~50	4Cr5MoSiV 4Cr5MoSiV1	46~50	4Cr5MoSiV 4Cr5MoSiV1	46~50
冲头头部	W6Mo5Cr4V2 W18Cr4V	55~60	4Cr5MoSiV 4Cr5W2VSi 4Cr5MoSiV1	40~44	4Cr5MoSiV 4Cr5W2VSi 4Cr5MoSiV1	40~44
			4Cr2W4V2Co4 4Cr3Mo3W2V 3Cr2W8V	45~50	4Cr2W4V2Co4 4Cr3Mo3W2V 3Cr2W8V	45~50
管材挤压压芯子 (直径<50 mm)	4Cr3Mo3W2V 3Cr2W8V	48~52	4Cr3Mo3W2V 6W6Mo5Cr4V2	45~50	6W6Mo5Cr4V2	45~50

193

压铸模工作时,模腔表面主要承受高速流动液态合金的冲刷和加热作用,以及温度循环作用。与其他热作模相比,压铸模腔表面的受热温度最高、循环温差最大,如压铸铝合金的模腔表面温度可达 600~650 ℃,循环温差可达 350~400 ℃。故压铸模的失效形式主要是模腔的热疲劳和热冲刷腐蚀(热冲蚀)。因此,压铸模应有高的热稳定性、高温强度和足够的高温韧性,以提高模具的热疲劳抗力。此外,模具还应有高的耐热冲蚀性。

压铸合金的种类不同,其压铸模要求的热稳定性、高温强度、高温韧性和热疲劳抗力也不相同。因此,压铸模选材时应根据压铸合金的种类,按表 8.20 选择模具材料。由表 8.20 可知,压铸铝、镁、锌等合金的模具主要选用铬系中合金热作模具钢;压铸铜合金的模具主要选用钨系或钨钼系高合金热作模具钢。压铸模的热处理硬度过低则强度不足,过高则脆性过大,均使模具的热疲劳寿命降低。压铸模的热处理硬度为 44~48 HRC 时,其热疲劳抗力最佳。为提高压铸模的耐热冲蚀性,模具淬火回火后还需对模腔表面渗氮。

表 8.20　压铸模或模腔镶块的选材

压铸合金	压铸模或镶块材料	热处理及硬度
铝、镁、锌及其合金	4Cr5MoSiV 4cr5W2VSi 4Cr5MoSiV1	淬火回火 44~48 HRC, 模腔表面渗氮
铜及其合金	4Cr3Mo3W2V 3Cr2W8V	淬火回火 44~48 HRC, 模腔表面渗氮

思考题

1.名词解释:失效、脆性断裂、疲劳断裂、热疲劳。

2.简述零件断裂的基本原因及防止方法。

3.磨损有哪些种类?各有什么特点?

4.何谓选材三原则?简述选材的主要步骤。

5.简述普通机床齿轮的工作条件、失效形式及性能要求。对中等转速、齿面接触疲劳强度为 600 MPa、中等冲击载荷的机床齿轮进行选材,并确定热处理工艺。

第 **9** 章
铸 造

将铸造合金液浇入与零件形状相适应的铸型型腔中,并冷凝为铸件(毛坯或零件)的液态成型方法,称为铸造。按铸型性质不同,铸造可分为砂型铸造、特种铸造和新形铸造 3 大类。其中,砂型铸造应用最广泛,具有工艺适应性广、生产成本低等优点,但存在工艺过程较复杂、废品率较高、生产周期较长等缺点。

9.1 砂型铸造

9.1.1 砂型铸造生产过程

砂型铸造的生产过程(见图 9.1)大致可分为制备铸型、熔炼浇注和落砂清理 3 个阶段。

(1)**制备铸型**

制备铸型包括制作模样与芯盒、配制型(芯)砂、造型制芯及合箱等工序。其中,最主要的工序是造型制芯。

1)造型

造型是利用模样和通过型砂紧实,制得型腔与模样外形一致的砂型的操作过程。按照紧实型砂和起模方式不同,造型可分为手工造型和机器造型两大类。

①手工造型

手工造型的方法灵活多样,工艺适应性强。其常用的造型方法有整模造型、分模造型、挖砂造型、活块造型、多箱造型及刮板造型等(见表 9.1)。

②机器造型

机器造型主要是实现了紧实和起模操作的机械化,提高了生产率和铸件质量,改善了工作条件,适用于大批量生产。机器造型的紧实方法常采用压实式、振压式、抛砂式和射压式等形式。中小型铸件多采用振压式紧实方法造型(见图 9.2),大型铸件多采用抛砂式紧实方法造型(见图 9.3)。

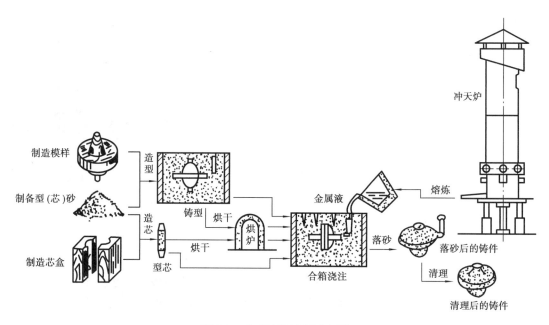

图 9.1　砂型铸造过程示意图

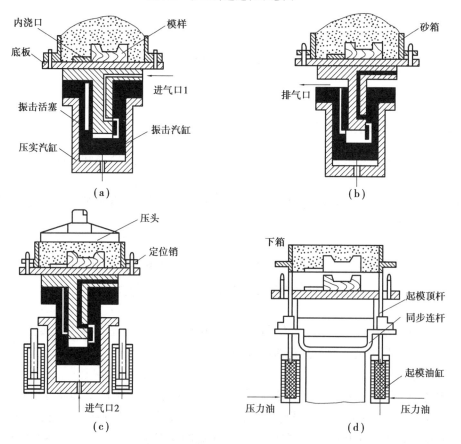

图 9.2　振压式造型机工作原理示意图

表 9.1 常用手工造型方法的特点及适用铸件

造型方法	示意简图	主要特点	适用铸件
整模造型	刮板 气孔针 泥号 浇口棒	模样为整体，分型面为平面型腔全在同一砂箱，故铸件精度高，且造型简便，生产率高	端面为平面，且为最大截面的各种平板、轮盘、轮盖等简套等铸件
分模造型	浇口棒 分模面	模样沿最大截面分为两半，型腔由上、下型型组成。对合箱精度要求高，但造型简便，生产率高	最大截面位于中部的各种轮盘、简体，立柱高度较大的简套等铸件
挖砂造型		模样为整体，分型面为曲面，造型需手工挖去阻碍起模的型砂。工人技术水平要求较高，且生产率低	单件或小批量生产分型面为曲面的各种铸件（如手轮）

续表

造型方法	示意简图	主要特点	适用铸件
活块造型	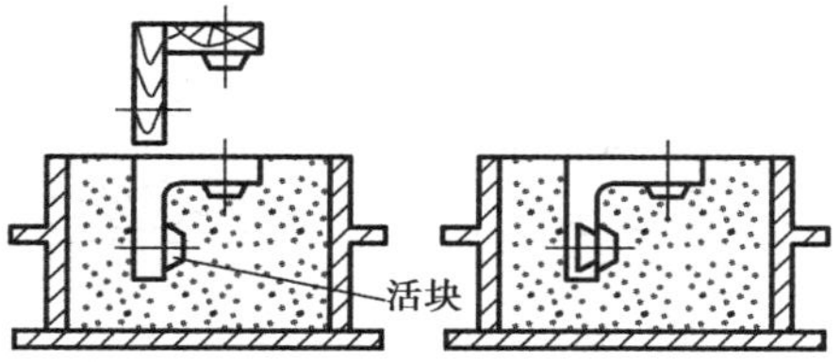	将模样上阻得起模的局部制作成活块并在最后从型腔侧面取出。工人技术水平要求较高,且增加造型工时	单件或小批量生产,侧面带有局部凸起结构(如凸台)的各种铸件
三箱造型	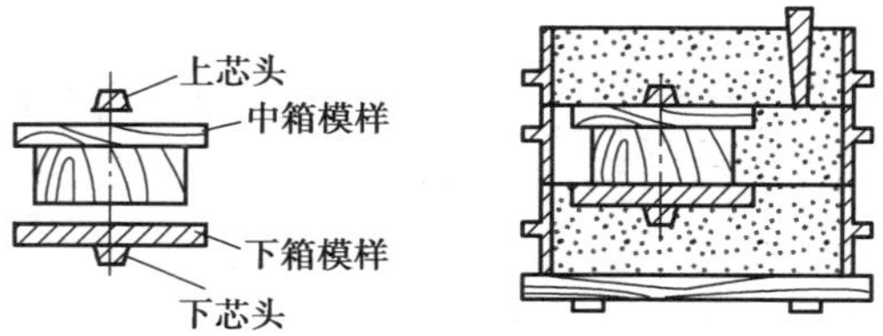	因模样有两个分型面而需用上、中、下三箱造型,且需专用中箱,造型工艺复杂,生产率低	单件或小批量生产在两个最大截面之间存在凹挡的滑轮、槽轮等铸件
刮板造型	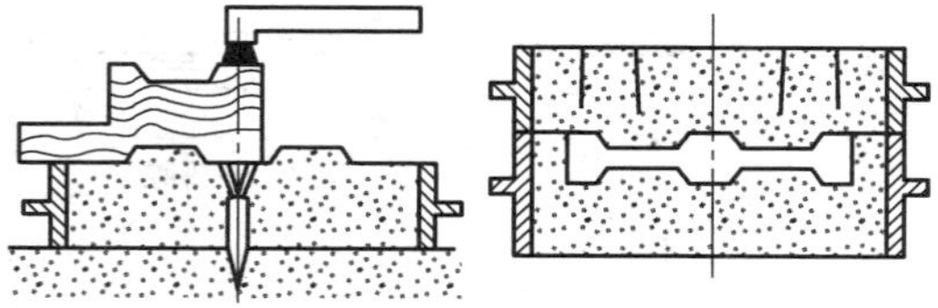	以特制刮板替代模样进行造型。可降低制模费用,但工人技术水平要求高,生产率低	单件或小批量生产各种齿轮、飞轮、皮带轮等回转体铸件

198

2）制芯

将芯砂制成形状与芯盒内腔一致的砂芯的操作过程。砂芯主要用于形成铸件的内腔和尺寸较大的孔眼，有时也用于铸件上难以起模部位（如凸台或凹挡处）的局部造型。中小批量生产以手工制芯为主，大批量生产采用机器制芯。

（2）**熔炼与浇注**

1）熔炼

目的是获得成分、温度合格的合金液。合金液的成分靠配料计算及合理操作来控制。温度则主要由合理选用熔炉来保证：对低熔点的铸铝与铸铜多选用焦炭坩埚炉（见图9.3）或电阻坩埚炉；对高熔点的铸钢应选用电弧炉（见图9.4）或感应电炉（见图9.5）；对铸铁常选用冲天炉或感应电炉。

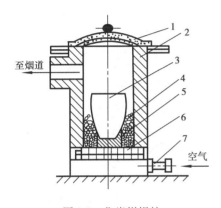

图9.3 焦炭坩埚炉

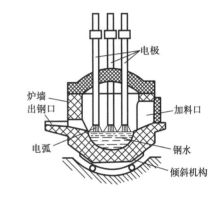

图9.4 三相电弧炉

2）浇注

浇注是将成分、温度合格的合金液平稳、连续地浇满铸型的过程。浇注温度的选择应遵循"高温出炉、低温快浇"的原则，以保证合金液既能顺利充填整个型腔，又能减少夹渣、气孔和缩孔等缺陷。灰铸铁的浇注温度一般为 1 200~1 300 ℃，碳素钢为 1 500~1 560 ℃，铸铝为680~780 ℃。

（3）**落砂与清理**

将铸件从砂型中取出的过程，称为落砂（又称"打箱"）。对落砂后的铸件进行清除浇冒口、砂芯、表面黏砂、飞边和毛刺等操作，称为清理。此外，对清理后的合格铸

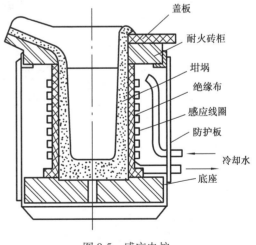

图9.5 感应电炉

件一般应进行退火，以消除铸造应力和降低硬度，保证切削加工的顺利进行。

9.1.2 合金的铸造性能

合金在液态成形过程中所表现出的工艺性能,称为铸造性能。它标志着合金在铸造过程中获得优质铸件的难易程度。其衡量指标主要有流动性和收缩性。

(1)流动性

液态合金的流动能力,称为流动性。合金的流动性好,则充填铸型能力强,有利于夹渣、气体的上浮和排除,有利于液态合金充填冷凝时产生的体收缩,而易于获得尺寸准确、形状完整、轮廓清晰和内在质量好的铸件,避免产生冷隔、浇不足、夹渣、气孔和缩孔等缺陷。合金的流动性常用液态合金浇成的螺旋试样(见图9.6)的长度进行评定,其长度越长,合金的流动性越好。

合金的流动性主要取决于合金的种类和化学成分。不同种类的合金因黏度和热物理化学性能(如比热、密度、结晶潜热和抗氧化性等)差异而流动性不同;在同类合金中,以恒温结晶的共晶合金流动性为最好,偏离共晶成分后,合金的流动性随结晶温度范围增大而降低。此外,提高浇注温度,降低铸型对合金液的充型阻力和冷却能力,均能提高合金的流动性。

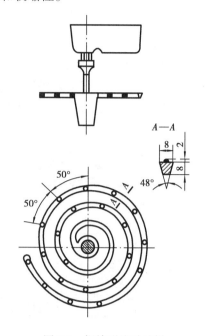

图9.6 螺旋形流动试样

常用铸造合金的流动性见表9.2。其中,灰铸铁的流动性最好,铸钢最差。

表9.2 常用铸造合金的流动性

合金种类		铸型类型	浇注温度/℃	螺旋试样长度/mm
灰铸铁	$w_{C+Si} = 5.9\%$	砂型	1 300	1 300
	$w_{C+Si} = 5.2\%$	砂型	1 300	1 000
铸钢	$w_C = 0.4\%$	砂型	1 640	200
			1 600	100
锡青铜	$w_{Sn} = 9\% \sim 11\%, w_{Zn} = 2\% \sim 4\%$	砂型	1 040	420
硅黄铜	$w_{Si} = 1.5\% \sim 4.5\%$	砂型	1 100	1 000
铝合金	ZL102	金属型(300 ℃)	680 ~ 720	700 ~ 800

（2）收缩性

液态合金在铸型内冷却凝固过程中体积和尺寸缩小的现象,称为收缩。同时,分别以体收缩率和线收缩率表示合金的收缩性。常用铸造合金的收缩性见表9.3。其中,灰铸铁的收缩性最小,铸钢最大。

表9.3　常用铸造合金的收缩性

合金种类	灰铸铁	球墨铸铁	碳素铸钢	铸铝合金	铸铜合金
体收缩率×100	5～8	9.5～11.6	10～14.5	—	—
线收缩率×100	0.7～1.0	0.8～1.0	1.6～2.0	1.0～1.5	1.2～2.0

合金的收缩经历液态收缩、凝固收缩和固态收缩3个阶段。液态收缩和凝固收缩引起合金体积缩小(体收缩),使铸件产生缩孔与缩松;固态收缩主要引起铸件尺寸减小(线收缩),使铸件产生变形、裂纹和内应力。

1）缩孔与缩松

铸件凝固时,产生的液态收缩和凝固收缩得不到合金液补偿,则将在其最后凝固部位形成孔洞。恒温结晶的纯金属和共晶合金易于形成集中的大孔洞,称为缩孔(见图9.7);结晶温度范围较宽的匀晶、亚共晶和过共晶合金因最后凝固部位处于固、液两相共存状态,其固相将液相分隔为若干孤立的小区域而易于形成分散的小孔洞,称为缩松。缩孔与缩松均降低铸件的力学性能,缩松还降低铸件的气密性。其防止措施是采用顺序凝固法(见图9.8),即在

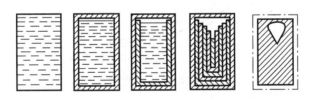

图 9.7　缩孔形成示意图

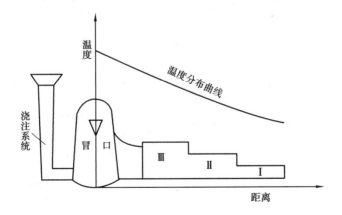

图 9.8　顺序凝固法示意图

铸件可能出现缩孔或缩松的厚实部位设置冒口,使远离冒口的部位先凝固,靠近冒口的部位后凝固,冒口本身最后凝固。形成自远而近逐渐递增的顺序凝固温度梯度,实现铸件的厚实部位补缩薄壁部位,冒口补缩厚实部位,从而将缩孔或缩松转移至冒口中。

2)铸造应力、变形与裂纹

因铸件的固态收缩受阻而引起的内应力,称为铸造应力。铸造应力包括热应力、机械应力和相变应力。热应力是铸件壁厚不同的部位因固态收缩不一致而相互制约所产生的内应力(见图9.9);机械应力是铸件受机械阻碍(如砂型、型芯等)而产生的内应力,落砂后即可消失;相变应力是铸件固态时因相变产生体积变化所引起的内应力,相变结束后即可消失。当铸造应力超过合金的屈服极限或强度极限时,将使铸件产生变形(见图9.10)或裂纹(见图9.11)。此外,铸造应力的存在,不仅降低铸件实际承载能力,且在存放、加工或使用过程中,因应力的松弛或重新分布引起铸件变形,从而降低铸件尺寸精度或使铸件因加工余量不足而报废。铸造应力、变形和开裂的防止措施:铸件设计应尽量使壁厚均匀、结构对称;工艺上采用同时凝固法;对于细而长或大而薄的铸件,在制作模样时,将模样预先制成与铸件变形相反的形状以抵消产生的变形;提高型(芯)砂的退让性,合理开设浇冒系统;对于尺寸精度要求高或重要的铸件,应通过自然时效或去应力退火以消除铸造应力。

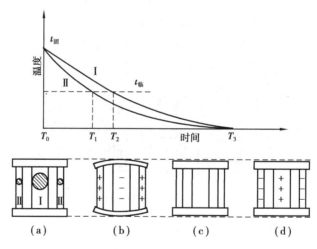

图9.9 框形铸件热应力形成过程

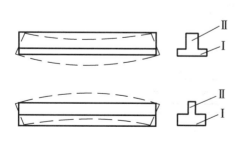

图9.10 T形铸钢件变形示意图

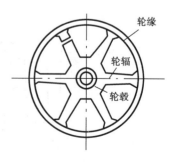

图9.11 带轮铸件的冷裂

9.1.3　常用铸造合金

常用铸造合金有铸铁、铸钢、铸铝、铸铜及其合金等。

（1）灰铸铁

灰铸铁是应用最广泛的铸造合金。灰铸铁的熔铸特点是：铸造性能好、熔点较低、对铁水中 S、P 等杂质含量限制不严；铸造工艺简便，一般采用冲天炉熔炼和少、无冒口铸造；铸件不易产生冷隔、缩孔、缩松和裂纹等缺陷，且生产成本低。

（2）球墨铸铁

球墨铸铁是将冲天炉熔化的铁水转入铁水包中经球化处理而成。球墨铸铁的熔铸特点是：要求铁水有高的 C、Si，低的 S、P，以及较高的出炉温度（因包内球化处理会使铁水温降达 100 ℃以上）；因其收缩性大于灰铸铁而较易出现缩孔等缺陷，故铸造工艺较复杂，一般需设置冒口以防铸件产生缩孔等缺陷而使生产成本增高。

（3）铸钢

铸钢的铸造性能差、熔点高，熔炼时易吸气和氧化，且对 P、S 等杂质元素和有害气体含量限制较严。铸钢采用电炉熔炼，其铸造工艺复杂，铸件质量不易控制，生产成本高。

（4）铸铜

铸造铜合金分为铸造青铜和铸造黄铜两大类。铜合金的熔铸特点是：锡青铜的结晶温度范围很大，流动性差而不易补缩，故易产生缩松；无锡青铜和黄铜的结晶温度范围很小，但收缩大而易形成缩孔；铸造铜合金的熔点较低，但易吸气和氧化，大多在坩埚炉（或感应电炉）内采用氧化-还原法熔炼。

（5）铸铝

铸造铝合金的铸造性能与化学成分密切相关。铝硅系铸造合金处于共晶成分附近，铸造性能最好，与灰铸铁相似；铝铜系铸造合金远离共晶成分，结晶温度范围大，铸造性能差。铸造铝合金的熔点低，故一般采用坩埚炉熔炼。因液态下极易氧化和吸气，故熔炼时需加入熔剂对合金液覆盖保护和精炼去气，并在浇注时应防止二次氧化和吸气。

9.1.4　铸件图与铸件结构工艺性

（1）铸件图

铸件图即毛坯图，用以反映铸件的实际形状、尺寸与技术要求。铸件图是铸件检验的依据，也是编制零件机械加工工艺和工装设计的重要依据。绘制铸件图时，先根据零件图（见图 9.12（a））进行铸造工艺设计（确定铸件的浇注位置、分型面、机械加工余量、拔模斜度及浇冒系统等），绘制出铸造工艺图（见图 9.12（b））。再根据铸造工艺图，去除浇冒系统后，绘出铸件图（见图 9.12（c））。铸件图与零件图的主要区别是：零件图中所有加工面，在铸件图中均设有机械加工余量；与分型面垂直的加工面设有拔模斜度；零件图中尺寸过小的加工孔（铸铁件直径小于 30 mm 的孔）或凹槽（深度×宽度≤10 mm×20 mm）一般不铸出。

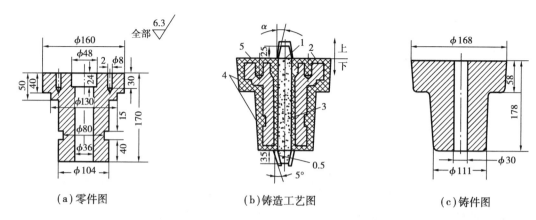

（a）零件图   （b）铸造工艺图   （c）铸件图

图 9.12　衬套零件的零件图、铸造工艺图和铸件图
1—芯头；2—加工余量；3—砂芯；4—拔模斜度；5—不铸孔

（2）铸件结构工艺性

铸件的结构是否合理，将直接影响铸件质量和铸造难易程度。因此，铸件结构设计必须考虑造型工艺和浇注工艺对铸件结构的工艺要求，即铸件的结构工艺性。

在保证使用要求的前提下，铸件的结构设计应使制模、造型、制芯、合箱和清理等工序简便易行，以提高生产率，稳定铸件质量，降低生产成本。为此，应满足以下 5 项原则：

①外形力求简单并减少不必要的内腔结构。在制模、造型、制芯、合箱和清理等工序中，曲面比平面难度大，有芯比无芯难度大。例如，在如图 9.13 所示托架的 3 种结构中，以直线型且内腔敞开在外的结构（见图 9.13（c））为最好。

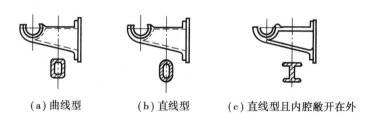

（a）曲线型   （b）直线型   （c）直线型且内腔敞开在外

图 9.13　托架结构设计的 3 种方案

②有利于减少和简化分型面。分型面是分开铸型以便起模的砂型结合面。造型的难度总是随分型面的数量和复杂程度的增加而增加。例如，如图 9.14 所示铸件结构图 9.14（a）需用三箱造型，而结构图 9.14（b）只需两箱造型，故结构图 9.14（b）好于结构图 9.14（a）；如图 9.15 所示轴拐铸件结构图 9.15（a）需采用曲面分型，增大制模与造型的难度，以结构图 9.15（b）简化为平面分型为好。

③有利于减少活块。造型时，活块数量越多起模难度越大，铸件精度越不易控制。例如，如图 9.16 所示具有凸台结构的铸件图 9.16（a）和 9.16（b）均需采用活块造型。因凸台距分型面较近，可将凸台延长至分型面处，改为结构图 9.16（c）和图 9.16（d），即能省去活块。

204

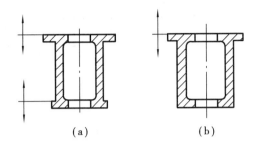

图 9.14　铸件结构与分型面数量的关系

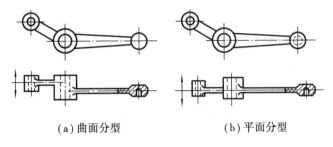

（a）曲面分型　　　　　（b）平面分型

图 9.15　轴拐铸件结构设计

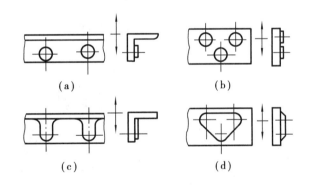

图 9.16　铸件凸台结构设计

④应有结构斜度。凡是垂直于分型面的非加工表面均应有一定的结构斜度（见图 9.17（b）），以利于起模和保证铸件精度。结构斜度的大小与铸件非加工面的垂直高度有关，高度越小，斜度应越大。对于铸件中垂直于分型面的加工表面，则应在制模时作出 15′~3° 的拔模斜度。

⑤内腔结构有利于砂芯的定位、排气和清理。如图 9.18 所示为轴承座的两种内腔结构。结构图 9.18（a）需用两个砂芯，且大芯呈悬臂状，安放时必须使用芯撑，其定位与排气均差，且不便清理；结构图 9.18（b）只用一个整体芯，其内腔结构工艺性好。

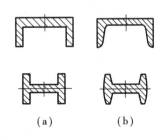

（a）　　　（b）

图 9.17　铸件结构斜度示意图

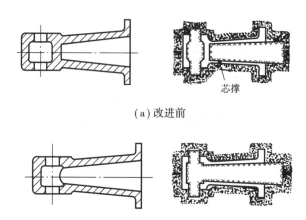

（a）改进前

（b）改进后

图 9.18　轴承座内腔结构设计

为获得外形完整、内在质量健全的铸件,铸件结构必须满足合金流动性和收缩性的要求。为此,铸件的结构设计应符合以下 5 项原则:

①铸件壁厚合理并力求均匀。铸件壁厚过厚,中心部位易产生晶粒粗大和缩孔;过薄则易产生浇不足和冷隔。铸件的最大临界壁厚约为最小壁厚的 3 倍,超过最大临界壁厚,则铸件的承载能力不再随壁厚的增加而成比例增加。因此,铸件的结构设计应避免厚大截面,铸件的强度和刚度应通过合理选择截面几何形状(如工字形、槽形、T 字形等)或采用加强筋(见图 9.19)等措施来保证。此外,铸件壁厚应力求均匀,以免因壁厚相差过大而在铸件厚壁处产生缩孔,或在厚、薄壁连接处产生裂纹。

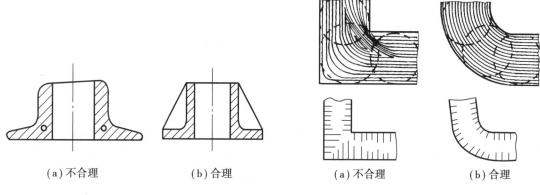

（a）不合理　　　　（b）合理

图 9.19　加强筋应用示例

（a）不合理　　　　（b）合理

图 9.20　铸件壁转角过渡结构

②铸件壁间连接应合理。壁的转角与连接处易形成局部热节,在铸件冷凝过程中易形成应力集中、缩孔或缩松等缺陷。因此,壁的转角处应采用铸造圆角过渡(见图 9.20);壁间连接应避免交叉和锐角(见图 9.21);不同厚度的壁间连接应避免突变,而宜采用逐渐过渡形式。

③避免过大的水平面结构。铸件的水平大平面易产生夹砂、夹渣、气孔和冷隔等缺陷,因此,应将铸件中较大的水平面结构改为倾斜面结构(见图 9.22)。

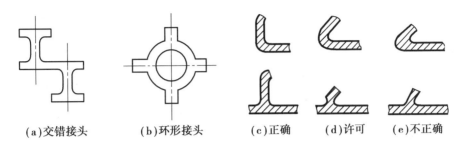

(a)交错接头　　(b)环形接头　　(c)正确　　(d)许可　　(e)不正确

图 9.21　铸件壁间连接形式

④防止铸件曲翘变形。大而薄的平板类铸件收缩时易产生曲翘变形,应增设加强筋以提高其刚度,防止变形(见图 9.23)。

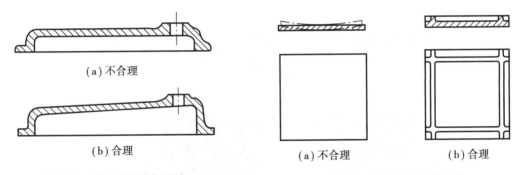

(a)不合理

(b)合理

图 9.22　薄壁罩壳结构设计

图 9.23　平板铸件结构设计

⑤避免铸件收缩受阻。铸件结构应尽量不妨碍其在冷却过程中的自由收缩,以减小铸造应力,防止裂纹。如图 9.24 所示为铸件的 3 种轮辐结构。当采用直的偶数轮辐时,对收缩较大的合金可能因内应力过大而使轮辐开裂;若采用弯曲或直的奇数轮辐时,则可通过轮辐或轮缘的微量塑性变形来缓解铸造应力,避免裂纹发生。

图 9.24　轮形铸件轮辐结构设计

9.2 特种铸造

由于砂型铸造具有铸件表面粗糙、尺寸精度差、生产率低和劳动条件差等缺点,故在砂型铸造的基础上发展了特种铸造方法。

9.2.1 熔模铸造

采用易熔模样制取壳型,以获得铸件的铸造方法,称为熔模铸造(也称失蜡铸造)。

(1)熔模铸造的工艺过程

熔模铸造的工艺过程(见图9.25)包括制作压型、制作蜡模、制作壳型、焙烧与浇注、脱壳与清理等。

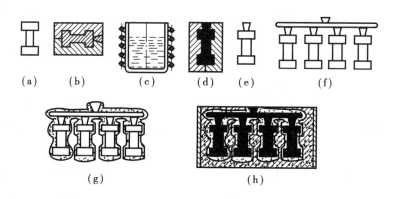

图 9.25　熔模铸造工艺过程示意图

1)制作压型

压型(见图9.25(b))应根据铸件图(见图9.25(a))制作。压型是压制蜡模的中间铸型。对高精度或大批量生产的铸件,常用机械加工制成的钢或铝合金压型;对精度要求不高或生产批量不大的铸件常用低熔点合金(如锡、铅、铋等)直接浇铸的压型;对单件小批量的铸件可用石膏或塑料制作的压型。

2)制作蜡模

将低熔点熔融态蜡料(常用 50% 石蜡 + 50% 硬脂酸,见图 9.25(c))压入压型中(见图9.25(d)),冷凝后取出,得到单个蜡模(见图9.25(e))。再将若干单个蜡模粘到预制的蜡质浇口棒上,成为蜡模组(见图9.25(f))。

3)制作壳型

将蜡模组浸入石英粉与水玻璃配成的浆料中,取出后在其表面撒上一层细石英砂,再浸入氯化铵(或氯化铝)溶液中硬化。如此由细到粗反复涂挂 4~5 次,直到表面结成 5~10 mm 厚的硬壳后,放入温度为 85~90 ℃ 的热水中,熔去蜡模而得到型腔与蜡模组一致的壳型(见图9.25(g))。

4)焙烧与浇注

将制好的壳型埋放在铁箱内的砂粒中(见图9.25(h)),装入温度为850~950 ℃的炉内焙烧,以增强壳型强度,进一步除去残蜡、水分和氯化铵。焙烧后的壳型应趁热浇注合金液,以提高其流动性,防止浇不足。

5)脱壳与清理

合金液冷凝后即可敲碎型壳,对铸件进行表面清理和切除浇冒口等。

(2)**熔模铸造的特点及应用**

熔模铸造的主要特点是:铸件尺寸精度高(可达 IT12—IT10)、表面粗糙度小(Ra 可达 12.5~1.6),可少、无切削加工;合金种类和铸件复杂程度不限,尤其适合浇铸高熔点合金和难以切削加工成形的复杂零件;生产批量不限,从单件到大批量生产皆适用;工艺过程复杂,生产周期长,且铸件质量及大小受到限制。

熔模铸造主要用于生产形状复杂、精度要求高或难以切削加工成形的各种金属材料(尤其是碳钢及合金钢)的小型零件。例如,汽轮机、涡轮机的叶片或叶轮,汽车、拖拉机或机床用的各种小件。

9.2.2　金属型铸造

靠重力将金属液浇入金属铸型中,以获得铸件的铸造方法,称为金属型铸造(又称永久型铸造或硬模铸造)。

(1)**金属型铸造的工艺过程**

按分型面方位不同,金属型可分为整体式、水平分型式、垂直分型式及复合分型式。其中,垂直分型式金属型因便于开设浇冒系统和取出铸件,易于实现机械化,应用最广。

垂直分型式金属型(见图9.26)主要由定型 1 和动型 2 组成。当动型与定型闭合时,将金属液浇入金属型腔中,待其冷凝后平移动型与定型脱开,即可取出铸件。对铸件的内腔,可用金属芯或砂芯来形成。

(2)**金属型铸造的特点及应用**

与砂型铸造相比,金属型铸造具有铸件尺寸精度高(可达 IT14—IT12)、表面粗糙度小(Ra 可达 12.5~6.3)、晶粒细小而强度高;能"一型多铸",节省造型材料和工时,提高生产率,改善劳动条件;金属型制作成

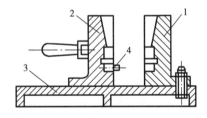

图 9.26　垂直分型式金属型
1—定型;2—动型;
3—底座;4—定位销

本高,铸件尺寸受到限制。另外,金属型铸造的浇注过程常需预热铸型、型腔表面刷涂料和严格控制开型取件时间等工艺措施,以防止铸件产生浇不足、冷隔、裂纹和铸铁件表面白口等缺陷。

金属型铸造主要用于大批量生产的中、小型有色合金铸件及形状简单的钢、铁铸件,如铝合金活塞、汽缸体、铜合金轴瓦、轴套及钢锭等。用于铸铁时,为防止白口,可采用覆砂(即在型腔表面覆以 4~8 mm 的型砂层)金属型。

9.2.3　压力铸造

液态或半液态合金在高压(5~150 MPa)下高速(5~100 m/s)充填铸型,并在高压下凝固成形的铸造方法,称为压力铸造(简称压铸)。

(1)压铸的工艺过程

压铸的本质是在专用压铸机上完成的金属型(称为压铸模)铸造。其工艺过程主要包括合模、压射、开模、取件等工序(见图9.27)。

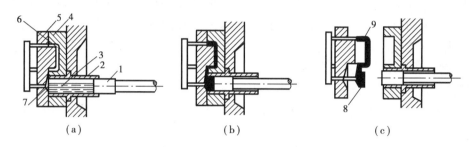

图9.27　卧式冷压室压铸机压铸过程示意图

1—活塞;2—压室;3—合金液;4—定模;5—动模;6—型腔;7—浇口;8—余块;9—铸件

(2)压铸的特点及应用

压铸的主要特点是:铸件尺寸精度高(可达 IT13—IT11)、表面粗糙度小(Ra 可达 3.2~0.8),组织细密而强度高(抗拉强度比砂型铸件提高 25%~40%);能浇铸结构复杂、轮廓清晰的薄壁、深腔、精密铸件,可直接铸出各种孔眼、螺纹、齿形和图纹等,也可压铸镶嵌件;能"一模多铸",生产率高(可达 50~500 件/h),易于实现自动化或半自动化;压铸模制造成本高,铸件尺寸受限,压铸件一般不再进行切削加工或热处理。

压铸主要用于大批量生产无须热处理的形状复杂、薄壁、中小型有色合金铸件,如各种精密仪器仪表的壳体、发动机缸盖等。

9.2.4　离心铸造

将合金液浇入高速旋转的铸型(金属型或砂型)中,使其在离心力作用下充填铸型并凝固成形的铸造方法,称为离心铸造。

离心铸造分为立式(旋转轴线呈垂直方向)和卧式(旋转轴线呈水平方向)两种形式(见图9.28)。立式离心铸造主要用于生产高度小于直径的回转体铸件,如套环、轴瓦、齿轮坯等;卧式离心铸造主要用于生产壁厚均匀一致而长度较长的筒、管类铸件(如汽缸套、铸铁管等)和双金属铸件(如钢套镶铜轴瓦等)。

离心铸造生产的铸件组织致密且无缩孔、缩松、气孔和夹渣等缺陷,故强度高;对圆形中空的铸件,可不用砂芯和浇注系统,比砂型铸造省工省料。但铸件内表面质量较差,需经切削加工去除,且不能用于易产生重力偏析的铸造合金(如铅青铜)。

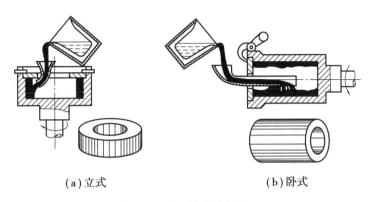

(a)立式　　　　　　　　　(b)卧式

图 9.28　离心铸造示意图

9.2.5　低压铸造

低压铸造(见图 9.29)工艺过程:向密封的坩埚 3 内通入压缩空气(或惰性气体),使合金液 4 在低压(0.02~0.06 MPa)气体作用下沿升液管 5 平稳上升,充满铸型 1 并在压力作用下自上而下顺序凝固成形。然后撤除压力,当升液管和浇口中未凝固的合金液流回坩埚后,即可开型取件。

低压铸造生产的铸件组织细密,并能有效地防止合金液的吸气和二次氧化。低压铸造广泛用于生产易吸气、氧化的铝、镁、铜等合金及某些钢制薄壁壳体铸件,如发动机缸体和缸盖,高速内燃机的活塞、带轮以及变速箱等。

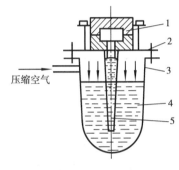

图 9.29　低压铸造示意图
1—铸型;2—工作台;3—坩埚;
4—合金液;5—升液管

此外,生产中有时还采用连续铸造、陶瓷型铸造、挤压铸造、气化模铸造及真空吸铸等特种铸造方法。

9.3　快速成型技术

快速成型(RP)技术是集高分子树脂化学、CAD/CAM 技术、数字控制技术、激光技术、新型材料科学等为一体的一项综合技术。目前,基于分层制造的 RP 技术比较成熟并流行使用的有以下 3 种:

(1)**光敏液相固化法**(SLA)

光敏液相固化法(SLA)用激光束对光敏树脂进行逐层扫描固化,最后形成三维实体。

(2)**选区激光烧结法**(SLS)

选区激光烧结法(SLS)用激光束对塑料粉或金属粉进行扫描熔化,从而构成产品的各层轮廓。

(3)**选区黏结法**(LOM)

选区黏结法(LOM)用加热辊和激光束对背面涂有黏结剂的纸、塑料带或金属进行逐层黏结和切割,以形成产品的各层轮廓,再经各层叠加形成产品原形。

快速成型(RP)技术的显著特点是:成形的产品与产品的生产批量和复杂程度几乎没有关系。因此,RP技术用于铸造快速成型,只需利用CAD完成造型设计,即可在快速成型系统(RPS)上自动制成产品原形,原形可代替蜡模或木模进行造型,提高了模样精度,简化了制作模样的工序,从而节省了时间、降低了成本。

思考题

1.铸造合金的结晶温度范围宽窄对铸件质量有何影响? 为什么?

2.为何要规定铸件的最小壁厚? 铸件壁厚过厚或局部壁厚过薄会出现什么问题?

3.试对表9.4所列常用铸造合金加以比较。

表9.4 常用铸造合金比较

合金种类	缩孔倾向	缩松倾向	线收缩率	常用熔炉	铸件成本	应用范围及示例
灰铸铁						
球墨铸铁						
铸钢						
锡青铜						
铝硅合金						

4.在如图9.30所示铸件的两种结构中,哪一种较为合理? 并简述其理由。

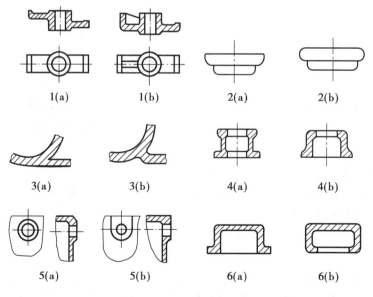

| 1(a) | 1(b) | 2(a) | 2(b) |

| 3(a) | 3(b) | 4(a) | 4(b) |

| 5(a) | 5(b) | 6(a) | 6(b) |

图9.30 铸件结构工艺性比较

5.为何熔模铸造尤其适合于生产难以切削加工成型的复杂零件或耐热合金钢件?

6.试分析压铸与金属型铸造有哪些异同点。

7.为何离心铸造成型的铸件具有较高的力学性能?

8.下列大批量生产的铸件,应采用何种铸造生产方法?

车床床身;汽轮机叶轮;摩托车汽缸盖;减速机箱体;铝合金活塞;滑动轴承;铸铁管。

第**10**章
锻　造

锻造是指在锻造设备及工(模)具上,借助外力作用,使加热至再结晶温度以上的金属坯料产生塑性变形,从而获得一定形状、尺寸及质量的锻件的加工方法。锻造可分为自由锻和模锻两类。

10.1　锻造概述

10.1.1　锻造的作用

(1)锻制零件毛坯

锻造通常是将金属坯料锻成零件毛坯(锻件)。用锻件切削加工生产零件,与直接用轧材切削加工生产零件相比,用锻件切削加工生产零件具有省工、省料的优点。

(2)改善金属组织和性能

1)改善铸锭缺陷

钢锭中常存在缩孔、缩松、气孔、晶粒粗大和碳化物偏析等缺陷,使其强度和韧性降低。通过锻造,可以压合钢锭中的缩孔、缩松和气孔,细化晶粒和碳化物,从而提高其力学性能。

2)使零件的热加工纤维组织合理分布

轧材中的非金属夹杂物沿轧制方向呈一条条断续状细线分布的组织,称为热加工纤维组织。热加工纤维组织使钢的力学性能呈各向异性,即纵向(平行于纤维方向)力学性能好于横向(垂直于纤维方向)力学性能(见表10.1)。通过锻造,可使热加工纤维组织合理分布,即使纤维方向与零件承受的正应力平行或与切应力垂直,并使纤维分布与零件轮廓相符而不被切断,从而提高零件的力学性能(见图10.1、图10.2)。

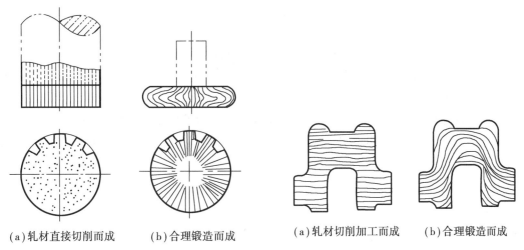

(a)轧材直接切削而成　　(b)合理锻造而成　　　　(a)轧材切削加工而成　　(b)合理锻造而成

图 10.1　不同方法制成的　　　　　　图 10.2　不同方法制成的
齿轮纤维分布示意图　　　　　　　　曲轴纤维分布示意图

表 10.1　45 钢力学性能与其纤维组织方向的关系

取样方向	σ_b/MPa	$\sigma_{0.2}$/MPa	$\delta \times 100$	$\Psi \times 100$	α_k/J
横向	675	440	10	31	30
纵向	715	470	17.5	62.8	62

此外,锻造还能改善高碳高合金钢的带状碳化物偏析,提高其力学性能。

10.1.2　金属的锻造性能与锻造温度范围

(1)金属的锻造性能

金属的锻造性能是指金属材料锻造成形难易程度的工艺性能。金属的锻造性能常以其塑性和变形抗力两个因素综合衡量。塑性越好,变形抗力越小,金属的锻造性能越好;反之,金属的锻造性能越差。

(2)影响金属锻造性能的主要因素

1)金属的化学成分

金属的化学成分不同,其塑性不同,锻造性能也不同。一般纯金属的锻造性能优于合金;合金元素含量低的合金,其锻造性能优于合金元素含量高的合金。

2)金属的组织结构

面心立方结构金属的锻造性能优于体心立方和密排六方的金属;单相和细晶组织的金属,其锻造性能优于多相和粗晶组织的金属。

3)锻造温度

在不过热的情况下,锻造温度越高,金属的塑性越好,屈服强度越低,其锻造性能越好;反之,锻造性能越差。

（3）锻造温度范围

开始锻造的温度称为始锻温度,终止锻造的温度称为终锻温度,它们之间的温度范围称为锻造温度范围。锻造温度过高,金属易过热、过烧;锻造温度过低,金属的塑性偏低、屈服强度偏高,降低金属的锻造性能。为使金属在锻造过程中具有良好的锻造性能,应将金属坯料置于合理的锻造温度范围内进行锻造。通常碳钢的始锻温度低于钢的熔点约 200 ℃,终锻温度为 750~800 ℃,其锻造温度范围如图 10.3 所示。合金钢再结晶温度比碳钢高,为减小合金钢的变形抗力和避免锻裂,其终锻温度应控制在 850~900 ℃。常用金属材料的锻造温度范围见表 10.2。

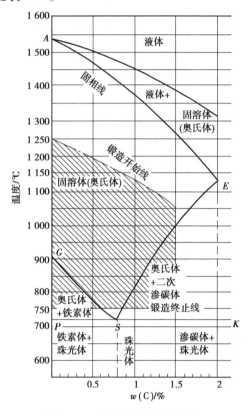

图 10.3　碳钢的锻造温度范围

表 10.2　常见金属材料的锻造温度范围

材料种类	温度/℃	
	始锻温度	终锻温度
$w_C < 0.3\%$ 的碳钢	1 200~1 250	800
$w_C = (0.3~0.5)\%$ 的碳钢	1 150~1 200	800
$w_C = (0.5~0.9)\%$ 的碳钢	1 100~1 500	800
$w_C = (0.9~1.5)\%$ 的碳钢	1 050~1 100	800
低合金工具钢	1 100~1 150	800
Cr12 型模具钢	1 100~1 150	800
高速钢	1 100~1 150	800

10.1.3　常用金属材料的锻造性能和锻造特点

（1）碳钢

碳钢的化学成分与组织比较简单、塑性高、变形抗力小、锻造温度范围较宽,故易于进行锻造和质量控制。其中,以碳含量低于 0.3% 的低碳钢的锻造性能最好,中碳钢次之,高碳钢稍差。高碳钢锻造时应注意防止过热、过烧和锻裂。

（2）合金钢

合金钢中合金元素的含量和种类越多,其锻造性能越差。大多数低合金结构钢的锻造性能良好,其锻造特点与低、中碳钢差不多;高碳低合金钢的锻造性能较差,其锻造特点与高碳钢差不多。高合金钢(特别是高碳高合金钢)因化学成分和组织结构复杂,并含有大量过剩共晶碳化物,故锻造性能差。

锻造高碳高合金钢时,应注意以下方面:因热导性差,为防止加热时热应力过大而开裂,应预热后再加热至锻造温度;因晶界处低熔点杂质较多易过烧,故始锻温度不能过高,因其塑性差、易锻裂,故终锻温度不能过低,故其锻造温度范围窄、锻造火次多;为改善碳化物偏析,需采用大吨位的锻造设备和大的锻造比,并采用反复镦拔锻造法进行锻造;锻后应慢冷并进行退火。

（3）有色金属及其合金

合金元素含量少的铝合金和铜合金锻造性能良好;合金元素含量多的铝合金和铜合金锻造性能差。铝合金与铜合金的锻造特点如下:

①因热导性好,冷料可直接装于炉温高于始锻温度 $50\sim100$ ℃的炉内加热。

②因锻造温度范围窄,易过热、过烧,故需在电炉内加热并准确控制温度。

③因热导性好,为防止热量散失,锻造工具应预热,锻打要轻、快,并经常翻转锻件。

④因塑性好而韧性较差,锻件易产生折叠和裂纹,应防止并及时清除此类缺陷。

⑤拔长时要及时倒角,防止尖角很快散热,并禁止用风扇吹风。

10.2　自　由　锻

自由锻是指将加热好的金属坯料放在自由锻造设备的上下砧铁之间,通过上砧铁的向下运动施加冲击力或压力,使其产生所需塑性变形的锻造方法。自由锻具有不需要特殊工具、可锻造各种质量的锻件($1\text{ kg}\sim300\text{ t}$)、对大型锻件是唯一的锻造方法等优点,也具有锻件形状简单、尺寸精度低、材料消耗大及生产率低等缺点,故自由锻主要用于生产单件或小批量的简单锻件。

10.2.1　自由锻设备与基本工序

（1）自由锻设备

自由锻设备可分自由锻锤和水压机两类。自由锻锤又分为空气锤和蒸汽-空气锤两类。

1）空气锤

空气锤(见图 10.4)主要由锤身、压缩缸、工作缸、传动机构、操纵机构、落下部分及砧座组成。落下部分包括工作活塞、锤头和上砧铁。空气锤工作时,电动机通过传动机构带动压缩缸内的工作活塞作往复运动。工作活塞向下运动,以压缩空气为动力推动落下部分上下往复运动,当落下部分向下运动时施加冲击力锤击锻件。空气锤主要用于生产 $1\sim40\text{ kg}$ 的小型自由锻件。

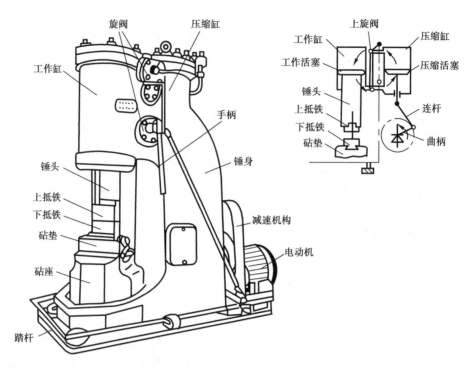

图 10.4　空气锤

2）蒸汽-空气锤

蒸汽-空气锤（见图 10.5）主要由工作汽缸、落下部分、机架、砧座及操作手柄等组成。工作时，以高压蒸汽或压缩空气为动力推动落下部分上下往复运动，当落下部分向下运动时施加冲击力锤击锻件。蒸汽-空气锤主要用于生产 20 ~ 700 kg 的中小型自由锻件。

3）水压机

水压机锻造的特点是工作载荷为静压力、锻造压力大（可达数万千牛甚至更大）、坯料的压下量和锻造深度大。水压机主要用于生产以钢锭为坯料的大型锻件。

（2）自由锻基本工序

自由锻工序分为基本工序、辅助工序和精整工序 3 大类。基本工序是使金属坯料产生塑性变形达到所需形状和尺寸的工艺过程。基本工序主要包括镦粗、拔长、冲孔、切割及弯曲等。常用基本工序的定义、图例、操作规则和应用见表10.3。

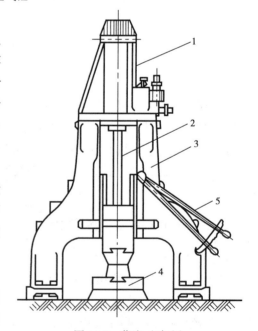

图 10.5　蒸汽-空气锤
1—工作汽缸；2—落下部分；
3—机架；4—砧座；5—操作手柄

表 10.3 自由锻主要基本工序的定义、操作规则及应用

工序名称	定 义	图 例	操作规则	应 用
镦粗（见图(a)） 局部镦粗（见图(b)） 带尾梢镦粗（见图(c)） 展平镦粗（见图(d)）	减小坯料的高度，增大坯料截面积的工序，称为镦粗		1. 坯料原始高度与直径比 $h_0/d_0 \leqslant 2.5$ 2. 镦粗部分加热要均匀 3. 镦粗面必须垂直于轴线	1. 用于制造高度小截面大的工件 2. 作为冲孔前的准备工序 3. 增加后续拔长的锻造比
拔长（见图(e)） 带心轴拔长（见图(f)） 心轴上扩孔（见图(g)）	减小坯料截面积增大长度的工序，称为拔长。 减小空心坯料的壁厚和外径，增大长度，称为带心轴拔长。 减小坯料壁厚，增加内、外径，称为心轴上扩孔		1. 拔长面 $l=(0.4\sim0.6)d$ 2. 拔长中要不断翻转坯料（每次转 90°） 3. 心轴上扩孔 $d \geqslant 0.35\,L$，且心轴上扩孔要光滑	1. 用于制造长而截面小的工件，如轴类、拉杆及曲轴 2. 制造空心件，如套筒、圆环、空心轴等

工序名称	定义	图例	操作规则	应用
实心冲子冲孔（见图(h)）空心冲子冲孔（见图(i)）	在坯料中冲出通孔或盲孔的工序,称为冲孔	(h) (i)	1. 冲孔面应镦平 2. 小孔 $\Delta h \approx 0.2h$, 大孔 $\Delta h \geq 100$ mm 3. $d<450$ 的孔,用实心冲头冲孔; $d \geq 450$ 的孔用空心冲头冲孔 4. $d<25$ 的孔不冲出	1. 制造空心工件,如齿轮坯、圆环和套筒等 2. 锻件质量要求高的大工件,可通过中心冲孔去除质量低的部分

10.2.2 绘制锻件图和坯料计算

锻造生产前需根据锻件的批量、技术要求、尺寸、结构和材质等条件,并结合实际情况制订相应的锻造工艺规程。其主要内容有绘制锻件图、计算坯料质量和尺寸、确定锻造工序、选择锻造设备,以及确定坯料加热、冷却及热处理方法等。此处主要介绍锻件图的绘制和坯料计算。

(1)绘制锻件图

锻件图是编制锻造工艺、指导生产和验收锻件的主要依据。锻件图是根据零件图并考虑锻件形状的简化、机械加工余量和锻造公差等因素绘制而成的。

1)锻件形状的简化

根据自由锻的工艺特点,零件上的小孔、过小的台阶和凹挡及某些复杂部分因锻不出而需进行简化。为简化锻件形状而在零件的某些部位添加的一部分金属,称为锻造余块(见图10.6)。余块一般根据经验或查手册而定。

2)确定锻件机械加工余量和锻造公差

由于自由锻件的精度和表面质量差,一般需进行切削加工,故零件的加工表面应留有加工余量(见图10.6)。锻件的公差是锻件基本尺寸的允许偏差。锻件的加工余量和公差与零件的形状、尺寸有关,其数值一般结合具体生产情况查表而定。

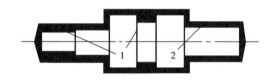

图 10.6 锻件的余块和加工余量
1—余块(敷料);2—加工余量

绘制锻件图时,锻件图的外形轮廓用实线绘制,在此基础上再用双点画线绘制零件的轮廓,并在锻件尺寸的下面用括弧标注零件的相应尺寸。

(2)坯料计算

锻件坯料的计算,应先计算坯料的质量,然后根据坯料质量计算坯料的尺寸。根据坯料尺寸进行备料。

1)计算坯料质量

锻件的坯料质量为

$$M_坯 = M_锻 + M_烧 + M_芯$$

式中 $M_锻$——锻件质量;

$M_烧$——烧损质量;

$M_芯$——被切除部分金属的质量。

其中,$M_锻 = V_锻$(锻件体积)$\times \rho$(金属密度),$M_烧 + M_芯$可折算成 $M_锻$ 的系数 K(见表10.4)。

因此,中小锻件的坯料质量可计算为

$$M_坯 = (1 + K)M_锻$$

2)计算坯料尺寸

锻造中小锻件的坯料一般采用圆钢轧材,故坯料尺寸的计算主要是确定其直径和长度(或高度)。坯料尺寸的计算与采用的第一个锻造工序(拔长或镦粗)有关。

表 10.4　坯料质量计算系数 K

锻件类型	主要工序	系数（$K\times100$）
圆饼、短圆柱、短方柱	镦粗、平整	2～3
带孔圆盘和方盘	镦粗、冲孔、平整	6～8
轴和阶梯轴	拔长、切头、压肩、平整	8～11
套筒、圆环、方套	镦粗、冲孔、扩孔、或心轴拔长、平整	8～10
连杆、叉子、拉杆	拔长、压肩、切头、平整	15～25
曲轴、偏心轴	拔长、压肩、错移、扭转、切头、平整	18～30

3）拔长锻造

坯料横截面积 $S_\text{坯}$ 与锻件最大截面积 $S_\text{锻}$ 之比应满足规定的锻造比，轧材的锻造比 $y_\text{拔长}$ 一般为 1.3～1.5。因此，由已知的 $S_\text{锻}$ 和 $y_\text{拔长}$ 可初步计算出坯料横截面积 $S_\text{坯}$，进而初步确定坯料的直径 $D_\text{坯}$，即

$$D_\text{坯} = 1.13\sqrt{S_\text{坯}}$$

4）镦粗锻造

为便于下料和避免镦弯，坯料高径比应符合 $H_\text{坯}/D_\text{坯} = 1.25 \sim 2.5$，根据圆钢坯料的体积 $V_\text{坯} = (\pi D_\text{坯}^2/4) \times H_\text{坯} = M_\text{坯}/\rho$ 求出 $V_\text{坯}$，然后求出坯料直径 $D_\text{坯}$，即

$$D_\text{坯} = (0.8 \sim 1.0)\sqrt[3]{V_\text{坯}}$$

初步计算出坯料直径后，还应对照钢材规格标准加以修正，选用与算出坯料直径一致的标准直径或选用相邻较大的标准直径。最后根据坯料体积 $V_\text{坯}$ 和由实际选用钢材直径确定的横截面积 $S_\text{坯}$，算出坯料长度和高度。

10.2.3　自由锻件的结构工艺性

由于自由锻件的形状及尺寸主要依靠锻工的手工操作技术和简单工具来保证，因此在满足使用要求的前提下，自由锻件的结构和形状应尽量简单和规则。其基本原则见表 10.5。

表 10.5　自由锻件的结构工艺性

结构设计要点	不合理	合　理
尽可能避免曲面、锥度和斜面，而应改为圆柱体和台阶的结构		

结构设计要点	不合理	合　理
应避免圆柱体与圆柱体相接,要改为平面与圆柱体或平面与平面相接的结构		
应避免有加强筋和表面凸台等结构出现,对于椭圆形或工字形截面、圆弧及曲线截面应避免,因为它们都不易锻造		
对横截面有急剧变化和形状复杂的零件,应分成几个易于锻造的简单部分,再用焊接或机械联接的方法组合成整体		

10.3　模　锻

模锻是将加热好的金属坯料放在锻模模膛内,施加外力迫使金属坯料产生塑性变形,从而获得锻件的锻造方法。与自由锻相比,模锻具有生产效率高,锻件形状复杂,锻件尺寸精度较高和切削加工余量小等优点,但是模锻的设备和制模成本高、锻件质量受到限制(<150 kg),故模锻适用于小型复杂锻件的大批量生产。

按使用设备类型的不同,模锻可分为锤上模锻和压力机上模锻。

10.3.1　锤上模锻

在模锻锤上进行的模锻,称为锤上模锻。

(1)**模锻锤**

广泛使用的模锻锤是蒸汽-空气模锻锤(见图 10.7),其工作原理与蒸汽-空气自由锻锤基本相同。但是,模锻锤的砧座比同吨位自由锻锤的砧座增大 1 倍并与锤身连成整体,锤头与导轨的间隙较小而使锤头运动精度高,以保证上下模对位准确。

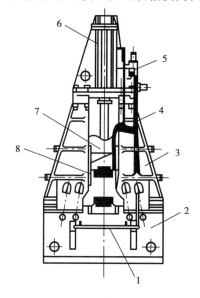

图 10.7　蒸汽-空气模锻锤

1—踏板;2—砧座;3—锤身;4—操纵杆;
5—配气机构;6—汽缸;7—锤头;8—导轨

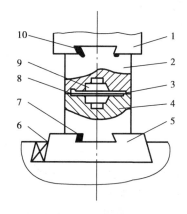

图 10.8　锤锻模结构图

1—锤头;2—上模;3—飞边槽;4—下模;5—模垫;
6,7,10—紧固楔铁;8—分模面;9—模膛

(2)**锤锻模**

锤锻模由上模和下模组成(见图 10.8),上下模借助燕尾用楔铁分别紧固于锤头和模垫上。闭合的上下模间形成的空腔称为模膛。锤锻模可以是单膛模,也可以是多膛模。单膛模(见图 10.8)只有一个终锻模膛而适用于锻造形状简单的锻件。多膛模有多个模膛,按模膛功能不同,可分为制坯模膛、预锻模膛和终锻模膛 3 类。

1）制坯模膛

对于形状复杂的锻件,需首先将金属坯料在制坯模膛内初步锻成近似锻件的形状,然后再在终锻模膛内锻造。制坯模膛的种类、特点及应用见表 10.6。

表 10.6　制坯模膛的种类、特点和应用

工步名称	简　图	操作说明	特点和应用
拔长	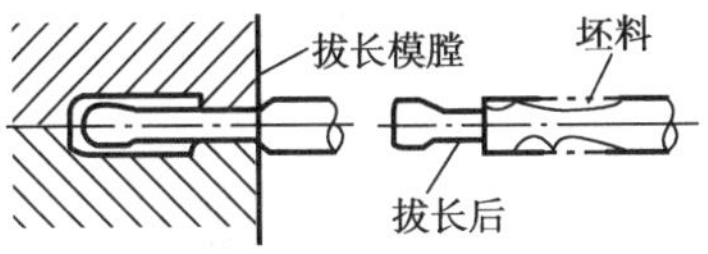	操作时坯料边受锤击边送进	减小坯料某部分横截面积,增加该部分的长度,多用于沿轴线各横截面积相差较大的长轴类锻件制坯,兼有去氧化皮的作用
滚压	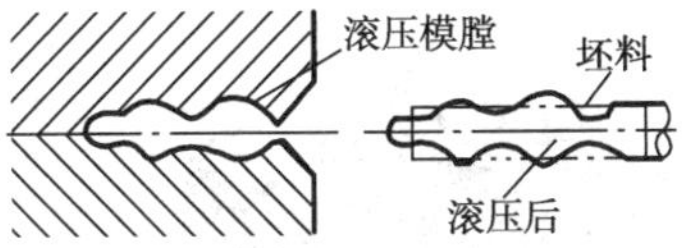	坯料边受锤击边转动,不作轴向送进,同时吹尽氧化皮	减小坯料某部分横截面积,增大相邻部分横截面积,总值略有增加。多用于模锻件沿轴线各横截面积不同时的聚料和排料,或修整拔长后的毛坯,使坯料形状更接近锻件,并使坯料表面光滑
成形	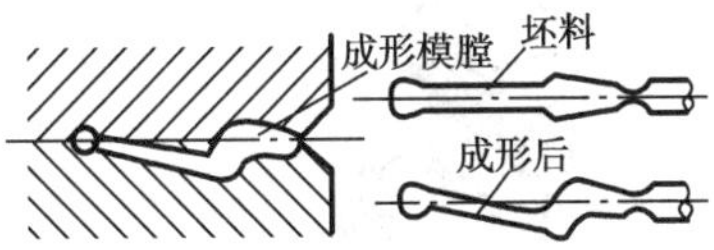	坯料在模膛内打击一次,成形后的坯料翻转 90° 放入下一个模膛	模膛的纵向剖面形状与终锻时锻件的水平投影一致,使坯料获得近似锻件水平投影的形状,兼有一定的聚料作用,用于带枝芽的锻件
弯曲	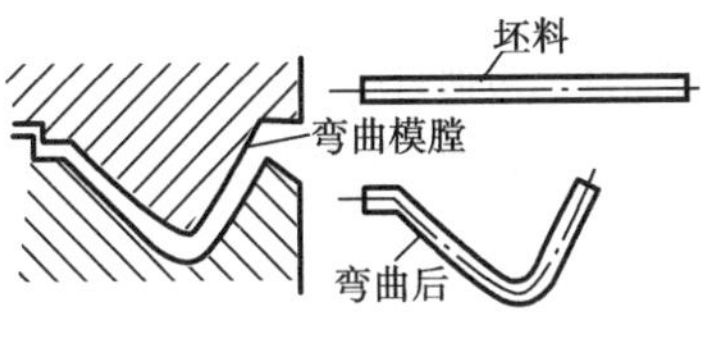	与成形工序相同,使坯料轴线产生较大弯曲	使坯料获得近似锻件水平投影的形状,用于具有弯曲轴线的锻件
切断		在上模与下模的角上组成一对刃口	用于切断金属,单件锻造时,用来切下锻件或从锻件上切下钳口;多件锻造时,用来分割成单件

2）预锻模膛

其作用是使坯料变形到接近锻件的形状和尺寸,保证终锻时坯料容易充满模膛,减少终锻模膛的磨损,提高锻模的使用寿命。

3）终锻模膛

其作用是使坯料达到锻件的形状和尺寸要求。模膛形状与锻件形状相同,但需按锻件尺寸放大一个收缩量。

例如,如图10.9所示的连杆锤锻模,有3个制坯模膛、1个预锻模膛和1个终锻模膛。坯料依次在前4个模膛进行制坯和预锻,逐步接近锻件基本形状,最后在终锻模膛锻成所需形状和尺寸的锻件。

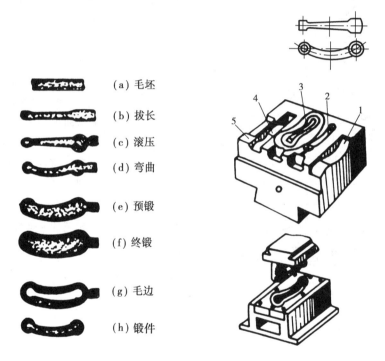

图10.9　模锻连杆用多膛锤锻模与连杆的锻造过程

1—弯曲模膛;2—预锻模膛;3—终锻模膛;4—拔长模膛;5—滚压模膛

（3）模锻件的结构工艺性

根据模锻的特点和工艺要求,设计模锻件时应使结构符合以下原则:

①应具有合理的分模面。分模面即上下模在锻件上的分界面,其位置一般在锻件的最大截面上,并使模膛深度最浅。例如,如图10.10所示的模锻件可选4种分模面:选 a—a 面,则锻件无法从模膛内取出;选 b—b 面,则模膛深度过深,既不易使金属充满模膛,又不便取件;选 c—c 面,则沿分模面上下模膛的外形不一致,不易发现错模而产生缺陷;d—d 面是最合理的分模面。

②应具有一定的模锻斜度和锻造圆角,以便于将锻件从模膛内取出,利于金属在模膛内的流动和提高锻模的强度。

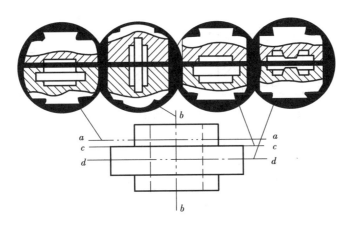

图 10.10　分模面的选择比较

　　③锻件形状应力求简单、平直和对称,并尽量避免深孔和多孔、截面相差过大、薄壁、凸台等结构,以简化锻造工序。

　　④对复杂锻件,为减少余块和简化模锻工艺,应尽量采用锻-焊或锻-机械连接组合工艺。

10.3.2　胎模锻

　　胎模锻是在自由锻设备上采用可搬动锻模(胎模)生产锻件的锻造方法。

　　(1)胎模锻的特点

　　与自由锻相比,胎模锻具有生产率高、锻件形状较复杂、锻件精度和表面质量较高、节省金属材料等优点;与模锻相比,它具有不需专门的模锻设备、模具制造简单、成本低且使用灵活等优点。但是胎模锻的生产率和锻造质量低于模锻、胎模寿命短、劳动强度大,故胎模锻主要用于小型模锻件的中小批量生产。

　　(2)胎模的种类和应用

　　常用的胎模主要有扣模、套筒模和合模 3 类。

　　1)扣模

　　扣模由上下扣组成或上砧下扣(见图10.11)。扣模常用于生产长杆非回转体锻件的全部或局部扣形,也可为合模锻件制坯。

　　2)套筒模

　　套筒模分为闭式和开式两种。开式套筒模只有下模,上模用上砧代替(见图 10.12(a)),主要用

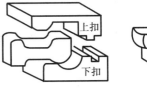

图 10.11　扣模

于回转体的最终成形或制坯;闭式套筒模由模套、上模垫及下模垫(也可由下砧代替)组成(见图 10.12(b)),主要用于端面有凸台或凹坑的回转体锻件的制坯和成形。

　　3)合模

　　合模由上下模组成(见图 10.13)。为使上下模吻合及锻件不产生错移,常用导柱和导销定位。它主要用于各类锻件尤其是非回转体类的复杂锻件的终锻成形。

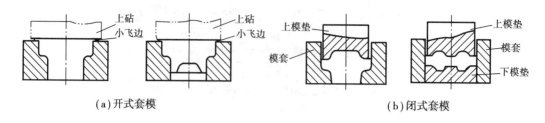

(a)开式套模　　　　　　　　　　　(b)闭式套模

图 10.12　套模

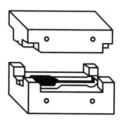

图 10.13　合模

思考题

1.锻造的作用是什么？

2.什么是热加工纤维？它对材料性能有何影响？制造零件时应使纤维组织如何分布？

3.锻造性能的概念是什么？

4.简述自由锻的特点和应用范围。

5.如何绘制自由锻件图？

6.什么是模锻？简述其优缺点和应用范围。

7.什么是胎模锻？简述其优缺点和应用范围。

8.冷冲压有哪些基本工序？

9.简述简单冲模的构造和工作原理。

第 **11** 章
焊 接

经局部加热或加压使分离金属达到原子间结合的连接工艺方法,称为焊接。

与其他连接方法相比,焊接的主要优点是:接头强度高、焊缝气密性好、节省金属而有利于减轻零件自重;操作简便灵活,既可"以小拼大"制作大型构件和零件,也可制作双金属零件;省工省时,改善劳动条件。

按工艺特点不同,焊接分为以下 3 大类:

（1）**熔焊**

熔焊是将焊件接头加热至熔化状态,在不加压力的条件下完成焊接的方法。熔焊又称熔化焊,常用方法主要有电弧焊（包括手弧焊、埋弧自动焊、气体保护焊等）和气焊等。

（2）**压力焊**

压力焊是在加压或加压并加热的条件下完成焊接的方法。压力焊的常用方法主要有电阻焊（包括点焊、缝焊和对焊）和摩擦焊等。

（3）**钎焊**

钎焊是仅使熔点低于焊件金属的填充料（钎料）加热熔化、充填接头空隙后冷却凝固而完成焊接的方法。钎焊的常用方法主要有锡焊、铅焊、铜焊及银焊等。

11.1 手弧焊与焊接质量

11.1.1 手弧焊

手弧焊又称手工电弧焊,是由手工操作焊条,利用电弧热进行焊接的熔焊方法。其设备简单、操作方便、适应性强,故应用最广。

（1）**手弧焊的工艺过程与冶金特点**

1）工艺过程

将焊件与焊条分别与焊接电源（弧焊机）的两个输出电极连接,通过"引弧"使焊条与焊件之间的气体介质电离并产生持续的强烈放电现象,形成高温电弧;电弧热使焊件接头与焊条同时熔化形成熔池,随电弧移动熔池金属不断凝固成为焊缝(见图11.1)。

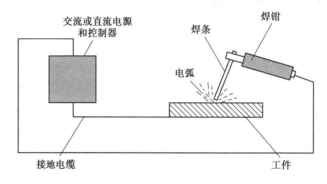

图 11.1　手弧焊工艺过程示意图

弧焊机是手弧焊的专用焊接电源,可分为交流和直流两种类型。交流弧焊机又称弧焊变压器,因结构简单、制造成本低和耗电少而最为常用;直流弧焊机结构较复杂,但其电源稳定,并可根据焊件厚薄不同,选择正接(温度较高的阳极接厚的焊件)或反接(温度较低的阴极接薄的焊件)焊接,故焊接质量较好而多用于合金钢和有色金属的焊接。

2)冶金特点

手弧焊时,熔池中发生的化学过程与冶金过程相似。焊条药皮燃烧可形成保护气体,防止熔池金属氧化;被熔化的药皮进入熔池与金属液发生冶金反应,以去除 S、P 及其他夹杂物,保证焊缝金属的化学成分和性能;冶金反应产生的熔渣上浮,凝固成渣壳。与一般冶金过程相比,手弧焊的冶金过程具有冶炼温度高,金属元素大量蒸发和氧化,不利于保证焊缝金属预期的成分和性能;熔池体积小、冶炼时间短,冶金反应难于充分进行,不利于焊缝金属的成分均匀化;凝固速度快,不利于气体和杂质的上浮排除,易产生气孔、夹渣等焊接缺陷。

（2）**焊条**

1)焊条组成与作用

焊条由焊芯与药皮组成。焊芯的作用是作为电极产生电弧,并作为填充金属与熔化的焊件金属形成焊缝,焊芯材料应与被焊材料相适应。药皮的主要作用是稳定电弧、保护熔池,保证焊缝金属的成分和性能。它通常由稳弧剂(碳酸钾、碳酸钠等)、造渣剂(大理石、钛铁矿等)、造气剂(淀粉、木屑等)、脱氧剂(锰铁、硅铁等)、合金剂(锰铁、硅铁、铬铁等)、稀释剂(萤石、长石等)和黏结剂(钾或钠水玻璃)等组成。

2)焊条分类与牌号

按成分和用途不同,焊条可分为结构钢焊条、不锈钢焊条、耐热钢焊条、铸铁焊条、镍和镍合金焊条、铜和铜合金焊条、铝和铝合金焊条、低温钢焊条、堆焊焊条及特殊用途焊条10大类。按药皮及熔渣性质不同,焊条可分为酸性焊条与碱性焊条。其中,酸性焊条工艺性较好,但焊接时合金元素氧化烧损较大,易产生夹渣而焊缝金属的塑性、韧性较低,故广泛用于焊接一般要求的零件或构件;碱性焊条工艺性较差,但焊缝金属的力学性能和抗裂性较高,故通常采用直流电源用于焊接重要的零件或构件。焊条的牌号以汉字(或拼音字母)加 3 位数字表示。其中,汉字(或拼音字母)代表焊条的类型,前两位数字表示焊缝金属的最低抗拉强度或主要化学成分组别与等级,第三位数字表示药皮的类型与适用电源。例如,结 507(J507)是焊缝金属抗拉强度不低于 500 MPa、低氢钠型药皮(碱性)、直流电源用结构钢焊条;铬 202 (G202)是铬的质量分数约为 13%、氧化钛钙型药皮(酸性)、交流或直流电源用铬不锈钢焊条;铸 408(Z408)是镍的质量分数为 55%、铁的质量分数为 45%、石墨型药皮、交流或直流电源用铸铁焊条。

11.1.2　手弧焊件的焊接质量

(1)焊接接头的组织与性能

焊接接头包括焊缝及其附近的热影响区。焊缝是由熔池结晶而成,其组织为铸态柱状晶组织,其力学性能一般不低于被焊金属。热影响区是焊缝两侧受热影响而发生组织和力学性能变化被焊金属区。对照铁碳合金状态图,钢的热影响区可细分为半熔化区、过热区、正火区和不完全相变区(见图 11.2)。其中,半熔化区和过热区因部分或全部为过热组织,故塑性、韧性低而易产生裂纹,是焊接接头的薄弱区域。

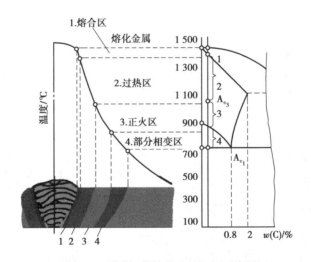

图 11.2　低碳钢焊接接头的组织示意图

因此,在焊接过程中应尽量控制热影响区的范围,以减小半熔化区和过热区的宽度,降低其对焊接接头的不利影响。

(2)焊接应力与焊接变形

由于焊接时,对焊件进行的加热和冷却是局部的不均匀加热和不均匀冷却,使焊接接头与其余部位金属之间加热膨胀和冷却收缩不一致而形成相互作用的应力,此种应力称为焊接应力。焊件在焊接应力作用下产生的变形,称为焊接变形。焊接变形的基本形式如图 11.3 所示。

减小焊接应力和防止焊接变形的基本途径是合理设计焊接结构和采用合理的焊接工艺。合理设计焊接结构包括减少焊缝数量、使焊缝尽量分散并呈对称分布等。合理的焊接工艺包括对易变形焊件进行焊前预热和焊后缓冷,选择正确的施焊顺序以避免应力集中,采用反变形法以抵消焊后变形,对焊件及时退火以减小或消除焊接应力,以及对变形的焊件采用机械

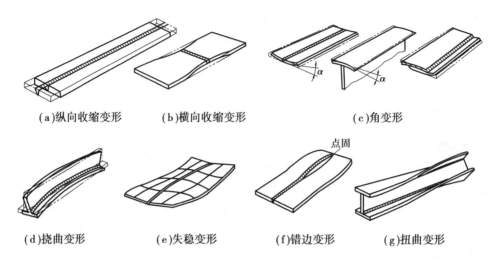

(a)纵向收缩变形　　(b)横向收缩变形　　　　　(c)角变形

(d)挠曲变形　　　(e)失稳变形　　　(f)错边变形　　　(g)扭曲变形

图 11.3　焊接变形的基本形式

法或加热法进行矫正等。

（3）常见的焊接缺陷

在焊接过程中，因焊接结构设计不当或焊接工艺选择、执行不当时，将导致焊接接头产生开裂、夹渣、气孔、未焊透、未熔合等焊接缺陷（见图 11.4）。

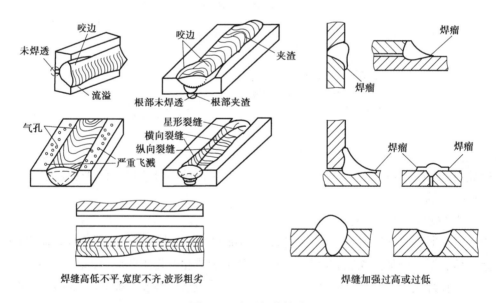

图 11.4　常见焊接缺陷

焊接缺陷的存在会降低焊件接头的可靠性和使用安全性，故需对焊接接头进行外观缺陷检验。对重要焊件（如锅炉、压力容器等）还需进行水压试验、气压实验以及必要的无损探伤检验。

11.2　其他常用焊接方法与焊接方法的选择

11.2.1　其他常用焊接方法

（1）气体保护焊

气体保护焊是以保护气体代替药皮用作电弧介质和保护熔池的电弧焊。与手弧焊相比，气体保护焊的主要优点：由于保护气体对熔池的保护作用、气流对电弧的压缩作用和对焊件的冷却作用，使焊缝质量好、热影响区较窄，故焊接接头质量好，焊件变形小；可连续施焊，金属损耗少和生产效率高。

气体保护焊的常用方法有氩弧焊和二氧化碳气体保护焊。

氩弧焊是以氩气作为保护气氛的气体保护焊方法，如图 11.5 所示。氩弧焊的电弧稳定、飞溅小、金属不易氧化吸气，故焊缝致密而表面质量好，但焊接成本较高。它主要用于铝、镁、钛及其合金，以及真空电极材料和不锈钢等的焊接。

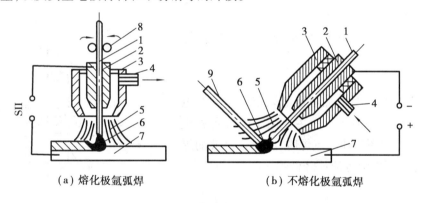

（a）熔化极氩弧焊　　　　（b）不熔化极氩弧焊

图 11.5　氩弧焊示意图

二氧化碳气体保护焊的生产率高（比手弧焊高 1~3 倍）、焊接成本低（仅为手弧焊的 40%），但弧光强烈、烟雾多、飞溅大，焊缝表面质量不如氩弧焊。它主要用于不易氧化的碳钢、低合金结构钢件的焊接。

（2）气焊与气割

1）气焊

气焊是利用气体火焰熔化焊件和焊丝以实现焊接的熔焊方法。气焊具有设备简单、操作灵活方便、焊接成本低、对焊接材料适应性强的优点，尤其适宜薄板件的焊接、铸铁的补焊及野外作业；但气焊焊缝的热影响区宽、焊件变形大，焊缝质量不如电弧焊。气焊所用气体主要是氧气与乙炔，改变两者的体积混合比（即氧炔比），可得到碳化焰（氧炔比小于 1）、中性焰（氧炔比为 1~1.2）、氧化焰（氧炔比大于 1.2）3 种性质的火焰。碳化焰主要用于焊接高碳钢、铸铁、不锈钢和硬质合金等；中性焰主要用于焊接低碳钢、中碳钢、低合金钢、铝和铝合金等；氧化焰主要用于焊接黄铜、青铜、锰钢和镀锌铁板等。

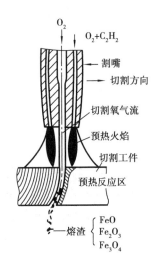

图 11.6 气割示意图

2）气割

气割是利用氧化焰将预热至燃点的金属剧烈氧化成渣，并将其从切口处吹掉而实现切割的方法（见图 11.6）。气割对被切割材料的基本要求是：材料燃点应低于其熔点，以获得整齐的割缝；形成的氧化物应熔点低、流动性好，易于被吹掉；材料的燃烧热量大而导热性低，以利于切割的持续进行。因此，气割主要用于中、低碳钢、低合金钢板料（厚度一般为 5～300 mm）的下料和铸钢件浇冒口的切割。

（3）**电阻焊**

电阻焊又称接触焊，是利用电流在紧密接触的接头处产生的接触电阻热，将其迅速加热至塑性（或熔融）状态，随即断电加压，使其在压力下形成焊接接头的压力焊方法。其主要特点是：由于采用低电压（<12 V）、大电流（10^3～10^4 A），焊接时间短（最短可达 0.01 s）而生产效率高、焊件变形小、接头质量高；不需填充金属，操作简便而劳动条件好。但是，设备复杂、投资大、耗电量大和工艺灵活性较差。电阻焊主要用于成批大量生产的各种薄板和棒材的焊接。

按焊接接头的几何特征，电阻焊可分为点焊、缝焊和对焊。

1）点焊

点焊是利用柱状电极加压通电来获得焊点的电阻焊方法，如图 11.7 所示。它主要用于焊接各种板厚不超过 3 mm 的薄板件。点焊时，应保证足够的焊点间距，以避免因电流分流而降低焊接质量。

2）缝焊

缝焊是利用滚轮电极连续滚动并加压通电来获得连续焊缝的电阻焊方法，如图 11.8 所示。它主要用于焊接各种薄壁密封容器，如水箱、油箱等。

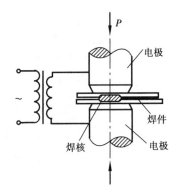

图 11.7 点焊示意图

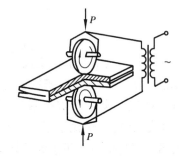

图 11.8 缝焊示意图

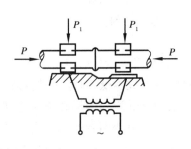

图 11.9 对焊示意图

3）对焊

对焊是将焊件沿整个横截面对接焊合的电阻焊方法，如图11.9所示。按其焊接过程不同，对焊可分为电阻对焊和闪光对焊。

①电阻对焊

电阻对焊是首先将对接面加压贴紧，再通电将对接面加热至塑性状态，然后断电增大压力形成对接接头。其特点是焊接接头光滑，但易产生氧化夹渣。它主要用于截面简单、直径小于20 mm和强度要求不高的焊件的对接。

②闪光对焊

闪光对焊是首先将工件通电，再使对接面接触产生高的电阻热而熔化并伴有金属爆溅和强烈闪光，然后加压断电形成对接接头。其特点是因对接面的氧化物和杂质随爆溅闪光带出而使接头质量好，但有毛刺且金属损耗较多。它主要用于受力大、要求高的重要焊件的对焊，也可用于异种金属（如铝-钢、铝-铜等）的对焊。

（4）钎焊

将低熔点填充金属（钎料）置于焊件接头间隙处，经加热使钎料熔化（焊件金属不熔化），然后冷凝为整体的焊接方法，称为钎焊。其主要特点是：加热温度低，接头组织和性能变化小；焊件变形小，焊缝平整光滑，焊件尺寸准确；能焊接性能悬殊的异种金属。但接头强度低，耐热性较差，故不宜焊接受力大或尺寸较大的零件。

按钎料熔点高低，钎焊可分为软钎焊和硬钎焊。

①软料焊

钎料熔点低于450 ℃的钎焊，称为软钎焊。常用的软钎料有锡铅钎料、镉银钎料、锌锡钎料、锌镉钎料等。其中，锡铅钎料应用最广。软钎焊件的接头强度低（$\sigma_b = 60 \sim 140$ MPa）、工作温度低（一般低于100 ℃），故主要用于不承受载荷的电器仪表、电子元件、线路等的连接。

②硬料焊

钎料熔点高于450 ℃的钎焊，称为硬钎焊。常用的硬钎料有黄铜钎料、铜磷钎料和纯铜钎料等。硬钎焊件的接头强度和工作温度较高，故主要用于承受载荷的机件或工具的焊接，如自行车车架、硬质合金刀具等。

此外，生产中还用到埋弧自动焊、电渣焊、等离子弧焊、摩擦焊等方法。埋弧自动焊是电弧埋在焊剂下燃烧进行焊接的方法，主要用于水平位置的长直焊缝的高效焊接；电渣焊是利用熔渣产生的电阻热熔化焊丝而进行焊接的方法，主要用于厚大铸、锻件垂直焊缝的焊接；等离子弧焊是利用气体完全电离形成的高温压缩电弧进行焊接的方法，主要用于难熔、易氧化、热敏感性强的钨、钼、铬、钛等金属及其合金的焊接；摩擦焊是利用焊接表面的摩擦热进行的一种压力焊方法，仅用于焊接圆形截面的棒料和管材。

11.2.2 常用焊接方法的选择

（1）熔焊的选择

熔焊的特点是焊件连接牢固、接头强度较高。因此，对承受较大载荷的零件或构件的焊接，应选择手弧焊、气体保护焊或气焊等熔焊方法。

气体保护焊的焊接质量最好,但需配置专门的供气装置。其中,氩弧焊的生产成本高,主要用于易氧化金属或重要焊件的焊接;二氧化碳气体保护焊的生产成本低、生产率高,主要用于不易氧化的金属或较重要焊件的焊接。手弧焊的适应性最强,在单件和小批量生产中经济性最好,但不宜焊接壁厚小于 3 mm 的薄壁焊件。气焊的设备最简单且不需电源,但焊接质量不高而生产率低,主要用于单件或小批量生产的薄壁件的焊接和铸铁件的焊补,并常用作硬质合金刀具钎焊的热源。常用熔焊方法的特点和主要应用范围见表 11.1。

表 11.1 常用熔焊方法的特点与应用范围

焊接方法	热影响区大小	变形大小	生产率	可焊空间位置	适用厚度/mm	适用焊接材料
手弧焊	较小	较小	较低	全	3~20	碳钢、低合金钢、铸铁、铜及铜合金
CO_2气体保护焊	小	小	高	全	0.8~30	碳钢、低合金钢、不锈钢
氩弧焊	小	小	较高	全	0.5~25	铝、铜、镁、钛及其合金、不锈钢、耐热钢
气焊	大	大	低	全	0.5~3	碳钢、低合金钢、耐热钢、铸铁、铝合金、铜合金

（2）电阻焊的选择

点焊与缝焊都是高效率的焊接方法,主要用于大批量生产的板厚小于 3 mm 的薄板件的焊接。其中,点焊件气密性差,多用于焊接不要求气密性的零件或构件,如汽车驾驶室、车厢的外壳等;缝焊件气密性好,多用于焊接气密性好的零件或构件,如油箱、水箱等。

对焊主要用于棒材、管材和杆状件(如钻头的接长)的对接。其中,电阻对焊件的直径或截面不宜过大,如低碳钢不应超过 20 mm,有色金属不应超过 8 mm;闪光对焊件的直径或截面可大些。

（3）钎焊的选择

钎焊主要用于其他焊接方法难于焊接、对强度要求不高的焊件,尤其适合于性能差别很大的异种材料间的焊接。其中,锡焊用以焊接无强度要求的焊件,如容器的封口、电路板的焊接等;铜焊用以焊接有一定强度要求的焊件,如硬质合金刀片与钢制刀杆的焊接。

11.3 金属的焊接性能与焊件的结构工艺性

11.3.1 金属的焊接性能

（1）金属的焊接性能

金属的焊接性能又称可焊性,是指在一定的焊接工艺条件下获得优质焊接接头的能力。焊接工艺条件包括焊接方法、焊接工艺参数、焊件结构形式等。金属焊接性能的表征指标是焊接接头产生裂纹(或气孔、夹渣等)的倾向性和焊接接头的使用可靠性。在某焊接工艺条件下,焊接接头的开裂倾向小、使用可靠性高,则金属在该焊接工艺条件下的焊接性能良好;反之,其焊接性能差。

钢的焊接性能与其碳含量和合金元素含量有关。钢中的合金元素可折合为与其影响作用相当的碳含量,将其与钢的碳含量之总和称为碳当量(符号为 C_E),用以判别钢的焊接性能。碳钢和低合金钢的碳当量 C_E(%)可计算为

$$C_E = C + \frac{Mn}{6} + \frac{C_r + Mo + V}{5} + \frac{Ni + Cu}{15}$$

当钢的 C_E<0.4%时,钢的焊接性能良好;当 C_E = 0.4%~0.6%时,钢的焊接性能较差;当 C_E>0.6%时,钢的焊接性能差。

(2)**常用金属材料的焊接性能及焊接特点**

1)碳钢

低碳钢的焊接性能良好,采用各种焊接方法均可获得优质的焊接接头;中碳钢的焊接性能较差,热影响区的淬硬开裂倾向随碳含量升高而增大,常需焊前预热;高碳钢焊接性能差,需采用严格的焊接工艺措施,如焊前预热、选用抗裂性能较好的碱性焊条和小的焊接电流、采用分段式或对称式焊接方法等,方能保证焊接质量。

2)合金结构钢

与相同碳含量的碳钢相比,合金结构钢的焊接性能有所降低,常需在焊前预热、焊后缓冷或退火以减小焊接应力。

3)不锈钢

奥氏体不锈钢的焊接性能良好,多采用手弧焊和氩弧焊,一般不需采用特殊的焊接工艺措施。但焊接不锈钢所用焊条(或焊丝)的化学成分应与焊件一致,并在焊后应快冷或强制冷却以防止晶间腐蚀和热裂纹。

4)铸铁

铸铁的焊接性能很差,一般只对铸铁件缺陷或损伤修补时,采用手弧焊或气焊进行热焊补(预热至 600~700 ℃)或冷焊补(不预热或预热温度小于 400 ℃)。冷焊补的生产率高、成本低、劳动条件好,但焊接质量难于保证。

5)铜及铜合金

铜及铜合金的焊接性能较差,其焊接应力大、变形大、易产生裂纹、气孔、未焊透和未熔合等缺陷。紫铜与青铜常采用氩弧焊;黄铜常采用气焊;对于受力不大的电子元器件常采用钎焊。

6)铝及铝合金

铝及铝合金的焊接性能较差,焊接时易氧化和形成夹渣,焊接应力大,易产生焊接变形,且焊接接头的耐蚀性降低。铝及铝合金常采用氩弧焊、气焊或电阻焊,并在焊前应进行去油、去氧化膜、干燥等处理。

11.3.2 焊件的结构工艺性

焊件结构工艺性是指焊件结构对焊接工艺的适应性。其基本原则是:在满足焊件工作要

求的前提下,力求使焊件结构便于施焊和有利于减小焊接应力和变形。为此,焊件的接头形式和焊缝的布置必须合理。

(1)**焊接接头的基本形式**

焊接接头的基本形式有对接、搭接、角接和T形接头4种(见图11.10)。

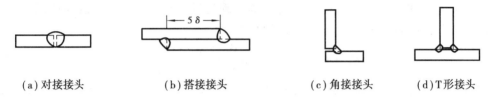

| (a)对接接头 | (b)搭接接头 | (c)角接接头 | (d)T形接头 |

图11.10 焊接接头形式

1)对接接头

对接接头是焊件结构中应用最多的接头形式,其应力分布较均匀,接头质量容易保证,但对焊前准备和装配要求较高。

2)搭接接头

搭接接头是薄板焊件接头的基本形式,对焊前准备和装配要求不严格,但受力时接头的应力分布不均匀。

3)角接接头

角接接头一般只起连接作用,不能用以传递工作载荷。

4)T形接头

T形接头应力分布较均匀,但对焊前准备要求较高,操作时有特殊要求,在船体结构中应用较多。

(2)**焊缝布置的一般原则**

在不影响焊件使用功能的前提下,焊缝布置应便于焊接操作和减小焊接应力,其一般设计原则列于表11.2。

表11.2 焊缝布置的一般原则

设计原则		图 例	
		不合理	合 理
应便于焊接操作	手弧焊应考虑焊条的操作位置		>15 mm 45°
	点焊、缝焊应考虑电极的安放位置		

续表

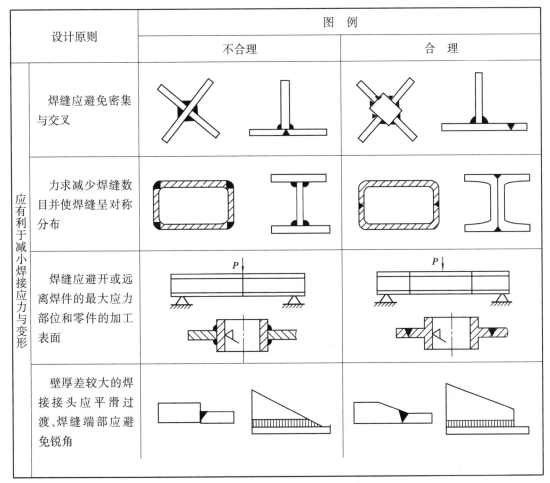

设计原则		图　例	
		不合理	合　理
应有利于减小焊接应力与变形	焊缝应避免密集与交叉		
	力求减少焊缝数目并使焊缝呈对称分布		
	焊缝应避开或远离焊件的最大应力部位和零件的加工表面		
	壁厚差较大的焊接接头应平滑过渡、焊缝端部应避免锐角		

思考题

1.焊接分为哪 3 类？各类焊接方法的基本工艺特点怎样？

2.焊接接头组织分为哪几个区段？各区段的组织和性能特点怎样？

3.产生焊接应力和变形的原因是什么？焊接变形的基本形式有哪几种？防止和减小焊接变形的主要措施有哪些？

4.气焊与气割各有何特点？用途怎样？

5.软钎焊与硬钎焊各有何特点？用途怎样？

6.何谓焊接性？试比较常用金属材料的焊接性和焊接特点。

7.何谓焊件结构工艺性？为保证焊件结构工艺性好,对焊缝布置有哪些要求？

附　录

附录 I　黑色金属硬度及强度的换算表

附表 I　黑色金属硬度及强度的换算表（GB 1172—74 摘编）

洛氏硬度		布氏硬度/	维氏硬度/	近似强度值
HRC	HRA	HBS	HV	σ_b/MPa
（70）	（86.1）		（1 037）	
（69）	（85.5）		（997）	
（68）	85		（959）	
67	84.4		923	
66			889	
65	83.9		856	
64	83.3		825	
63	82.8		795	
62	82.2		766	
61	81.7		739	
60	81.2		713	2 607
59	80.6		688	2 496
58	80.1		664	2 391
57	79.5		642	2 293

续表

洛氏硬度		布氏硬度/	维氏硬度/	近似强度值
HRC	HRA	HBS	HV	σ_b/MPa
56	79.0		620	2 201
55	78.5		599	2 115
54	77.9		579	2 034
53	77.4		561	1 957
52	76.9		543	1 885
51	76.3	（501）	525	1 817
50	75.8	（488）	509	1 753
49	75.3	（474）	493	1 692
48	74.7	（461）	478	1 635
47	74.2	449	463	1 581
46	73.7	436	449	1 529
45	73.2	424	436	1 480
44	72.6	413	423	1 434
43	72.1	401	411	1 389
42	71.6	391	399	1 347
41	71.1	380	388	1 307
40	70.5	370	377	1 268
39	70	360	367	1 232
38		350	357	1 197
37		341	347	1 163
36		331	338	1 131
35		323	329	1 100
34		314	320	1 070
33		306	312	1 042
32		298	304	1 015
31		291	296	989
30		283	289	964

续表

洛氏硬度		布氏硬度/	维氏硬度/	近似强度值
HRC	HRA	HBS	HV	σ_b/MPa
29		276	281	940
28		269	274	917
27		263	268	895
26		257	261	874
25		251	255	854
24		245	249	835
23		240	243	816
22		234	237	799
21		229	231	782
20		225	266	767

附录 II 钢铁材料国内外牌号对照表

附表 II 钢铁材料国内外牌号对照表

材料种类	中国 GB	日本 JIS	美国 UNS	德国 DIN	英国 BS
碳素结构钢	Q195	—		S185	S185
	Q215A	SS330	—	USt34-2	040A12
	Q215B			RSt34-2	
	Q235A	SS400	K02501	S235JR	S235JR
	Q235B		K02502	S235JRG1	S235JRG1
	Q235C		—	S235JRG2	S235JRG2
	Q255A	SM400A	—	St44-2	43B
	Q255D	SM400B			
优质碳素结构钢	10	S10C	G10100	C10	040A10
	20	S20C	G10200	C22E	C22E
	30	S30C	G10300	C30E	C30E
	45	S45C	G10450	C40E	C40E
	65	SUP2	G10650	CK67	060A67

材料种类	中国 GB	日本 JIS	美国 UNS	德国 DIN	英国 BS
合金 结构钢	20Cr	SCr420	G51200	20Cr4	527A20
	40Cr	SCr440	G51400	41Cr4	530A40
	38CrMoAl	—	—	41CrAlMo7	905M39
	50CrVA	SUP10	G61500	51CrV4	735A50
	20CrMnTi	—	—	30MnCrTi4	—
	20Cr2Ni4	≈SNC815	—	≈14NiCr14	≈665M13
	18Cr2Ni4WA				
	60Si2Mn	SUP6	—	60Si7	—
碳素 工具钢	T7	SK7	—	C70W2	—
	T8	SK5/SK6	T72301	C80W2	—
	T10	SK3/SK4	T72301	C105W2	BW1B
	T12	SK2	T72301	C125W2	BW1C
	T7A	—	—	C70W1	—
	T8A	—	T72301	C80W1	—
	T10A	—	T72301	C105W1	—
	T12A	—	T72301	C110W1	—
合金 工具钢	9SiCr	—	—	90CrSi5	—
	Cr2	SUJ2	T61203	BL1/BL3	100Cr6
	9Mn2V	—	T31502	90MnCrV8	BO2
	Cr12	SKD1	T30403	X210Cr12	BD3
	Cr12MoV	SKD11	—	X165CrMoV12	—
	CrWMn	SKS31	—	105WCr6	—
	9CrWMn	SKS3	T31501	100MnCrW4	BO1
高速钢	W18Cr4V	SKH2	T12001	S18-0-1	BT1
	W6Mo5Cr4V2	SKH9	T11302	S6-5-2	BM2
	W6Mo5Cr4V2Co5	SKH55	—	S6-5-2-5	—
	W18Cr4VCo5	SKH3	T12004	S18-1-2-5	BT4
	W12Cr4V5Co5	SKH10	T12015	S12-1-4-5	BT15

续表

材料种类	中国 GB	日本 JIS	美国 UNS	德国 DIN	英国 BS
不锈钢	1Cr13	SUS410	S41000,410	X12Cr13,1.4006	X12Cr13,1.4006
	2Cr13	SUS420J1	S42000,420	X20Cr13,1.4021	X20Cr13,1.4021
	3Cr13	SUS420J2	S42000,420	X30Cr13,1.4028	X30Cr13,1.4028
	4Cr13	—	—	X39Cr13,1.4031	X39Cr13,1.4031
	1Cr18Ni9	SUS302	S30200,302	X10CrNi18-8,1.4310	X10CrNi18-8,1.4310
	0Cr18Ni9	SUS304	S30400,304	X5CrNi18-10,1.4301	X5CrNi18-10,1.4301
	1Cr18Ni9Ti	(SUS321H)	S32109,321H	X6CrNiTi18-10,1.4541	X6CrNiTi18-10,1.4541
灰铸铁	HT100	FC100	F11401	СЧ10	EN-GJL-100
	HT150	FC150	F1701	СЧ15	EN-GJL-150
	HT200	FC200	F12101	СЧ20	EN-GJL-200
	HT250	FC250	F12801	СЧ25	EN-GJL-250
	HT300	FC300	F13501	СЧ30	EN-GJL-300
球墨铸铁	QT400-18	FCD400-18	F32800	—	400/18
	QT450-10	FCD450-10	F33100	—	450/10
	QT500-7	FCD500-7	F33800	GGG-50	500/7
	QT600-3	FCD600-3	F34800	GGG-60	600/3
	QT700-2	FCD700-2	F34800	GGG-70	700/2
	QT800-2	FCD800-2	F36200	GGG-80	800/2
	QT900-2	—	F36200	—	900/2

参考文献

[1] 沈莲.机械工程材料[M].北京:机械工业出版社,1990.

[2] 詹武.工程材料[M].北京:机械工业出版社,1997.

[3] 王运炎.机械工程材料[M].北京:机械工业出版社,1992.

[4] 彭其凤,丁洪太.热处理工艺及设计[M].上海:上海交通大学出版社,1994.

[5] 王毓敏.工程材料及热加工基础[M].武汉:华中理工大学出版社,1998.

[6] 姜祖.模具钢[M].北京:冶金工业出版社,1988.

[7] 北京电机工程学会(工模具材料应用手册)编译组.工模具材料应用手册[M].北京:轻工业出版社,1985.

[8] 陈蕴博.热作模具钢的选择与应用[M].北京:国防工业出版社,1993.

[9] 殷志祥,陈耀光.塑料模用钢概况[J].机械工程材料,1983.

[10] 左铁镛.新型材料 人类文明进步的阶梯[M].北京:化学工业出版社,2002.

[11] 齐宝森,吕宇鹏,徐淑琼.21世纪新型材料[M].北京:化学工业出版社,2011.

[12] 董光荣.化工设备设计基础[M].北京:兵器工业出版社,2003.

[13] 刘天模,徐幸梓.工程材料[M].北京:机械工业出版社,2011.